裝幀台灣

目次

推薦序

第一部：迴夢鄉土——歷史風景之章　三三

第二部：漢字風華——倉頡形體之章　一二九

第三部：自東徂西——從傳統到現代主義之章　一九五

第四部：身影凝像——書物身體形態學之章　二七一

推薦序一——

在這片土地上，記錄歷史

王行恭

在視覺設計的領域，一本本美麗的書籍，佔有絕對性的最大成分。能吸引閱眾的眼神，在視覺與書封接觸的瞬間，產生伸手翻閱的衝動，這刺激腎上腺素瞬間上升的因素，絕不是單純針對書籍所承載的文本內容，反而是外觀形式與編輯方式，在閱眾與書籍間產生了互動；這微妙的互動，牽動了文化向前滾動於無形的助力。

上個世紀的六〇年代末期，人類登陸月球的當下，歐美及日本的出版業界和設計師們，都不約而同的驚覺到，這一步將影響人類整體思維的大轉變。一九七〇年ＣＢＳ電視公司，破例的出版了一本登月紀錄圖集《10:56:20 PM 7／20／69EDT》；這一年我藝專畢業，將踏入新鮮而未知的未來。一九七八年春，在指導教授的事務所桌上，我撫摸這本神祕書籍，凹凸有致如月球表面的書封；同年初夏，在華盛頓特區的太空與航太博物館內，佇立在登月小車及月球岩石的展櫃前，我毅然決定回台，重返處處受限又不成熟的設計職場。那個年代，日本的出版業界生氣活躍，各種大部頭的重要出版品，吸引眾多崛起於東京奧運與大阪世博的中生代設計師，投入各種形式的書籍設計工作，造就日本書籍設計革命性的大躍進。同時期，台灣政治環境嚴峻，我的論文資料，在入境國門時，為警總駐關人員沒收，只因為一些三〇年代的書封。那個距今不遠的年代，胡蘭成的《山河歲月》是政府傾力要禁絕的大蠱毒；因而書籍的沒入，常被解讀為保護閱眾，不受蠱毒的良策。因此，如果認真的看待台灣書籍裝幀的演進，確實和國際脫節；所以用嚴肅的史觀去對待這些書封，企圖理出一個發展脈絡，是有一定程度的困難與不切實際，這要歸咎於長期戒嚴惹的禍。

一九四九年國民政府敗退來台，隨著百萬軍政人員及其家眷外，還夾帶一些為避秦而來的文化人，這群為數無多的小眾，為圖家計生存，能寫會畫的，只有遊走在白紙黑字之間，做情感上的抒發。我們可以由現存的出版品，歸類出當年幾種形式的出版背景；有政治企圖的、有出版使命的、有個人興趣的、有衝撞體制的，當然有更多為的是謀求微薄稿酬來改善生活的。以傅斯年為例：堂堂貴為台大校長兼中研院院長，生前的最後一筆稿費，只為交代夫人為他添置一條過冬的棉褲而已。從這個時代背景，去看待台灣書籍裝幀的發展，直到目前的當下，從事出版與設計的眾多人口中，不解書籍設計出版有所謂的「BASEL學派」，也就不足為奇了。

近代日本裝幀第一大家——恩地孝四郎，在四十多年的書裝生涯中，留下了五百二十三件作品；而骨董文物經營者的青山二郎，活躍於昭和年間的四十五年中，竟也留下約四百件的書裝作品。青山自稱他是「人情裝幀家」，請他設計書籍的包括：直木三十五、中原中也、島木健、小林秀雄、大岡昇平、中村光夫、北條民雄、芹沢光治良、白洲正子等等，活躍於昭和年代的文學大家。有趣的是戰前影響台灣，一直傳頌至今的西川滿，於戰後返日，一直沉湎於他個人所鍾情的台灣風味，而泯沒無聞。

青年書籍愛好者李志銘先生，傾多年的採集與編寫，並以社會觀察者的角度，切入台灣書封創作的背景，敢言前人之所未言。在現今實體書籍存亡的關鍵時刻，確實可以提供給從未親臨那段半夜鬼敲門的肅殺歲月的書籍愛好者，一些看待這些書封的不同視角。這些收錄自一九四〇至九〇年代的書封，後者與前者之間的表現差異，常令人有時空倒置的錯覺，這正可以真實的反射出台灣書籍出版無可奈何的現實與島嶼的邊緣性格；它自成一格的形式語言，與國際社會脫節，卻也因緣際會保留一些個性剛烈的設計者（畫家）的強烈自我意識，而遺下一些不同於主流意識的書封作品，為這海角島嶼增添了些許彩墨的妝點。

台灣書籍的面世，是沒有一定的軌跡可循的。書寫者的靈動，感動了有相同靈魂的出版者，再加上當時社會的氛圍，以及和閱眾們所堅持的理念產生共鳴，因而得以讓一本書可以流傳於市。雖然這個原理看似簡而易懂，但社會的氛圍，卻主宰了一切。台灣這片土地，自有文字記述以來，就不似海角一樂園般的淨土；雖然田園豐美、住民淳厚，但高臨於上的統治，確非清平。治權的更迭無常，帶來政治運作與意識對立，如浪般的潮水，一波湮滅一波；而書籍正是這潮下受害的沒頂者。

本書收錄的三百二十餘幀書封，曾有不少羅列於新聞局每月發行的禁書目錄之中。當年無論著作者、出版人、閱讀者，甚至收藏者，都會因書而致罪；今日這些漏網之魚，卻都成為書籍愛好者掘出的寶物，而受到寶愛珍藏；世事的無常，莫過於此。由這一件小事去看待這本《裝幀台灣》，確實應該不吝給予著者掌聲。

於小隱書室

二〇一一、七、廿六

推薦序二——

一位書影偵探的誕生

辛振豐

閱畢李志銘《裝幀台灣》後，腦海中湧現一幕幕影像，似乎是回憶自己的成長過程，畢竟書中呈現的書影，大多是我非常熟悉的圖像。有趣的是，對我而言，書影背後的這些課外讀物卻是「毒草」，因為大學聯考期間，沉迷其中，遠離教科書，才多次落榜！但個人榮辱，無關緊要，因為這些讀物乃是文化進程中所呈現的「香花」——不斷飄出陳香的花朵。

從內容來看，作者彷彿找到一把金鑰，開啟時光隧道後，舊香陣陣襲來，恍惚之餘，功力更是立馬大增。面對上下左右的書寶，一一挖掘，其心態可謂浪漫，但研究精神卻一絲不苟，目的就是要揭露歷史的真相。如果將作者冠以「書影偵探」的封號，則一點也不為過。

值得一提的是，作者的歷史並非大歷史，而是微觀歷史。綜觀西方的歷史書寫，二戰之後起了大變化，法國歷史學家阿希耶（Philippe Ariès）推出《兒童的世紀》（*L'Enfant et la vie familiale sous l'Ancien*

Régime），內容從兒童的角度書寫歷史，而傅柯更以狂氣的觀點撰述歷史，這一來，歷史變得更加生動有趣。顯然，志銘的書寫範疇無疑是屬於這種類型。從小我們都浸淫在「成王敗寇」的正統歷史之中，激情之餘，難免陷入政治的漩渦中而忽略文化的魅力。看待文化不必「去蕪存菁」，倒可以「菁蕪兼容」，畢竟台灣的特色，就是善於吸收各種不同的文化。

台灣早期的書封設計，要是以當代的視覺標準來看，一定不及格，如書名跟作者名字的組合十分突兀，而字體大小也不成比例。但有趣的是，這些書封的圖像，古意盎然，不管是插畫、木刻都是出自專業畫家，固然談不上設計，卻形塑台灣特有的地靈。誠如作者強調，早年從事書籍封面繪製的畫家前輩如石川欽一郎、林玉山、郭柏川等來說，除了精確描摹自然山水，同時著意於某種人文形象，從而化為具有地方感的人文地景。

這些畫家早年接受日本教育，這跟日本的「明治維新」息息相關，也因此間接吸納歐美文化藝術的特色。作者指出，「彼時恰逢世紀之交的百年間，最先首開風氣的英國美術工藝運動不啻掀起了日後一連串全球改革浪潮——包括德國包浩斯學校、法國新藝術、日本民藝運動，甚至隨著歐美日本的設計專家的到訪與開課。同時更為一九四〇年代僻處海角一隅的島嶼台灣帶來設計啟蒙。」經過時間的推移，這種文化的洗禮漸漸開花結果。例如，善於寫詩、作畫、設計的王白淵不但自費出版，甚至為自己的作品裝幀設計，具風格十足的現代感，即使以當代的視角而言，依然洋溢著前衛色彩。

談到製作書籍，日籍作家西川滿確是箇中翹楚，他畢生在台灣設計裝訂了三百多冊絕代珍本。日本早在摩登時期就孕育這種傳統。臼田捷治在《裝幀列傳》指出，一九二〇年代，日本作家開始為自己作品設計書封，如萩原溯太郎和室生犀星。萩原溯太郎指出，「最優質的裝幀者，就是最了解書中內容的人，而這人就是作者本人也。」記得《挪威的森林》首刷是以上下兩冊精裝本上市，分別飾以綠紅兩種底色，十分搶眼。有趣的是，這套小說就是作者村上春樹以極簡風格設計的書封。看來，他的品味還不俗。而村上龍無獨有偶，當時就讀於武藏野美術大學基礎設計系時，便推出《接近無限透明的藍》，並親自擔任裝幀設計。以風格而論，這張書封頗能將痲藥中毒的幻覺呈現出來。

日本出版界面對裝幀設計，不管是透過書籍或雜誌，推廣之心，總是不遺餘力。一九九〇年代以來，一些裝幀名家相繼出書，理所當然，他們便擔任裝幀設計的重責大任。例如，菊地信義《裝幀談義》和杉浦康平《疾風迅雷》，前者以極簡風格見長，後者則重視眾聲喧譁。至於論述裝幀的著作也受到出版社的青睞，如臼田捷治《裝幀時代》和西野嘉章《裝釘考》。值得一提的是，臼田捷治更出版杉浦的傳記《杉浦康平》，而此書則由菊地信義操刀，其特色乃呈現「外冷內熱」的趣味。至於裝幀名家松田行正的作品可謂「滿坑滿谷」，但在設計過程一點也不馬虎，每本書都當成藝術品來製作！他也身兼學者和出版社社長，不但經營有方，而且精力旺盛，每年設計一百多本書！顯然，日本的做法值得借鏡，或許將來有機會的話，志銘也可以為台灣的裝幀名家立傳，再度開創另一種書寫風格。

台灣的作者介入書封設計，也不落人後，例如作者談到詩人羅智成的詩集就是由他本人親自設計。至於簡媜和陳義芝開設大雁出版社，也是作者有所參與，甚至使用鯉紋雲龍紙、山茶紙。如今出版社雖然結束營業，但她塑造的造本傳統，讓人十分敬佩。

二十年前，我也做過出版，記得推出蔡源煌老師的《世界名著英文淺讀》，書封的圖片和字體都是由作者負責挑選，而書中內文抽出一頁作為封底，也出自他的慧眼。到了九〇年代，出身於廣告公司的許舜英開始在報章雜誌撰稿，後來這些文章集結成書，名為《大量流出》。從書封設計、版面編排、用紙來看，都可以發現她心儀的解構主義躍然紙上。今年她推出《購物日記》、《古著文本》乃是邀請大陸名家陸智昌設計，其極簡風格的運用，可想而知，一定是經過她的點頭同意。顯然，作者的堅持便會成就自我的風格，像作家舒國治親自挑選老式字體，即使簡體版上市前，也依然親自監督設計。

論及字體，其重要性在書封、海報設計絕對不可小看，也因此作者另闢一章大談倉頡形體。十幾年前，個人電腦大行其道，設計師開始運用電腦設計，但僵化的字體一直盤踞版面，整個美感乃大打折扣。老時代的書籍封面跟電影海報，其字體充滿個人風格，即使學徒出身的看板素人畫家所呈現的字體也是可圈可點。此外，國府遷台帶來不少書法家，例如于右任為鄧文儀《台灣遊記》題字，而台靜農為《中外文學》展現書法之美，都幫書封畫龍點睛。也難怪作者要緬懷過去那段手工時代，「……台灣書刊的封面文字均由人工一筆一畫慢慢描繪成底稿。繪製者必須耗費大量時間精力於如今看來再簡單不過的字體色塊塗繪工作上，像勞作黑手一樣周旋於噴膠、筆刀、針筆、描圖紙、色票、演色表及綠方格設計稿紙之間。」

這幾年台灣年輕設計師開始重視以電腦製作美術字，成果慢慢浮現。就這點而言，日本的成就十分可觀，很多字體設計公司和工房，對於創造新字體一直默默耕耘，至於電腦美術字比賽更是經常舉辦，以鼓勵莘莘學子繼續投入。他們未必沉迷於中文古書法，而是以解構的精神將漢字現代化，例如「競」字拆成兩半，變身成兩個運動員的身體比賽跑步！除了投入精神埋首於漢字之外，對於西方字體的研發也同樣重視。例如，小林章本來在日本字體公司工作，但後來為了研發老外字體，乃前往英國深造，畢業後更受聘於德國字體公司。目前，他推出《歐文書體》（上、下）已經成為日本人研究外國字體不可或缺的經典之作。

綜觀此書，作者頗能掌握書封設計的歷史變化。他指出，五月畫會的劉國松開始設計書封，乃宣告台灣書封設計的濫觴。顯然，五月畫會對於書封設計也頗有貢獻，像另一會員郭豫倫的畫作就常常出現在林文月作品的書封上，仔細探究，原來他就是林教授的先生。至於作者論及設計的六種顏色——紅、黑、藍、綠、黃、白——也頗有參考的價值。顏色的符號意義往往受制於文化和時代的變遷。例如，青、紅、黃、白、黑就跟木、火、土、金、水的五行相配合，甚至跟身體五臟（心、肝、脾、肺、腎）相呼應。以中醫而言，白色的杏仁就是補肺，而黑色的熟地黃則是補腎。以政治而言，黃色乃是帝王的本色。在時尚設計，顏色也會解放傳統的意義，例如日本設計師川久保玲在一九八〇年代推出的黑服，開始從喪禮中解放出來，這一來，黑色逐漸成為時尚色。作者談到的紅色在戒嚴時代當然是禁忌，這從俄國前衛主義的革命海報就可以看出意義。紅色象徵工農兵的無產階級革命，對於統治者來說，難免浮想挫敗的慘痛回憶，下令查禁，在所難免。

二十年前，我曾經以手工設計書封，雖然只是玩票性質，但稍稍可以體會作者的心意。當時，設計書封的時代，是介於手工和個人電腦的過渡期，因為已經有照像打字公司出現。換言之，書封字體可以用電腦字代替，但整個過程依舊要運用描圖紙、針筆來完稿。回憶過去，同時回想志銘的《裝幀時代》加上閱讀《裝幀台灣》，腦中終於建構一部完整的台灣書籍裝幀史。也因此，愛書狂、淘書人、設計師，以及各行各業的朋友，《裝幀台灣》是一本值得閱讀的好書！

推薦序三——

未完成的風景

吳雅慧（舊香居店主）

相信初次接觸《裝幀台灣》的朋友肯定會充滿問號，對於非美術設計科班出身的志銘是以何種立場與角度來論述這些舊書和裝幀意念？志銘從碩論就一頭栽入舊書世界，百分之一百投入的狀態，得到群學出版社賞識而有《半世紀舊書回味》出版。隨後沉浸書堆、勤於查訪，訪問設計名家多次而有《裝幀時代》，其間他嘗試建立對台灣裝幀史的論述，所談論的是從日治時期至七〇、八〇年代台灣最美麗的書封，便是各位面前的《裝幀台灣》。

志銘在《裝幀台灣》細心分門別類，整理出一章章有趣的專題，用一種回顧的淺談點評，企圖將過往零碎、片段的論述拼湊出一完整的軌跡。然而《裝幀台灣》只是志銘此時的研究成果結集，觀點、評述自是見仁見智，舊書更是怎麼看都看不完，相信還有更多細節有待探究，本書並非最後的定論，更希望能作為討論台灣裝幀歷史變遷的起點，吸引更多朋友投入舊書世界鉤沉箇中情事。相信《裝幀台灣》對於舊書價值的再確定和其歷史意義的檢視，是開啟另一審視角度，集結回顧台灣出版史上值得被記住的書籍，不僅是書封的美學討論，更是嘗試揭露這濃縮壓製在一頁頁書冊裡的時代意念、社會變遷、文化印記。

無限寬廣和可能的舊書世界

記得才在不久前給志銘《裝幀時代》序文的結尾留下一段話於附記：「截稿前方知此書將先以八位裝幀家為主軸來談台灣書籍裝幀，而論述台灣書籍裝幀史的多篇專文則另俟他日成書。」

沒想到，當時寫的短文這麼快就可以實現。除了說不可思議外，只能講志銘真是幸運，在如此短的時間內美夢成真。這也證明好書不寂寞，永遠都有勇於挑戰的出版社。雖以出版順序來說，《裝幀台灣》是志銘的第三本書，但嚴格來說，卻是志銘第一本全職投入的著作，這本書從構思、草創、修改再到出版經歷數年，出版社從群學到行人，最後落腳於聯經，關於台灣裝幀史論述的這部分終於要付梓成書。志銘該慶幸，一分為二的兩書（另一本是《裝幀時代》）因《裝幀台灣》得以結合完整呈現他對台灣書籍裝幀史的看法。

關於本書的寫作初衷，創作期間的酸甜苦辣種種，我已在《裝幀時代》序中描敘、記錄、分享了。《裝幀台灣》的出版對於舊香居（書店）和我（個人）都有很大的意義，今年《裝幀時代》榮獲金鼎獎，對從頭參與到尾的我們也是一種肯定。舊書世界浩瀚無邊，前人的智慧與心血始終精采，回想自己從小到大總離開不了這些舊書、舊文物。一直希望能讓更多人能領略它的魅力。和志銘因舊書結緣，從他撰寫碩論到同意一起投入台灣書封風貌變遷的研究，「舊香居」和店內許多愛書人以對舊書的熱情全力支持志銘，我們嘗試處理圍繞著舊書裝幀的各種謎團，一起挖掘更多的意義，也不吝分享彼此的心得和新發現。如同出版人周易正在〈臨摹一段出版史〉所說：「在《裝幀時代》的背後，台北古書店『舊香居』可說是她的隱藏故事。以『舊香居』這家小店聚集的不小知識圈，提供李志銘先生得以完成這本書的許多資訊與人脈，也形成對書的另一種評價途徑。」（《書香兩岸》，二〇一一年第一期）

從劉鈐佑總編資助志銘寫作計畫至今，一晃眼已過六、七年。在《裝幀台灣》出版前夕，再次翻閱看過多遍的文稿，字裡行間的畫面，一一呈現琳琅滿目的圖畫書封都讓我沸騰不已。而再次提筆談舊書，腦海中不斷湧現自己的成長過程，是個人的熱忱，也是舊書店的使命，總是一再提醒我，屬於舊書的故事、美好、意義等等，都還有更多更多的可能性。

書海遼闊，舊書店就像一座燈塔，撥開歷史的灰塵，透出光亮。《裝幀台灣》的問世，對志銘而言，是他完成對台灣書籍裝幀研究階段性的任務；對台灣書籍裝幀研究來說，則是獨闢蹊徑，往前踏出的一大步。

希望日後有更多人投入研究，也期望舊書文化更能被重視與尊敬。

二〇一一年九月一日於台北舊香居

作者導言——

重尋台灣書籍設計的時代圖像

李志銘

自從寫作《半世紀舊書回味》、《裝幀時代》而遊蕩於台北舊書店的這些年，已變得越來越喜歡那些年代久遠的老版本書刊。手頭上的藏書，大多是那些時下連鎖書店裡老早絕跡多時的陳年舊著。

喜歡舊書的理由，除了裨益考證史料原典的功能需求，以及滿足蒐羅罕見孤本的獵書快感之外，對於大學時代曾修習建築設計與圖像創作課程如我而言，其實還有著另一層難以言喻的美學誘因，那就是舊書封面常見素雅有致的裝幀設計。大抵來說，老派的手繪封面自我重複成分少，麗質天生、個性鮮明，各有各的美，現在的電腦封面設計幾乎長得大同小異，即便美的印刷技術提高，其依附的想像空間卻更狹隘。

當前，正是新書大量生產的N倍速時代，一走進書店，只見平台架上裝訂成冊花花綠綠的貨色，太多的設計意念眾聲喧譁地聚集在書籍封面上，復因出版社本身實在有太多話想說，區區封面根本不夠用，於是一古腦兒全都吐露到書腰上，弄得它密密麻麻，而且全是好話，加諸廣告促銷言辭窮盡誘人之姿、張牙舞爪奔襲而來，簡直琳琅滿目叫人片刻不得喘息，怕是誤闖了書影撩亂的花街柳巷。

但矛盾而諷刺的是，在這裡，我們其實不乏聽聞愛書人抱怨「好書越來越少」、「花俏而不耐看的書卻越來越多」等云云。那麼回歸現實當中，徘徊於可見與不可見之間，那些所謂的「好書」究竟跑到哪裡去了？此外，到底什麼樣的書籍設計才叫做「好看」或「耐看」？

面臨當下暫不可解的諸般疑惑，或許仍須回歸自身歷史脈絡當中尋找答案。

記憶。

依稀思念起小時候常愛翻閱坊間《國語辭典》附錄彩頁的「世界各國國旗」圖，瀏覽一片旗海飄揚眾色繽紛，有紅的、綠的、黃的、藍的，也有老鷹、刀劍、火把、星星等，裡頭滿是造型奇特五顏六色的旗幟圖樣，彷彿發現了一處比童話故事還精采的奇幻世界。或許，我那時候大概是把它誤認為是另一種形式的五彩「尪仔標」了。

職是之故，在尚未習於文字技藝以前，我便已先由觀覽「世界各國國旗」的視覺經驗當中初步建立起認知這真實世界的圖像座標。當時一一對照著懵懂認知中的美、英、法、希臘、義大利等恆常印象之國，我尤其更感驚訝於肯亞、烏干達、不丹、尼泊爾等少數國家旗幟的特殊造型。

這種近乎直覺的深層感動，來自於親眼看見世界各國的多樣面貌正以一種鮮明強烈的圖象符號並列呈現。即便是主導世界局勢的強權國家如英、美，都只是所有眾多國旗當中的一面。至於那些地處偏僻、一般民眾聞所未聞的弱小國家，國旗同樣也有一面，甚至還可能有著更為獨特的圖案設計。

如今回想起來，或許這是我生平第一次隱約感受到那種所謂「可貴的少數」的存在意義。

對照台灣當前出版趨勢，由於書籍生產總量的稀釋化，連帶衍生「贏者全拿」（the winner take all）的西瓜效應。透過媒體宣傳，少部分暢銷書寡佔了絕大多數讀者的選擇目光；相對另一端，則是有越來越多在市場上有如曇花一現的短命書籍。

書迷們體認中的「好書」之所以不常見，其實正是因著書籍出版品項的大量稀釋而淪為另一種「可貴的少數」。

高雄/大業書店/
since1952

台北/力行書局/
since1955

台北/大中國圖書公司/
since1955

台北/大漢出版社/
since1975

台中/光啟出版社/
since1956

香港/今日世界社/
since1952

台北/文化圖書公司/
since1956

台北/文壇出版社/
since1952

台北/水芙蓉出版社/
since1972

台北/
帕米爾書店/
since1950

台灣省政府新聞處/
since1947

台北/蘭開書局
since1968

台北/晨鐘出版社/
since1971

高雄/長城出版社/
since1961

台北/台灣開明書店/
since1949

新書發行未久即絕版，已是今後台灣圖書市場物流循環的常態現象。一方面來自世界各地的大量出版翻譯訊息多到讓人無所適從，另一方面在某個鮮為人知的角落，卻又可能有著同樣眾多被人遺忘、埋藏、錯置的書籍無緣找到讀者。

觀諸歷史上的暢銷書現象，其本身既無定於一尊的規律，更無法百分百複製。若說非得要驗證出個什麼道理的話，似乎唯有經歷過一段時間，在歲月淬煉下產生足以讓人辨識醒悟的閱讀距離後，一本書的真實價值才有還諸原貌的可能性。

記得有句俗話說得好：「先認識你自己是誰，才能夠去做創意。」

驀然回首，早期台灣曾經輝煌一時的老字號出版社，諸如五〇年代溢滿大時代韻味的「大業書店」、「長城」、「紅藍出版社」，六〇年代小家碧玉的「星光」、「水晶」、「仙人掌」，乃至七〇年代詩情畫意的「晨鐘」、「水芙蓉」、「晚蟬書店」、「蘭開書局」等，儘管它們至今仍然存在或者已不存在，但凡只要出版過的書具有恆久閱讀價值——哪怕只有零星少數。那麼，它們的名字就不該被當下人們遺忘。

當年這些出版社引領風騷的絕版書，證明了少數曾經存在的可貴價值。

台中/中央書局/
since1926

台中/藍燈文化/
since1976

台 中 / 光 啟 出 版
社/
since1956

台北/大地出版社/
since1972

台北/大林出版社/
since1965

台北/大雁書店/
since1989

台北/五四書店/
since1988

台北/中華日報社/
since1961

台北/天人出版社/
since1965

台北/文華出版社/
since1977

台北/水牛出版社/
since1966

台北/出版家文化/
since1976

台北/巨龍文化/
since1976

台北/幼獅文化/
since1958

台北/民眾日報出版社/
since1967

一本擔心被遺忘的書，像是不由自主地置身於眾多人潮中的孤立個體，只要外界稍微一陣騷動，或許也就因此倒地淹沒在群眾腳下了。

如今正是為了在書潮當中脫穎而出，每本書的封面裝幀自然就得使盡各種手段引人目光。

現代影像生產技術的便利與發達，固然帶來了裝幀設計型態的多樣性。然而，過度讓人眼花撩亂的書籍臉面不僅造成閱讀上的視覺干擾。同時，在華麗絢爛的外表下，又隱藏著設計者對於書籍專業類型的混淆（如將書籍裝幀導往海報化、唱片化、娛樂化等方向），以及面對歷史文化認知的貧乏與倦怠。

已絕版的，不光只是書本內容，還有近代台灣美術設計發展變遷過程中失落的歷史斷層。

一種亟欲尋求實用功能的閱讀焦慮，往往箝制了你我對於書籍裝幀與封面設計的想像層次。宏觀來說，我們在各種宣傳、廣告、雜誌、唱片、名片印刷設計上看到的不就是如此？當下設計及藝術（兩者不幸已經不分彼此了）流行著一種模仿性、媚俗的空白主義，不吝追求時髦的年輕設計師紛紛打著「極簡即流行」的招牌，為了能夠快速回應市場需求，只得不斷複製某類特定風格而未嘗自覺。

台北/田園出版社/
since1969

台北/立志出版社/
since1955

台北/名流出版社/
since1986

台北/好書出版社/
since1985

台北/自由太平洋文化/
since1963

台北/自立晚報社
文化出版部/
since1971

台北/作品出版社/
since1961

台北/志文出版社/
since1966

台北/武陵出版社/
since1975

台北/拓荒者出版社/
since1976

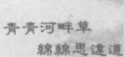

台北/河畔出版社/
since1981

台北/長河出版社/
since1977

設計師的功能不應只在商業行為間，所謂「設計」也並不是把字體放得小小的看起來很細緻就叫美。某些過分強調純粹性的現代設計觀只是孤立地談風格、造型、顏色、結構，但是卻相對很少回過頭來省思或了解自身的歷史根源究竟從何而來。

此處「封面設計」不是戲法，雖然戲法本身確實具有瞬間誘人耽溺其中的非凡魅力。可一旦迷惑於速成炫技而缺乏沉澱心思，最終也只是造成了大量速朽之作，淪為屈就「拿來主義」參照拼貼的次等模仿者。

「封面設計」不是宗教，毋須編造藝術神學創世理論以供廣大信眾景仰膜拜，哪怕是造物主不仁，承載著創作靈魂的設計者也必須要有不自量力凌駕諸神的心志。雖然有時立於現實危牆之下不免折衷勞形、曲意迎合，但設計者卻不能絕然捨棄心中最後一塊追求真善美的信仰境地。

「封面設計」不是小說，不具備敘事功能，毋須巨細靡遺地訴說著藏在底下的內容情結，但它卻得在視覺上提煉出一種最鮮明直觀的圖像語言，吸引住某些美感頻率相近的讀者（觀眾）群。

這便是詩。

台北/牧童出版社/
since1973

台北/故鄉出版社/
since1977

台北/春潮出版社/
since1961

台北/
重光文藝出版社/
since1950

台北/紅藍出版社/
since1955

台北/桂冠圖書公司/
since1974

台北/
香草山出版社/
since1976

台北/啟文出版社/
since1959

台北/國家出版社/
since1975

台北/晚蟬書店/
since1969

台北/漢藝色研文化/
since1985

台北/號角出版社/
since1980

台北/源成文化圖
書供應社/
since1969

在我認為，與海報、唱片、商業包裝等視覺傳播媒介相較之下的封面設計，它的文本結構與精神源頭其實最接近於詩。以規模尺度來看，詩的語言最為簡短精要，但又必須具備某種渲染氣氛。另外，詩的存在須有一種朦朧距離，叫人看過之後留下深刻印象，彷彿心底有一幅畫面忍不住雀躍而出。

上述這些特質，可說是一本書的封面設計得以存在的根本理由。

針對不同語言的文類轉換，詩，往往是最難翻譯的。而相對在裝幀設計領域裡，詩集封面則可說是最富創造力、最具私密性，同時也最容易被歷史研究者遺忘的少數群類。

因之，本書在封面作品的取向分類上，即以此「可貴的少數」併同美學價值為原則，各篇章書影大致以從戰前到戰後的台灣文學詩集佔最多數，其次分別為小說、散文、期刊等。

每一個時代其實都有一些個別被忽略的優秀書籍與設計者，但在台灣裝幀工藝美術設計發展過程中，這種集體世代的斷層現象尤為明顯。特別是對於生長在八〇年代以後即由數位影像工具入手的新一代設計者來說，遙望當年這些純手工繪製的絕版書影，或許能從早期封面畫家身上重新發現某些不屬於自己時代的特質面向，甚至據以作為開拓設計疆界或彰顯本土傳統的創新泉源。

台北/遠景出版社/
since1974

台北/領導出版社/
since1978

台北/慧龍文化公司/
since1978

台北/龍田出版社/
since1977

台北/蓬萊出版社/
since1981

台北/蘭亭書店/
since1982

台南/德華出版社/
since1970

台北/台灣商務印書館/
since1947

高雄/
三信出版社/
since1971

高雄/
敦理出版社/
since1978

新竹/
楓城出版社/
since1967

人們回顧過去，不光只是為了懷舊，同時更是為了參照當前的一些想法。

任何強調單一線性的歷史敘事，以及所有妄圖定位於一尊的美學詮釋與設計理論，其結果都只是或多或少篡奪了設計者與讀者的想像力。據此，本書主要立意即在於超越有關裝幀設計本身的工具論思維以及固有知識藩籬，嘗試透過跨領域的圖像美學縱論以窺見啟迪之光。

曾經存在的舊日光景，或許未必盡如懷舊者所嚮往的那般美好。但是過去這些在每個新世代淘汰之下所累積形成的舊書風景，如今排比檢視起來卻是相當可觀且富有啟發性。至少，能讓現代人早已麻痺於重度聲色刺激的閱讀感官稍事歇息，暫且回歸到一種「淨化」狀態。

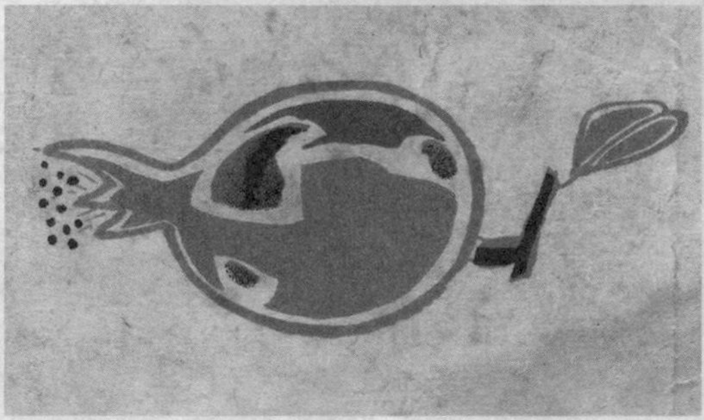

Chapter 1

迴夢鄉土

歷史風景之章

臺灣文藝
創刊號
臺灣文學奉公會

帶怒的歌
李莎著

臺灣文學集
大阪屋号書店版
西川滿・編

媽祖

陳垂映著
暖流寒流
台灣文藝聯盟發行

吳晟
吾鄉印象

戰鬥木刻

西遊記
百花の巻
西川滿

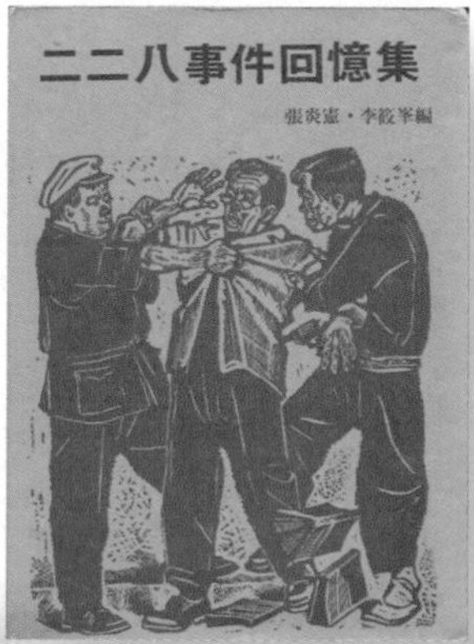
二二八事件回憶集
張炎憲・李筱峯編

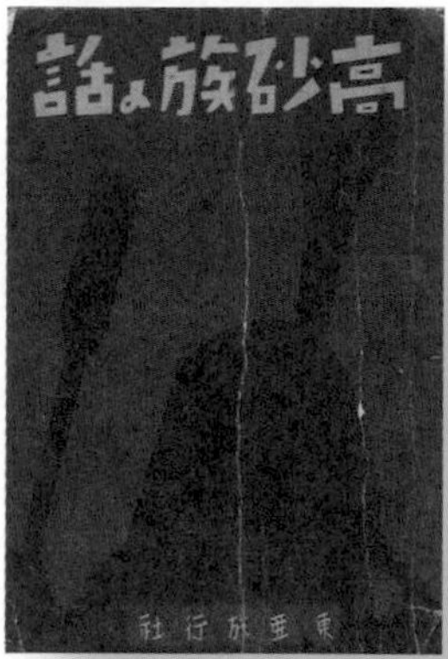
高砂族よ話
東亞旅行社

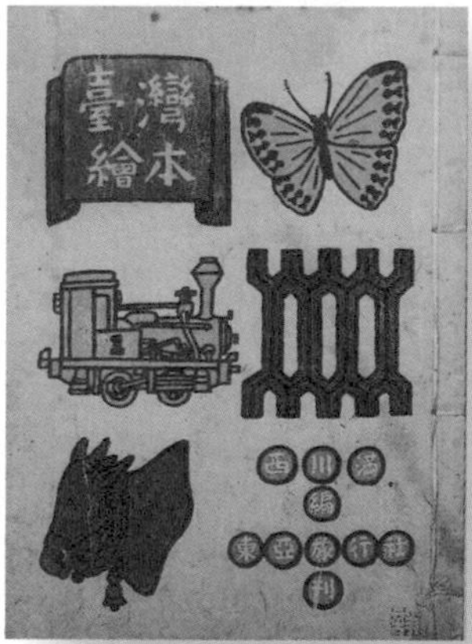
臺灣繪本
西川滿
東亞旅行社刊

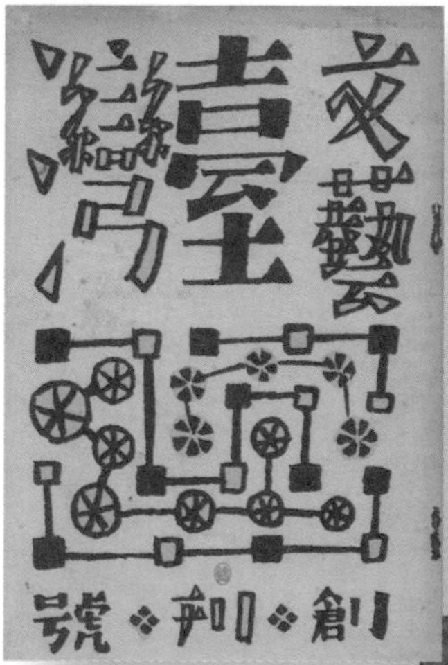
臺灣文藝
創刊號

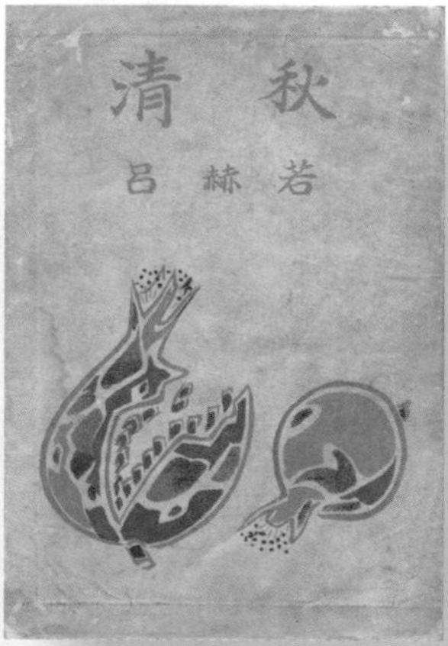
清秋
呂赫若

省政文藝叢書之卌四
山園戀
李喬著

張錯
檳榔花

只要這世界一天存在，即便面臨不同時代更迭，人類始終都能在風景畫的山川天地裡獲得心靈慰藉與安頓。當置身在遼闊的平原山嶺海洋，人即被淹沒在其中，成了風景的一部分。

傳統風景畫強調的是一種空間存在感，彷彿在畫面中留有一份想像位置，讓觀看者涉入其間而感到和諧平穩長久安定。而封面設計之於書籍，則宛如替讀者開啟了一扇進入閱讀世界的風景窗，作家子敏甚至把用於封面體裁的風景照片稱作「散文照片」①。

儘管當今的攝影術已然征服了時空，包辦了現代社會一切的影像供應。然而，就早年從事書籍封面繪製的台灣前輩畫家如石川欽一郎、立石鐵臣、林玉山、郭柏川等人來說，其筆下不僅止於精確描摹自然山川的表面真實，同時更著意於勾勒出某種人文屬性的內在形象，從而化作具有「地方感」的文化地景。

相較起現下從事書籍設計工作的人們總是汲汲於開拓各種新潮的設計概念、語言與風格，過去這些風景手繪封面看在他們眼裡似乎不過就只是一層過時的外包裝，如今他們的企圖心更強、胃口也更大：從原本單純的封面表皮到整個裡裡外外的內部組織，包括封面、環襯、書名頁、目錄、正文、插圖、天地空白、線條、標記、頁碼，設計者可資掌控的範圍愈來愈寬廣，所謂「設計語言」的貧乏幾已形同一種恥辱印記。然而，他們或許沒曾想過，當今在這書刊設計已屬過度華麗花俏的商業時代所正缺乏的，很可能就是早先我們在許多老舊絕版書刊身上所一度揚棄、輕視的某種古老而美好的純粹特質。

誠如一幅美好的風景畫能夠盡滌心中繁囂，予人導引至平靜安穩的心境狀態，你可以凝視畫面久久而不膩。就像有些封面看第一眼不見得喜歡，但是很耐看。旅途中最美麗耐看的風景，往往就在乍見毫不起眼的角落，或是擦身而過的路旁。同樣地，一本清雅雋永的書封面也總要有些悖離世俗眼界的孤獨情懷。

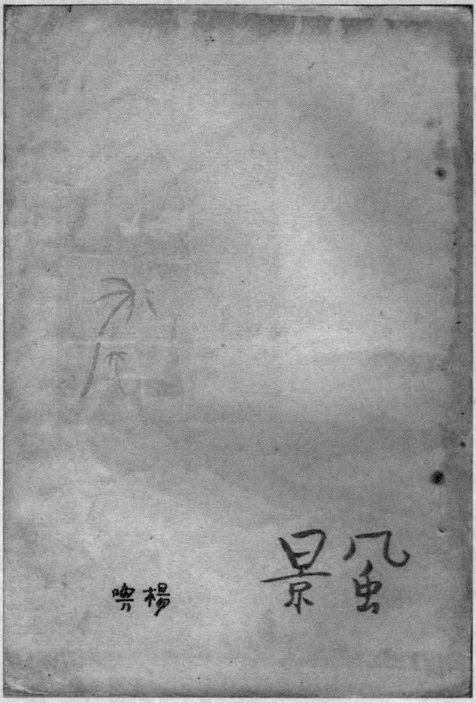

《風景》（詩集）楊喚著 ｜1954｜ 現代詩刊社 ｜ 封面設計：佚名

---

①—子敏將「散文照片」大抵定義為：不特意借重暗房技術來表現，攝影者不但要有「文學心」，還要有「散文心」，且對於平凡事物具備深刻感受力，能發現別人一向忽略了的美。引自隱地編，1983，《風景》，台北：爾雅出版社，頁29。

台灣裝幀風景的創生：從寫真繪畫到圖像拼貼

自印刷書問世以來，台灣早期書刊封面屢屢常見以「風景」②為題。由畫家親手繪製山水景物的書籍封面，像是一張開啟閱讀世界的風景窗，亦為人類生存空間縮小到一定尺寸紙面的具體展現。經由紙頁上的空間想像，閱讀者在那些凝定畫面裡憑弔著歷史記憶，每到一處鄉野異地總有不同的驚奇，彷彿正進行著一場美麗而寧靜的閱讀旅程。

時下已有太多的書封面「搶眼」卻不「耐看」。書裝幀設計一旦落入了無止盡地譁眾取寵，消逝的豈止是那可辨識的面貌，那存在於記憶裡看不見的內心風景同樣也會跟著迅速煙消雲散。

歷史上，相較於傳統純藝術領域（無論是中國山水畫或西方油畫水彩）的淵遠流長，現今談論書籍裝幀③所屬美術設計概念不過是近百年來方才興起的現代產物。早在日治時期台灣社會尚未普遍接受由英文Design 翻譯而來的「設計」（日文術語「デザイン」）此一外來語之前，人們最初僅以「圖案」或「圖案裝飾」代稱之。

日治初期，台灣總督府最早在各級學校教育設有圖畫科目④，內容包括楷行草、臨畫、寫生等，根據一九一九年三月三十一日公佈的師範學校規則（府令第二十三號）第十二條說明：「圖畫教育是為了精密的觀察，正確而自由的作畫，並且學會在公學校教授圖畫的方法，同時練習設計，培養美感。」當時這些圖畫課程的設置，原本目的並不在於培養藝術家或專業設計者，而是以教導學生從事基本描繪及手工能力，進而達成活用台灣地方資源、開發台灣產業為目標。

彼時台灣雖無專門的美術學院，而體制內的美術教育亦只在師範學校，但是藉由內地來台的日籍老師教授繪畫的過程中，卻也促使台灣青年得以經由日本明治維新（西化）成果間接吸收西洋美術知識，並於師範學校畢業後有機會赴日本或歐美深造。

昭和年間（約自一九二六年起），日籍畫家石川欽一郎⑤（1871-1945）開始擔任總督府發行《台灣時報》刊頭插畫設計。承襲英國傳統式透明水彩技巧，石川擅長以田園浪漫情調描畫台灣農村鄉鎮風景，經常帶領著學生到戶

②—一九八三年爾雅出版社發行《風景》一書，係列出一百二十個爾雅叢書封面照片。另根據一九九七年刊行「爾雅叢書」書目列載的三二一部叢書作歸納，以大自然「山水風景」或是以「動植物」為封面圖片的設計作品，大約佔爾雅叢書研究樣本的三分之一，幾乎是爾雅最典型的封面取向。引自林俊平，1999，〈文學書封面觀察〉，《出版界》五十六期，頁48-56。

③—作為外來語的「裝幀」一詞最早由豐子愷從日本引進中國，其中的「幀」是量詞，意指將一幀一幀的書頁疊加起來，用線縫上、貼上書皮，再粘上書籤，這就叫裝幀。

④—為了培養小學教師教學時所需具備之基本描繪能力，日人於一九〇二年開始之「國語學校師範部乙科」課程中設置「圖畫」科目，正式在以台灣人為主的學校中實行圖畫教學。在課程內容中，一年級學生必須接觸「臨畫」、「寫生畫」及「考察畫」，二年級以後則加選「幾何畫」等。從一九一〇年起，圖畫科始在國語學校公學師範部課程中成為一門獨立科目，一九一二年後更將「手工」及「圖畫」正式列為台灣初級教育課程。

外寫生、鼓勵學生組畫會，並開風氣之先，大量將台灣風景題材堂皇繪入當時書刊封面，又在《台灣日日新報》、《台灣教育》、《台灣時報》發表一系列寫生插畫以及相關美術評論文章，於焉成為近代台灣美術設計史上第一位著名的封面畫家。

⑤—石川欽一郎，1926，〈台灣風景の鑑賞〉，《台灣時報》；林皎碧譯，1995，《藝術家》二五二期，頁290-293。

《前鋒》（光復紀念號）｜1945
｜台灣留學國內學友會｜封面繪製：藍蔭鼎

《台灣藝術》（創刊號）｜1940
｜台灣藝術社 ｜封面繪製：藍蔭鼎

1930

1937

1937

1934

《台灣時報》（七月號）｜1930｜台灣時報發行所｜封面繪製：石川欽一郎
《台灣時報》（二月號）｜1937｜台灣時報發行所｜封面繪製：石川欽一郎
《台灣時報》（七月號）｜1937｜台灣時報發行所｜封面繪製：石川欽一郎
《台灣時報》（七月號）｜1934｜台灣時報發行所｜封面繪製：石川欽一郎

從他三十七歲那年（1907）以陸軍參謀總部通譯官身分駐守台灣並兼任國語學校美術教師乃至四十六歲（1916）隨軍返鄉的這段日子，石川欽一郎便與台灣結下了不解之緣。後來一九二三年關西大地震，石川的母親不幸在震災中逝世，當時就任台北師範學院校長的保田鉎吉力勸他再度來台任教，這也是他推展西方美術教育的一個新起點。兩度來台期間，石川走訪全島山水名勝。不自覺已深深愛上島嶼風土的他，嘗以「光之鄉」來形容台灣。

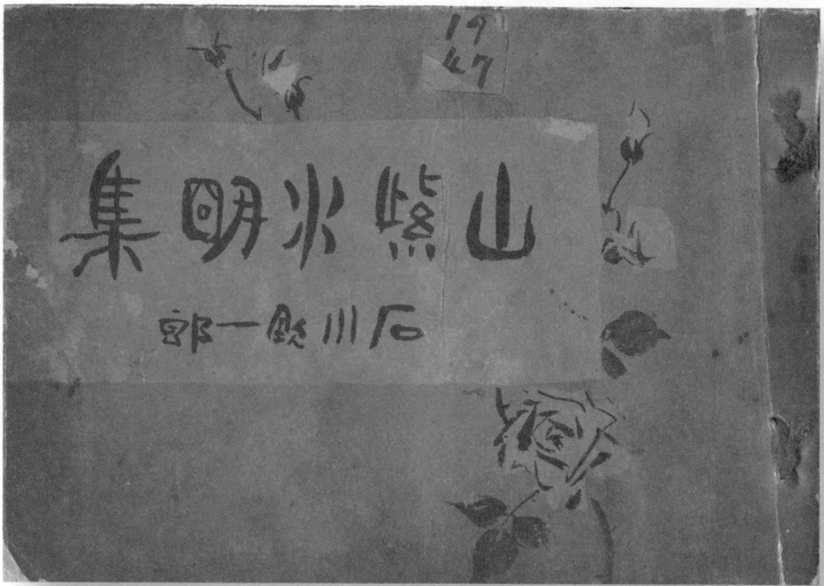

《山紫水明集》（畫冊）｜石川欽一郎著｜1932｜台灣日日新報社｜封面繪製：石川欽一郎 ｜書影提供：舊香居

昭和七年（1932），石川欽一郎辭任台北師範教職返日，臨行前並將旅台期間於報章雜誌發表作品匯編為《山紫水明集》一冊正式出版，該書所繪台北新公園、東門外、大正町、南門町、芝山巖等景物優雅地表達了一位客居台灣的異鄉人眼中不乏風光旖旎山明水秀的島嶼風景，亦為台灣近代美術愛好者與收藏家企盼的夢幻之書。

《台灣時報》（一月號）｜1932｜台灣時報發行所｜封面繪製：市川泰助

「比起京都的優雅，台灣顯得粗獷豪野了許多。由於色彩濃豔、光線強烈致使輪廓線也增強明朗……強烈的線條構成，遂為南國自然景觀的特徵」，石川在〈台灣風景の鑑賞〉一文如是描述。在他薰陶教誨之下，台灣本土第一代畫家倪蔣懷、陳澄波、楊啟東、藍蔭鼎、洪瑞麟、李澤藩等英才輩出。端看藍蔭鼎繪製四〇年代《台灣藝術》雜誌以及戰後初期《前鋒》（光復紀念號）刊物封面，皆可顯見石川畫派啟蒙自英國水彩寫生的風土色澤。

被譽為第一個播下台灣新美術種籽的啟蒙者，石川欽一郎畢生熱中行旅，並訴諸台灣本土特有的自然環境、動植物及街景風貌為創作根源，而與官方殖民體制聯手形塑所謂的「地域色彩」⑥（Local color）。

套印一幅戶外寫生水彩畫作，再配搭固定欄位的刊名題字與印刷發行單位，從而構成了日治時代台灣書刊設計常見的封面樣式。

一九二七年六月，台灣日日新報舉辦以公開募集票選方式選出「台灣新八景」的活動。此一活動主要透過民眾以明信片投票，再加上由政府官員與專家組成的審查委員共同參加決選，最後選出了八景、十二勝，以及特地為了

⑥—地方色彩的概念寓示著某一種特殊訴求，而非僅限於如實描寫一地之外觀。日治期間伴隨著官辦美展興起，提倡地方色彩乃成為台灣現代美術走向之辯論焦點。諸如風景畫中最常見的熱帶椰子樹，將之置於極為明顯突出的位置並加以細膩描繪，因而形成一種凸顯地方特色的誇張效果。

殖民地台灣而另行在八景之上疊置的兩個所謂「別格」：神域（圓山台北神社）與靈峰（新高山，即玉山）。其中的「神域」與「靈峰」分別成為當年總督府彙編《台灣鐵道旅行案內》官方手冊內頁環襯設計的畫作主題，原屬自然界的山川地景藉由人為賦予神聖性，反映了近代日本殖民政府以風景圖像形塑島內國土認同的重要轉折。

《台灣鐵道旅行案內》內頁環襯（右翻）｜神域（圓山台北神社）
圖片提供：楊燁

《台灣鐵道旅行案內》內頁環襯（左翻）｜靈峰（新高山，即玉山）

隨著「總督府鐵道部」全面性的運籌規劃，作為殖民母國物流載體、猶如血管般遍植台灣各州鄉鎮土地肌理的鐵道系統，企圖將島內各處罕見到達的「窮鄉僻壤」置於便利觀看進出的可見範圍。在殖民者沿著鐵道路線的凝視下，台灣鄉鎮由北而南的特色景致與風光名勝彷彿「風景標本」般依序排列。

這段期間，由官方或民間組織出資編纂的各類台灣鐵道旅遊指南、名勝簡介、寫真帖和遊記文類大量湧現，類此相關出版物不僅改變了當時個人對於國土疆界以及城鄉地域的空間認知，地圖上的景點符號更成為一個個可以親自去探索遊歷，甚至用身體感官去深入領受的實質空間。

戰後，從日治到國府遷台初期，台灣的旅行版圖又有了一個新的面貌。

一九四五年八月十五日凌晨，裕仁天皇以「玉音放送」宣告中日戰爭結束。未久，及至一九四九年前後國民黨軍隊全面自大陸撤守，伴隨著十餘萬冊中央圖書館善本書由南京遷至台灣，國府宣布戒嚴。如是一道存於新舊政權交替改朝換代的巨大鴻溝，不得不迫使島嶼人民改變了往常腦海中觀看山川景物的心象地圖，過去曾於日治期間盛行的鄉土風景寫生，亦被象徵繼承中華國族文化一脈的傳統文人山水所取代。

《台灣鐵道旅行案內》（指南）｜1927｜台灣總督府交通局鐵道部｜封面繪製：石川欽一郎｜書影提供：楊燁

《台灣紀遊》（散文）｜朱介凡著｜1961｜復興出版社｜封面設計：朱嘯秋

由於彼時適逢太平洋戰爭結束未久，接連國府內戰失利，軍公教大舉遷台，整個社會籠罩在保密防諜、反共抗俄的高壓氛圍下，出門遊覽自是比以往滯礙難行，再加上民間物質貧乏、百廢待舉，以往那些詳細的旅行地圖指南與書冊便不被允許再印行，至於少數罕見出版的導覽遊記也只能淪為私人珍藏的書籍。例如早年隨旁蔣介石侍從秘書、來台後歷任黨政要職的鄧文儀⑦首度於一九四七年間初旅台灣，爾後斷斷續續至一九六一年一場歷時四個月的環島行程結束，他一面考察台灣農村經濟建設，一面綜理各縣市文獻委員會及民間文史資料，意欲鎔鑄山川物產、交通建設、農工商業、民情風俗、歷史文化於一爐，撰述為二十二縣市遊覽概要、洋洋灑灑而成二卷本《台灣遊記》。

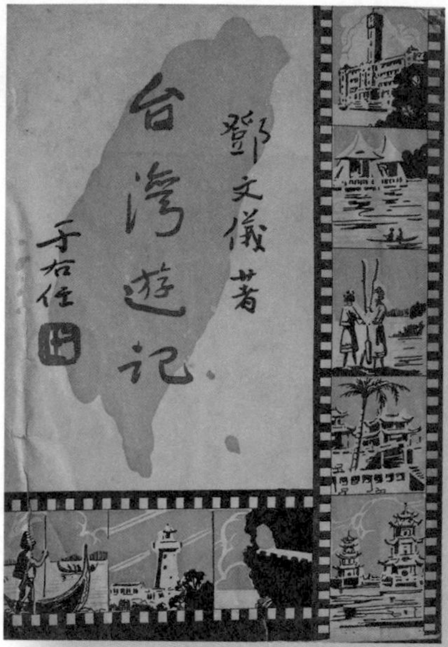

《台灣遊記》第一冊｜鄧文儀著｜1961｜正中書局｜封面繪製：梁又銘、梁中銘｜書影提供：舊香居

⑦—鄧文儀（1905-1998），湖南省醴陵縣人，黃埔軍校第一期學生。一九二八年至一九三四年任蔣介石侍從秘書，曾積極參加蔣介石發動的「剿共」戰爭，並主編《剿匪文獻》。一九四六年任中華民國國防部新聞局局長。一九五二年起任「行政院內政部」政務次長六年，負責實施台灣土地改革及地方自治。

⑧—梁中銘（1906-1994），廣東順德人，幼習畫於上海天化藝術會，早期畫獼猴和水牛為當時一絕，專長為漫畫、水彩畫，受英國正統水彩畫法影響頗深。抗戰期間擔任《陣中畫報》社長，主編《抗戰忠勇史畫》，隨中央政府遷台後陸續擔任《中央日報》主筆、政工幹校藝術系教師，並繪製許多大型戰畫，將八年抗戰的奮鬥與艱辛，完整地記錄下來，被稱作「革命戰史畫家」。梁鼎銘、梁中銘、梁又銘為國民黨軍中三位著名畫家，被稱作「梁氏三兄弟」。

至於該書封面設計主要乃出自國民黨政戰畫系梁氏昆仲：梁中銘⑧、梁又銘⑨之手，並由黨國大老暨當代草聖于右任題寫書名，畫面上皆以台灣島為主軸，第一輯繪有台灣總督府、台中公園、日月潭邵族杵歌、台南赤崁樓、高雄市春秋閣、花蓮太魯閣峽、恆春鵝鑾鼻燈塔、蘭嶼達悟族民俗等八處名勝景點依序羅列，第二輯則在天地緣口插繪了南雁北歸的鄉愁寓意以及陸海空現代交通工具的文明象徵。

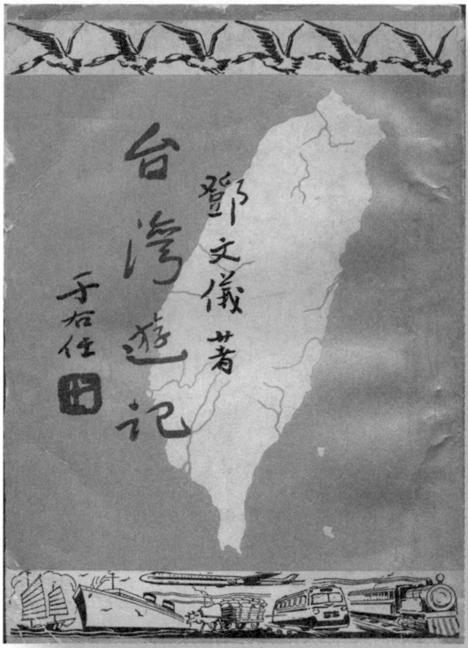

《台灣遊記》第二冊｜鄧文儀著｜1962
｜正中書局｜封面繪製：梁又銘、梁中銘
｜書影提供：舊香居

⑨—梁又銘（1906-1984），廣東順德人，自幼與雙胞胎弟弟梁中銘追隨兄長梁鼎銘學習水彩、油畫與素描，爾後投筆從戎，效命革命軍，曾主編《革命畫報》、《中央畫刊》、《文華畫報》等抗戰文獻。一九四九年移居台灣後隨即開始藝術教學生涯，在台期間受託擔任愛國獎券編制工作達十餘年。梁氏終生以繪畫教學為業，範圍涵蓋國畫及西洋畫。

誠如作者鄧文儀在《台灣遊記》卷首宣稱：「我們要堂堂正正站起來，以復興中華民族復國建國為己任，我們要增進德識，愛護身體，為國珍重。我們要多接近自然，接受太陽、空氣、水的鍛鍊，我們要深入民間，深入高山大澤，採風問俗，了解民間疾苦。我們要實踐這兩種心願，就要常常外出旅行遊歷」⑩。作為戰後第一部經由國府官方認可（包括作者本身歷任黨政軍系要員、封面設計與題字者亦皆為黨國大老），並經過系統化擷選編纂之後准予開放民間流通的考掘成果，《台灣遊記》除了藉由其可複製性和傳播性建構一套方便觀看視察的方式之外，且透過知識分子建構的觀光美學論述，更意圖將台灣風土從軍事戒嚴的防衛空間中解放出來，重新界定了「旅遊台灣」的正當性。經由身體移動、觀看的過程，轉化為一般民眾發現島嶼的捷徑，從而將台灣納入「反共復興基地」的想像藍圖。

於此，關乎遊覽一事，在不違背國府當局宣揚反共復國的統治原則下，乃理所當然寄託成為一種凝聚民族意識、鍛鍊健康國民性的必要手段，一處處亞熱帶南方島嶼上的秀麗山水、崇山峻嶺，遂在鄧文儀、朱介凡、錢歌川等這一代中國大陸南來文人筆下，寄寓著緬懷彼岸故國山河的深刻懸念。

⑩—鄧文儀，1961，《台灣遊記》第一冊，台北：正中書局，頁5。

《雪是我的童年》（詩集）｜蓉子著｜1978｜乾隆圖書公司｜封面畫作：溥心畬「巖林積雪」圖

《故鄉別戀》（小說）｜呼嘯著｜1957（四版）｜樂人出版社｜封面設計：朱嘯秋

南國無雪。

生長在亞熱帶台灣，冰融的「雪」尤其被視為珍稀景致，皚皚白雪對於斯土住民而言向來有著莫名的吸引力。每逢隆冬季節，只消某處一傳出降雪訊息，即便僅有少許片雪飄零，總會引來一波波聞風而至趕赴賞景的壅塞人潮。綿延數十公里的車陣，只為上山一窺難得的雪景。

戰後初期，因時局動盪移民來台的文人菁英嘗以雪為引，藉此吟詠北方故土的念念懷思。祖籍江蘇、來台後飽嘗亞熱帶島嶼環境新奇感受的女詩家蓉子即以新詩集《雪是我的童年》賦歌曰：

我有萬種荒寒
唯這一箭豐美
雪是我的妹妹 我的鄉愁
我的童年 而此刻
什麼都不見⑪

由於當時印刷條件、紙張、排工的種種侷限下，在作者蓉子自承：「以往文人自費印書的黃金時代似乎業已結束」而交付出版公司發行的這本新詩集子當中，封面圖片乃取自滿清遺族畫家溥心畬⑫的山水立軸「巖林積雪」圖，其畫作裡的皚皚白雪覆蓋了整個山峰，在萬物幽寂之下端見長松挺立，呈現為一幅與島嶼風土迥然相異、隱喻舊時代文人內心清雅高絕的隱士之姿。

---

⑪—蓉子，1978，《雪是我的童年》，台北：環球書社出版、乾隆圖書無限公司印行。

⑫—溥儒（1896-1963），字心畬，中國近代著名的書畫家，三〇年代中期與張大千齊名，並譽「南張北溥」。在北京，他的山水畫則被推崇是「國畫北派青綠山水正宗首座」。一九四九年自大陸移居台灣後，與張大千、黃君璧三人成為台灣畫壇中最傑出的國畫大師，合稱「渡海三家」。

法國存在主義哲學家沙特（Jean-Paul Sartre,1905-1980）在《想像心理學》一書指出：「想像（imagination）以影像（image）做為其構成要素，是一種確定的作用，或是一種位置作用」。如若現實環境不存在凝望者的視覺對象，人們往往由「想像」中尋求寄託。同樣在台灣，早期書刊設計亦經常不乏類似情況，就像《雪是我的童年》一書內容雖屬現代詩體裁，可在封面上卻採用了一幅風格迥異、象徵大中華漢文化美學要素的古典山水畫作。

諸如此類，書籍內容與封面圖像之間全然呈現意義斷裂的情況，不唯對五、六〇年代寄寓台灣的外省族群如此，就連經歷日治殖民教育的本土第一代知識分子亦然。彼時因回歸中國統治、「改朝換代」禁用日文的政令驟變，使他們頓時陷入了集體失語的困境。

鍾肇政，這位世居桃園龍潭的省籍作家於光復後始習中文，著作《插天山之歌》為自一九七二年執筆、並於《中央日報》副刊連載半年後結集成書的長篇小說。故事內容以二戰末期為背景，講述留日青年陸志驤返台抗日，因日本特務追捕逃入深山，故而接受鄉親庇護、努力學習農事，並戮力爭取民族生存以及個人自由。

《插天山之歌》敘事內容主要以台北、桃園兩縣治交界的「插天山」象徵為遠避殖民政權迫害、砥礪自我心智的世外桃源，種種虛構情節而描述的空間場景可說依實有據。然而由內而外反映在封面設計上，當年首度集結發行的初版《插天山之歌》卻採用了與小說內容無關、由十九世紀法國素人畫家亨利・盧梭（Henri Rousseau,1844 -1910）所繪製，題為「夢」（Reve）的一幅畫作。

被壓抑的視覺想像，唯有向外尋求宣洩出口。盧梭畫中那片原始、蓊鬱而幽閉的幻想森林，如夢幻般的繁茂色彩，雖非小說文本提及的三角湧、水流東、八角寮、八塊厝、九芎山、九曲坑、十一份等鄉野村落描摹，但在整體意象上，卻也似可比附小說主角遁入「插天山」以避逃外在壓迫的出世性格，間或投射幾許天真純樸的原始神秘感。

來自域外的風景名畫一旦與被嵌入的歷史脈絡相互並陳，往往便在視覺感受當中摻入了生命起伏與對話。一如台灣的過去與未來，什麼都有可能，世界潮流奔湧而至的各類風格在此，均可任意被嫁接與安置。

在那版權意識尚未發達的早些年代，挪用「中外名畫」權充封面圖片的諸般現象，除了可解釋為出版社本身欠缺專業美術設計能力的權宜作法外。表面上的無有關連，或許正為另一間接層次的「無言之言」。由於主體圖像的缺位，而採用某種隱晦方式，道出了難以言欲的絃外之音，映照出戰後初期台灣本土創作者對於文字以及視覺想像的失落語境。

自戰後以降，儘管台灣經歷了歐美現代文化洗禮與技術革新，如今侈談書籍設計專業困境雖在表面上已不復見當年「圖像失語」那般貧乏，實則仍以另一種隱而未顯、難以擺脫西方文化強勢影響下的移植型態悄然延續著。

《插天山之歌》（小說）｜鍾肇政著｜1975｜志文出版社｜封面畫作：亨利・盧梭「夢」

「美術工藝」概念初萌：從「帝國工藝會」到「本島造形文化運動」

無論在台灣或中國，早期專業畫家正式投入書刊封面繪製一事大抵皆自二十世紀三〇年代左右為起始。

話說一九二七年上海立達學院美術館舉辦畫家陶元慶個人美術展，在這當中最引人注目的，乃是他替魯迅小說集《徬徨》、《墳》、《朝花夕拾》，以及魯迅譯作《苦悶的象徵》和許欽文小說《故鄉》、《幻象的殘象》、《回家》等著作繪製的封面設計畫。同年，甫自藝術師範學校完成修業、年方二十的青年畫家錢君匋應章錫琛之邀，亦來到開明書店擔任美術音樂編輯，透過作家魯迅的積極鼓勵與大力扶植，遂由此展開了他日後聲譽鵲起的書刊設計生涯。當時因稿件委約不斷而窮於應付的錢君匋，甚至還在友人豐子愷等知名人士號召下，共同代他訂了一個前所未有的〈錢君匋裝幀潤例〉⑬。

隔著海峽的另一端，當時的日治台灣仍處於「工藝」等同「工匠」的時代氛圍，看在畫界同業人士眼中，總認為只有純藝術創作能力不足者，才會去

⑬一一九二八年九月，豐子愷、夏丏尊、邱望湘、陶元慶、陳抱一、章錫琛同訂了一則〈錢君匋裝幀潤例〉：「友人錢君匋，長於繪事，尤善裝幀書冊。其所繪封面畫，風行現代，遍佈於各店的樣子窗中，及讀者的案頭，無不意匠巧妙，佈置精妥，足使見者停足注目，讀者手不釋卷。近以四方來求畫者日眾。同人等本於推揚美術，誘導讀書之旨，勸請錢君廣應各界囑託，並為定畫例如下：封面畫每幅十五元，扉畫每幅八元，題花每題三元，全書裝幀另議，廣告畫及其他裝飾畫另議。附告：1.非關文化之書籍不畫；2.指定題材者不畫；3.潤不先惠者不畫。收件處：開明書店編譯所。」當時〈錢君匋裝幀潤例〉除將內容印成單張派發外，更刊登於開明書店的雜誌《新女性》之上。

⑭一「美術工藝」這個名詞的使用，在明治時期近似於「應用藝術」、「工藝美術」，所謂的「工藝」是帶有「工業」意義。

專門從事封面繪製這類被視為「次等創作」的美術設計職務。

昭和初年（1926），日本政府結合產官學界專家，以新式意匠圖案振興傳統工藝輸出為目的之美術設計職能團體「帝國工藝會」在東京成立，該組織主要乃受到一九〇七年創立的「德意志工作聯盟」（Deutscher Werkbund）的成功鼓舞而茲為範本，意圖仿效早期德國結合產業家、藝術家、建築家、設計家共同改造提升工藝設計產品質量的革新作法。而「帝國工藝會」本身也出版了一份機關誌《帝國工藝》，後來改由商工省工藝指導所出版《工藝新聞》（《工芸ニュース》），成為當時的設計專門誌。

昔日那一代台灣青年畫家中深受此一「美術工藝」⑭概念影響者，除了首推三〇年代初曾作全台環島手工藝產業考查的顏水龍（1903-1997）以外，還有便是出身東京美術學校（今「東京藝術大學」）圖畫師範科、於三十四歲那年赴中國任教上海美術專科學校圖案實習科教授圖案設計的王白淵（1902-1965），以及二十一歲（1935）負笈東京帝國美術學校（今「武藏野美術大學」）工藝圖案科、同時兼擅寫作與插畫裝幀設計的陳春德（1915-1947）。

彼時畫家從純粹藝術創作走上美術設計之路，不單只是個人興趣所致，同時也不乏兼有社會環境因素的現實考量。

就以近代台灣工藝之父顏氏「水龍仙」來說，早年日治時期得以前往日本或法國留學的台灣畫家由於大多仍屬家族經濟條件優渥的世家後代，而一九〇三年（明治三十六年）出生於台南下營紅厝村的顏水龍，只不過是個沒有任何背景的鄉下孩子，生活條件的窘迫無形中自然促使他比起其他畫界同行更必須將美術訓練和能力轉化為生產工具來從事廣告設計與工藝創作。

昭和六年（1931），從小熱愛繪圖、並以心儀十九世紀法國寫實畫家米勒（Jean-François Millet,1815-1875）為立志目標的青年詩人王白淵，出版日文詩集《蕀の道》（中譯《荊棘之道》），是謂近代文學暨美術史上最早由台灣人自費付梓與自行設計封面的第一部印刷作品。然而，因其中部分篇章涉及政治意味的論說文，《蕀の道》一書發行不久即遭日本總督府查禁，即使到了戰後蔣家政權統治下亦無緣再版。

作為日治台灣從事獨立出版書籍裝幀的先行者，王白淵可謂寫詩、作畫諸藝兼擅。原本無意涉足政治運動、只想在藝術象牙塔裡獨善其身的他，未料二十二歲（1923）那年負笈來到東京後竟一頭栽進左翼社會主義思想熱潮，加諸世界局勢的驟變，遂讓他內心屢屢夾於「藝術」與「革命」之間苦惱掙扎。於是他積極投入寫作與社會運動而更甚於作畫，卻也因此成了戰前戰後兩個政權的眼中釘，其間曾多次被捕入獄⑮，一生命運堪為坎坷。

「我正處在生命的十字路，向右通往快樂的山谷，向左通往悲哀的原野，放眼前方漫漫可達永恆之鄉，我正靜靜地在凝視，人生巡禮的自我容姿。」⑯

當事人如履荊棘顛沛困頓的人生際遇，彷彿冥冥之中連繫著王白淵當年手繪《蕀の道》封面的圖像意涵：畫面中央「紅色十字」表示西方宗教意識裡的原罪象徵，書名「蕀の道」三字如木刻紋理般被深嵌進十字架上，沿途因荊棘滿佈而將諸多散落的心型圖案切割為二，整體構圖符號印記饒富深意。

在理想與現實當中，他始終落下了一個孤獨的抉擇。

就在中日戰爭爆發前一年（1936），日本治台政策在此進入一新的階段，

⑮—一九三二年九月，王白淵因籌組東京「台灣人文化社團」成員參加反帝遊行被捕，社團全員受到牽連入獄，不久後釋放。迨一九三七年「八一三事變」爆發，王白淵又於上海遭日方逮捕入獄被判八年徒刑押回台北。

⑯—王白淵著、陳才崑譯，1995，《荊棘的道路》，彰化市：彰化縣立文化中心，頁14。

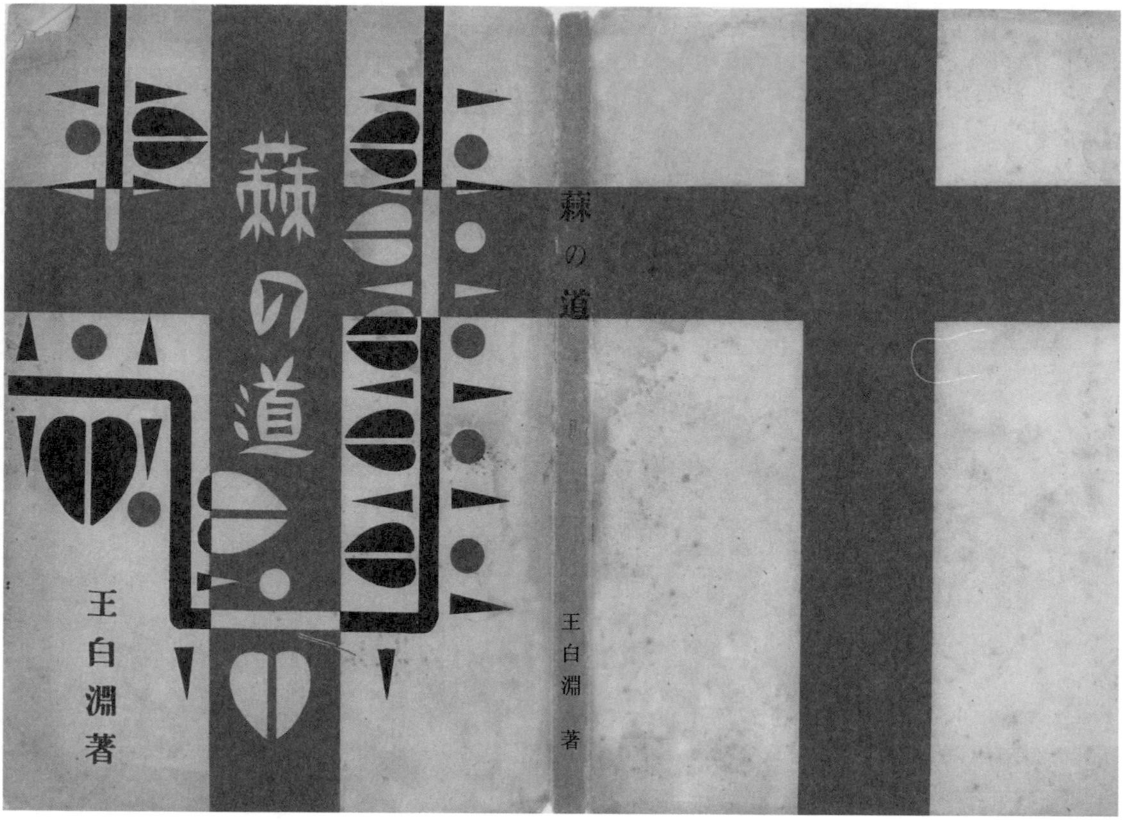

《蕀の道》（詩集）｜王白淵著｜1931｜久保庄書店｜封面設計：王白淵

隨後為了因應大東亞共榮圈南進政策的戰爭需求，乃於全台各地開始籌組「皇民奉公會」組織，積極綿密地推展所謂「皇民化運動」，以獎勵手段欲使身家清白的台灣人改日本姓氏，例如楊三郎改姓「楊佐三郎」、廖繼春改姓「秋永繼春」、陳清汾改為「田中清汾」，其目的是讓台灣本土特有文化語言風俗慣習逐漸消失，最終將台灣人改造成為效忠殖民母國的標準日本皇民。

戰爭時期（1937-1945）在文學領域當中，一干台籍作家為了對抗由日人西川滿主導、傾向「台灣文學奉公會」鼓吹皇民路線的《文藝台灣》，於是就在嘉義青年張文環（1909-1978）的主導催生下聯手創辦了《台灣文學》季刊（1941）。這份刊物不僅是日治末期匯聚了呂赫若、吳新榮、楊逵等本島作家為主軸的文學陣營，更是當時諸如李石樵、楊三郎、李梅樹、林玉山、陳春德等多位台籍畫家發揮插圖與設計創意的重要舞台。

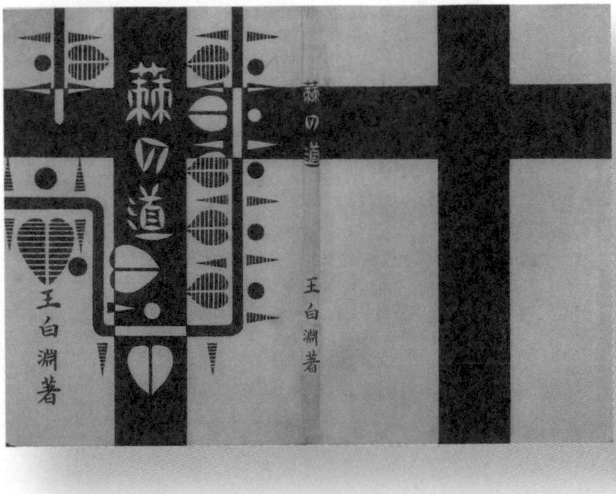

《蕀の道》（詩集）封面內層

《台灣文學》（第三卷第二號）｜張文環主編｜
1943｜台北啟文社｜
封面設計：陳春德｜書影提供：舊香居

《台新旬刊》（10月下旬號）｜平一編輯｜
1944｜台灣新報社｜
封面設計：陳春德

《台灣文學》（第二卷第五號）｜
張文環主編｜1942｜台北啟文社｜
封面設計：陳春德

其中殊為深愛文學閱讀的陳春德尤其擅長人物速寫與筆墨，在他僅止三十二歲短暫生命期間，奉獻於書刊裝幀設計的成就作品遠遠超過其他同輩畫家。

早年赴日留學期間，陳春德即已染上重度嗜書習癖，平日作畫閒暇之餘最大嗜好便是逛舊書店。有一天他從阿佐谷某家舊書店買到一冊由堀口大學翻譯法國女畫家瑪麗・羅蘭珊（Marie Laurencin,1883-1956）的限定版詩畫集而雀躍不已，這部限量六百本中的第四〇二號畫冊從此成了他畢生最珍愛的私家藏書。

緊接著，自日本返台後，陳春德亦持續為報紙雜誌刊載的小說版面繪製插畫，包括《台灣新民報》刊登張文環〈山茶花〉、龍瑛宗〈趙夫人の戯畫〉等系列小說連載插圖，以及《興南新聞》「學藝版」與「文化版」刊頭設計大多出自陳氏手筆，圖案設計主要取材於寺廟常見景物（這和他自幼生長於宗教信仰濃厚的大稻埕不無關連），即使在戰爭末期協助繪製充滿宣傳意味的《台新旬刊》，陳春德仍在封面設計上維持偏好融入傳統風俗生活的一貫風格。當時他和《台灣文學》文人編輯群往來密切，也反映在他替《台灣文學》雜誌封面多所著墨於台灣民俗圖像的豐富內涵。

昭和十八年（1943），陳春德以筆墨勾邊一氣呵成繪出日治時期在台日人作家坂口䙥子短篇小說集《鄭一家》封面設計，畫面中的樹木、蓮池、亭台樓閣主要透過暗綠與褐色調來呈現，特別顯得俐落雅致神采奕奕，堪稱近代台灣美術設計史上難能得見一幅墨筆淡彩的裝幀絕品。

《鄭一家》（小說）｜坂口䙥子著｜1943｜台北清水書店｜封面設計：陳春德

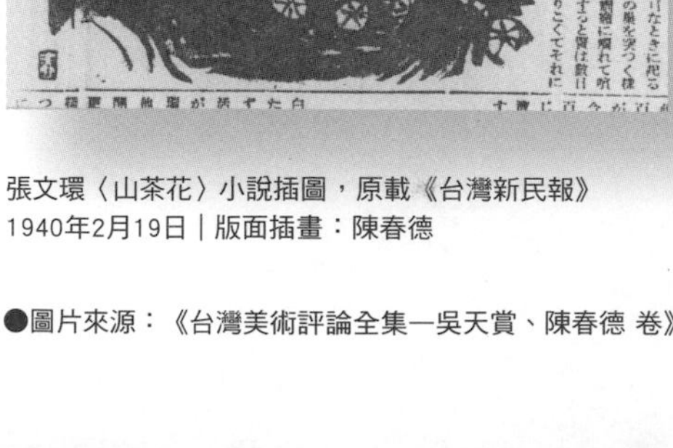

張文環〈山茶花〉小說插圖，原載《台灣新民報》
1940年2月19日｜版面插畫：陳春德

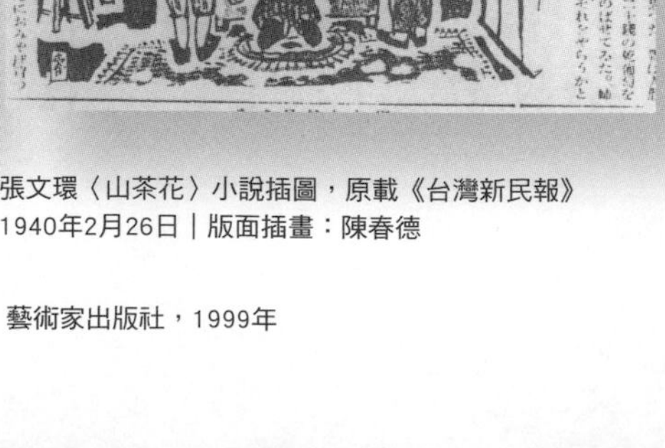

張文環〈山茶花〉小說插圖，原載《台灣新民報》
1940年2月26日｜版面插畫：陳春德

●圖片來源：《台灣美術評論全集—吳天賞、陳春德 卷》，藝術家出版社，1999年

彼時四〇年代適逢大東亞戰爭末期，儘管日本軍隊節節敗退、美軍頻繁來台灣轟炸的戰況極其慘烈，但這時頗堪耐人尋味的是，卻有一群反對皇民化的殖民地官員、學者以及民間業者及時站出來發表宣言，亟欲開始著手推動發掘台灣本島特色的造形文化運動。

一九四四年一月，以台灣總督府營繕課長大倉三郎（1900-1983）為作者署名的一篇文章〈在本島的造形文化運動：台灣生活文化振興會的興起〉宣稱：「在今天日本的社會中台灣，也是位在大變動的時代。新文化的波動時時刻刻在洗練著這個小島，而促成生活文化的氣氛，導致直接表現在具象的造形上，我們首先要反省身邊物品的形狀及顏色，再深入探討台灣的地方性及獨自性，必然能促生新時代的造形意念。」⑰

先前，此一造形文化運動已率由學界人士拉開了序幕，在台北帝國大學醫學院教授金關丈夫（1897–1983）、灣生畫家立石鐵臣、「工房圖譜」繪者暨台灣本土工藝美術先驅顏水龍等《民俗台灣》雜誌編輯作者群的參與陪同下，日本民藝運動創始人柳宗悅⑱於一九四三年受東洋美術國際協會委託，來台參訪民間工藝美術發展現況，期間還舉辦座談會且發表多篇文章，一時

⑰—大倉三郎，1944，〈在本島的造形文化運動—台灣生活文化振興會的興起〉《台灣建築會誌》，第十六輯第一號，頁1-2。

⑱—柳宗悅（1889-1961），日本著名民藝理論家、美學家，畢生致力於民間工藝研究，為日本推動工藝美學（民藝運動）的頭號旗手，並創辦了日本民藝館（1936）及日本民藝學會（1943），生平著有《柳宗悅全集》。

之際卓然蔚為風潮，因而引起總督府官員大倉三郎的重視，並成為領導人物之一。

根據柳宗悅的說法，工藝乃是美術實踐的藝術，他試圖將工藝的位階徹底從僵化的西洋美術分類中解脫，並提倡復興傳統工藝的新方法及原則，以實用、生活、工作和簡素的特質與「美」產生關聯，同時也對美的標準提出「健康美」、「素樸美」等概念。無論從其創新思維或格局來看，二十世紀四〇年代首度萌生於台灣本土的「本島造形文化運動」，均可謂深受英國十九世紀末由威廉・莫里斯（William Morris,1834-1896）發起倡導傳統手工藝復興的美術工藝運動（The Arts and Crafts Movement）所影響。

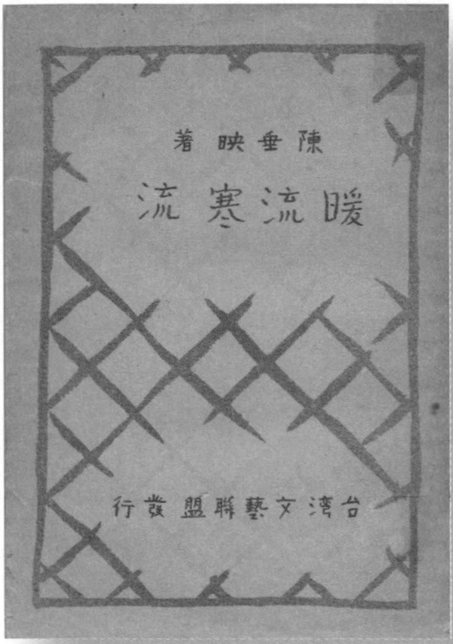

《暖流寒流》（小說）｜陳垂映著｜1936｜台灣文藝聯盟｜封面設計：顏水龍｜書影提供：舊香居

就在William Morris過世前七年，日本民藝運動的創始者柳宗悅出生，Morris過世後七年，台灣工藝振興的推動者顏水龍出生。當年柳宗悅來台考察時，即由正值不惑之年的顏水龍作陪。由此可見，當時的台灣始終密切跟隨著世界工藝美術發展的時代脈絡。

一百多年前（1891），Morris以自己故鄉命名創辦「柯姆史考特出版社」（Kelmscott Press），精心巧印巧裝一系列雕版活字限量手工絕色古籍，不惟讓後世無緣珍藏的愛書人念茲在茲暗戀不已，從此更將書籍裝幀「平面設計」從傳統製造工業和美術領域中獨立了出來。爾後同為畢生倡導美術工藝的顏水龍，因結交「台灣文藝聯盟」⑲眾多文壇青年才俊，從而協助小說家陳垂映（1916-）出版長篇作品《暖流寒流》手製書籍，但是這部難得由前輩畫家「水龍仙」繪製封面的罕見創作，卻幾乎在爾後台灣美術設計史潮流當中淹沒了蹤跡。

彼時恰逢世紀之交的近百年間，最先首開風氣的英國美術工藝運動，不啻掀起了日後一連串全球改革浪潮，包括德國包浩斯學校、法國新藝術、日本民藝運動，甚至隨著歐美與日本設計專家的到訪與開課，同時更為一九四〇

⑲一九三四年五月六日「台灣文藝聯盟」於台中西湖餐館成立，並於同年十一月五日創刊《台灣文藝》月刊（1934/11-1936/8），深獲各界人士支持，當時的口號為：「寧作潮流先鋒隊，莫為時代落伍軍」。張星建正是《台灣文藝》月刊發行人兼總編輯，在聚會時請李石樵、郭雪湖、顏水龍等畫家為月刊繪製插圖，同時也寫了一些美術評論。

年代僻處海角一隅的島嶼台灣帶來設計啟蒙。

只可惜我們永遠也無法預見的是，當年若非因為戰爭勝敗政權更替而導致整個既有累積成果一切煙消雲散，那麼一個原本在台灣島內成形、同時有著產、官、學界支持的造形文化運動假如持續發展下去，到底該會結出怎樣的果實？

待戰爭過後，超脫世俗變迭之外，相對而言總有些恆常不變的象徵地景。其中，長久以來最能代表台灣歷史文化的名勝指標，大抵應屬「赤崁夕照，暮色蒼茫」而聞名的台南赤崁樓。早自一九二〇年代起，有關赤崁樓的圖像形貌即被廣泛複製於明信片與書刊傳播用途。

這座最初興建於荷治時期的百年城郭，歷經明鄭、清領時代，皆為台灣對外往來最重要的門戶都城暨商業與行政中心所在。到了日治及國府時期，民間更普遍流傳著「來到台灣而不去台南赤崁城，就等於沒有見到台灣」[20]之說。它如是見證了各個歷史階段島嶼移民統治政體的興衰起落，吐納著海峽山川古往今來的史詩氣蘊。

[20]——味橄，1953，《三台遊賞錄》，高雄：大眾書局，頁9。

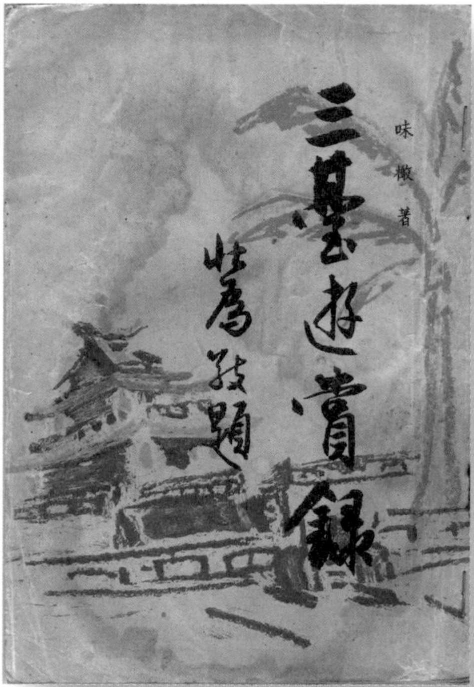

《三台遊賞錄》（散文）｜味橄（錢歌川）著｜1953｜
大眾書局｜封面繪製：郭柏川｜

《台南文化》（創刊號）｜1951｜
台南市文獻委員會｜
封面繪製：顏水龍

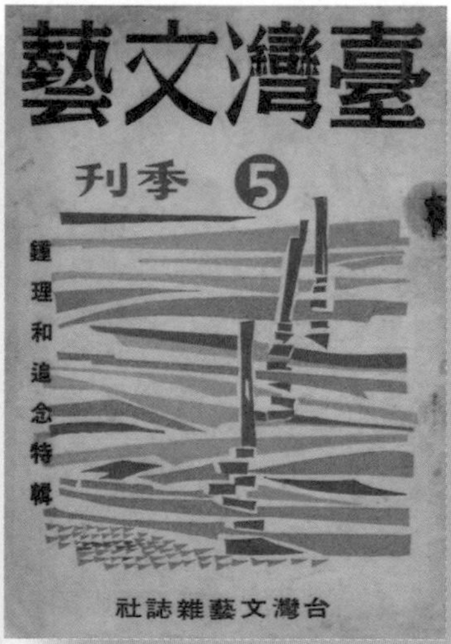

《台灣文藝》（第一卷五期）｜
鍾肇政主編｜1964｜台灣文藝雜誌社｜
封面繪製：顏水龍｜書影提供：舊香居

畫家與某些特定的地方場所之間，好比母體與臍帶的血緣關連。一旦受深刻召喚而感動，便可能就此無法自拔！對於「府城畫伯」郭柏川[21]來說，台南的晴空豔陽、城樓的椰樹與鳳凰木，無疑是他一生延續不盡的畫題。

除此之外，早先於四〇年代從事台南州地方工藝指導、並曾參與過赤崁樓古蹟整修彩繪（1944）的顏水龍，同樣也對這座南方島嶼城樓有所鍾情，見諸戰後五〇年代「台南市文獻委員會」發行《台南文化》季刊署名「T. GAN」的創刊號封面，仍延續他自日治時代無論創作油畫、插繪或廣告設計皆以日文名字發音拼寫的老習慣。後來他從戰後六〇年代起陸續製作了一系列馬賽克壁畫，將油畫中的筆觸改以一塊塊瓷磚質感加以表現，其影響所及，更把當時經手設計的《台灣文藝》雜誌封面繪成了一幅深具馬賽克平面鑲瓷風味的設計作品。

而我，總是喜歡定靜地看著它們，這些早年舊書封面彷彿有一種穿透時光的力道，任憑觀看者展露無限的細節和想像空間，有時出神地凝望著書上的圖像，轉瞬間一個時代就從眼前走過。

㉑—郭柏川（1901-1974），生於台南市打棕街。一九二八年赴東京美術學校深造，旅日期間，在半工半讀情形下，於梅原龍三郎處習畫。一九三八年，隨梅原離日前往中國大陸，先後在北平師範大學與北平藝專擔任教職。一九四八年因國共內戰返台，隨後定居台南，並在一九五〇年於台南工學院(今成功大學)任教。一九五二年，郭柏川號召美術界同好和學生共同成立「台南美術研究會」，長期致力美術推廣活動，對南部畫壇貢獻良多。

華麗島幻夢：漂亮的書來自台北

早期書刊印製使用鉛字印刷在紙頁烙下的立體壓痕，如同浮雕般美麗而真實，不僅可以用手觸摸到。從背面看，也可以看到油墨因為壓力的關係所留下深淺不一的顏色。

木刻版畫與鉛字印刷，均為自歐洲中世紀以降，屬於木版活字時代的手工產物。書頁裡黑白分明的墨痕線條猶如洞穴壁畫，能讓人清楚看見工匠刀筆在木石表面鑿挖出來的刻痕，具有著深刻鮮明的觸覺特性。

近代台灣以木刻版畫自製限定版手工書的先行者，當首推日籍詩人小說家、畢生在台親手設計裝訂了三百多冊絕代珍本的西川滿（1908-1999）。

早自中學時代，西川滿即積極向各報刊雜誌投稿，並以石版印刷方式，親手裝訂出版《杜詩人》雜誌以及詩集《愛之

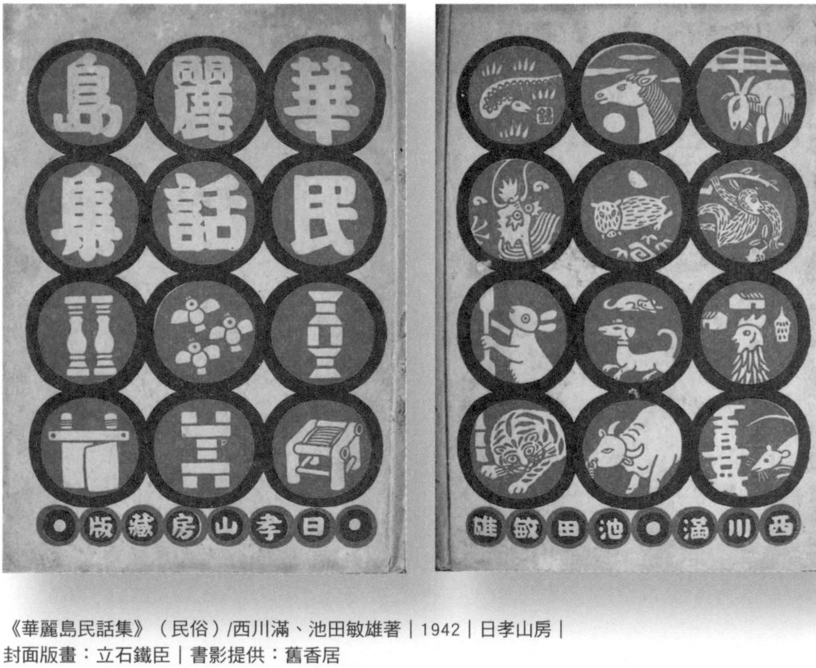

《華麗島民話集》（民俗）/西川滿、池田敏雄著｜1942｜日孝山房｜
封面版畫：立石鐵臣｜書影提供：舊香居

幻影》、《象牙船》。「我不管在任何時候、任何狀況下，書的裝幀材料都比書的內容要來得重要」，西川滿說：「在把玩材料之際，能與材料溶為一體的內容自然而然就浮現出來了。到現在這種作法還是沒變。」㉒

自從三歲那年（1910）隨家人遷居來台，家住台北大稻埕附近度過了童年歲月，昭和二年（1927）三月返回日本就讀早稻田第二高等學院及早稻田大學法文系，畢業後（1933）又來台居住，短期同時出任《台灣日日新報》文藝欄及「台灣愛書會」發行機關誌《愛書》期刊編輯，直到三十九歲（1946）終戰期間引揚歸國。在他長居島內三十年堪稱生命中最浪漫輝煌的這段日子裡，西川滿先後創設了「媽祖書房」㉓、「台灣創作版畫會」㉔，耽湎於自製「限定本」的造書事業，以台灣民俗版畫融入常民生活題材，發行了許多製作精美的手工書。此外，他也積極參與《民俗台灣》㉕月刊編

㉒一一九三七年七月西川滿發行第二部詩集《亞片》時所說的話，參照西川滿自撰〈年譜〉。

㉓一「媽祖書房」創設於一九三四年九月，同年十月刊行《媽祖》期刊。一九三八年三月，《媽祖》出刊至第十六集停刊，「媽祖書房」改名「日孝山房」，取家傳《孝經》所云：「孝心藏之，何日望之」的寓意，仍一貫致力於裝幀出版工作。戰後，以媽祖作為畢生重要信仰的西川滿更在東京組織了「日本天后會」，並擔任總裁。

㉔一一九三五年五月，立石鐵臣、宮田彌太郎、西川滿等人共同組織「台灣創作版畫會」，主張版畫家應該「自畫、自刻、自印」以進行獨自創作，會址即設在西川滿台北自宅的「媽祖書房」。立石鐵臣、宮田彌太郎兩人自此長期擔任西川滿發行書刊的封面裝幀與插圖繪製工作。

㉕一一九四一年七月，岡田謙、須藤利一、金關丈夫、陳紹馨、黃得時、萬造寺龍等六人在台北發起創辦《民俗台灣》，池田敏雄擔任主編，至一九四五年一月停刊為止，總計出版四十三期。其中，灣生畫家立石鐵臣自創刊號起即連載膾炙人口的「台灣民俗圖繪」，從創刊號起迄二十九期止共四十五幅，封面版畫則從第二期開始迄四十三期止共三十四幅，這些版畫作品標誌著日治時期台灣的風土圖像，同時也訴說了他對台灣風土的沉迷與依戀。

《民俗台灣》（第三卷第一號）｜池田敏雄編｜1943｜東都書籍株式會社｜封面版畫：立石鐵臣

《民俗台灣》（第三卷第二號）｜池田敏雄編｜1943｜東都書籍株式會社｜封面版畫：立石鐵臣

《民俗台灣》（第二卷第十一號）｜池田敏雄編｜1942｜東都書籍株式會社｜封面版畫：立石鐵臣

《民俗台灣》（第二卷第十一號）｜池田敏雄編｜1942｜東都書籍株式會社｜封面版畫：立石鐵臣

務、發行機關誌《媽祖》期刊㉖，且獨資創辦詩刊《華麗島》以及文學雜誌《文藝台灣》，長年沉湎於南方島嶼風土浪漫唯美的異國情調（exoticism）當中。

早期這些限量手工書印製一律嚴選使用高級和紙，搭配立石鐵臣或宮田彌太郎的木刻版畫，或刊行兩種各異其趣的雙封面版本，因而造就了所謂「西川滿式裝幀法」的美麗風貌。

㉖—《媽祖》期刊，由日籍詩人作家西川滿擔任編輯兼發行人，創刊於一九三四年十月十日，一九三八年三月三日停刊。該期刊是以詩集的形式，聘請當時在台的日本畫家，如立石鐵臣、宮田彌太郎、小林朝治、谷中安規、川上澄生、福井敬一、橘小夢等人，依詩句、散文內容，憑各人讀後的感觸而作畫，表現不同的版畫風貌。

《媽祖》（第二卷第三冊）｜西川滿編｜1936｜媽祖書房｜封面版畫：立石鐵臣

《媽祖》（第三卷第三冊）｜西川滿編｜1937｜媽祖書房｜封面版畫：宮田彌太郎

《媽祖祭》（詩集）｜西川滿著｜1935｜媽祖書房｜封面版畫：宮田彌太郎

《媽祖》（第五冊版畫號）｜西川滿編｜1935｜媽祖書房｜封面版畫：宮田彌太郎

媽祖第三卷第四冊（終刊號）｜1938 ｜媽祖書房｜封面版畫：立石鐵臣

《華麗島》（創刊號）｜西川滿、北原政吉編｜1939｜台灣詩人協會｜封面設計：桑田喜好

《文藝台灣》（第四卷第二號）｜西川滿編｜1943｜文藝台灣社｜
封面設計：立石鐵臣

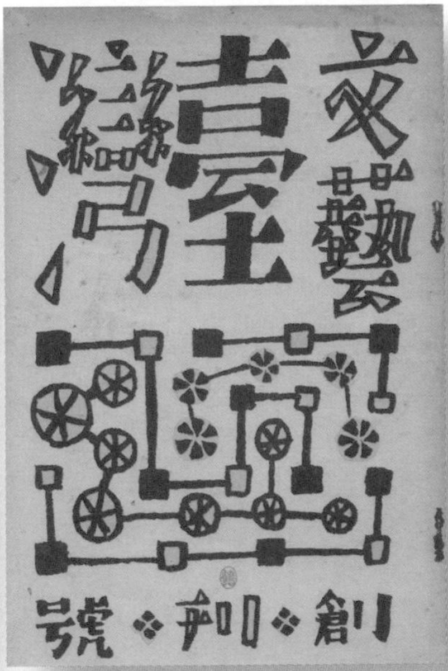

《文藝台灣》（創刊號）｜西川滿編｜1940｜文藝台灣社｜
封面設計：立石鐵臣

《文藝台灣》（第二卷第六號）｜西川滿編｜1941｜文藝台灣社｜
封面設計：立石鐵臣

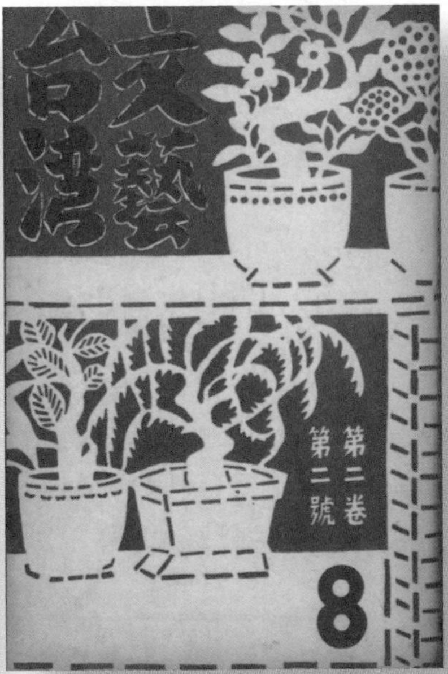

《文藝台灣》（第二卷第二號）｜西川滿編｜1941｜文藝台灣社｜
封面設計：立石鐵臣

昭和十五年（1940），詩集《華麗島頌歌》由「日孝山房」出版，刊行兩種裝幀版本共五百部（利姬版七十五部、公女版四二五部），封面採用民間糊天公燈用的台灣民俗版畫裱貼而成。西川滿以此舉空前絕後而自負，認為千年之後也絕不會再現人間，足見其愛書深切之情既痴且狂。

同年（1940）西川滿偕同文友們及台北帝大教授等，前往高雄州觀看傳統皮影戲《西遊記》演出。觀後，西川滿曾公開撰文讚揚，並在《國語新聞》文藝欄連載《西遊記》小說，連載結束即交付「台灣藝術社」出版。

《華麗島頌歌》（詩集）｜西川滿著｜1940｜日孝山房
（上）封面設計：西川滿（下）扉頁版畫：立石鐵臣

彼時西川滿在台自製書籍之美，連遠在日本內地的知識份子都為之動容。詩人小說家堀口大學（1892-1981）在收到西川滿寄來立石鐵臣裝幀的《採蓮花歌》一書之後，隨即回信讚嘆道：「『漂亮的書來自台北』的名言，真是越來越不可動搖了。」㉗

然而，當時看在某些台籍作家（如張文環）眼中，西川滿的作品彷彿隔著一道鴻溝，令人無法理解；而他所經手裝訂精美的限量書刊，則是近乎虛飾華麗的「有錢人的玩意兒」㉘。

追念昔日風華，學生時代曾在「文藝台灣社」麾下擔任「編輯見習」的青年葉石濤表示：西川滿不折不扣是個追求純粹美感的「狂熱理想主義者」㉙，即便身處戰時艱困的大環境底下，依然不改其法國貴族般的精神與物質生活。基於耽溺南國地方文學的憧憬下，結合了文學信仰與裝幀趣味的西川滿可謂闡釋出極至的文化揉雜（hybridity）想像：他不但把民間信仰的媽祖娘娘當作西方聖母瑪莉亞來崇拜、專寫著歌頌天上聖母的媽祖詩，亦將台灣原住民蕃女看成了希臘神話美女海倫。

㉗—中島利郎（黃英哲編、涂翠花譯），1994，〈「西川滿」備忘錄〉，《台灣文學研究在日本》，台北：前衛，頁109。

㉘—中島利郎（黃英哲編、涂翠花譯），1994，〈「西川滿」備忘錄〉，《台灣文學研究在日本》，台北：前衛，頁112。

㉙—葉石濤，1983，〈日據時期文壇瑣憶〉，《文學回憶錄》，台北：遠景，頁32。

《西遊記》（上卷）｜西川滿著｜1942｜
台灣藝術社｜封面版畫：宮田彌太郎｜
書影提供：舊香居

西遊記（元卷）｜西川滿著｜ 1942 ｜
台灣藝術社｜封面版畫：宮田彌太郎
書影提供：舊香居

西遊記（會卷）｜西川滿著｜ 1943｜
台灣藝術社｜封面版畫： 宮田彌太郎
書影提供：舊香居

西遊記（燈卷）｜西川滿著｜｜1942｜
台灣藝術社｜封面版畫 ：宮田彌太郎
書影提供：舊香居

《西遊記》（大卷）｜西川滿著｜1943｜台灣藝術社｜封面版畫：宮田彌太郎｜書影提供：舊香居

長久以來，台灣本身就是一個不斷吸收外來文化訊息並受其影響的混雜社會，殖民主與被殖民者彼此相互滲透，融合了各種跨國文化元素而創造出某種難以言喻的獨特性。因此，若換個角度看，與其說西川滿曲解了真實世界裡的台灣風土，或者以浪漫藝術手段冒犯了民俗信仰文化領域，不妨視他為一位心思極度純粹、只想從現實環境底下留住眼前所有唯美景致的「造書人」。

流淌於時光之河，這些裝幀漂亮的書本彷彿只在靜靜地訴說著：愛書，竟可以是一場如此美妙單純的人間幻夢。

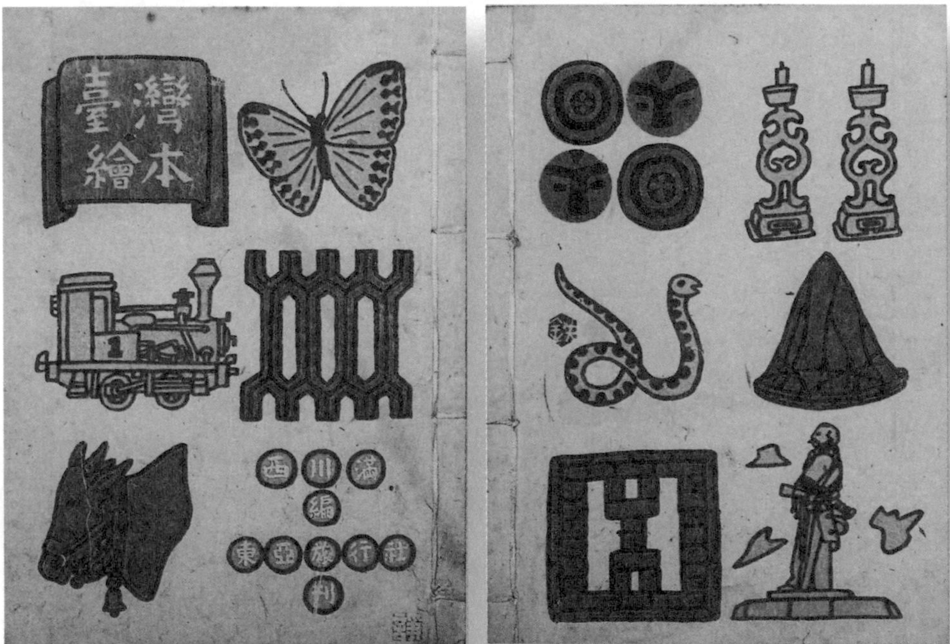

《台灣繪本》（民俗）｜西川滿編｜1943｜東亞旅行社台北支社｜封面版畫：立石鐵臣｜書影提供：秦政德

《台灣文學集》（小說）｜西川滿編｜1942｜大阪屋號書店｜扉頁版畫：立石鐵臣｜書影提供： 陳冠華

《台灣文學集》（小說）｜西川滿編｜1942｜大阪屋號書店｜封面版畫：立石鐵臣｜書影提供：陳冠華

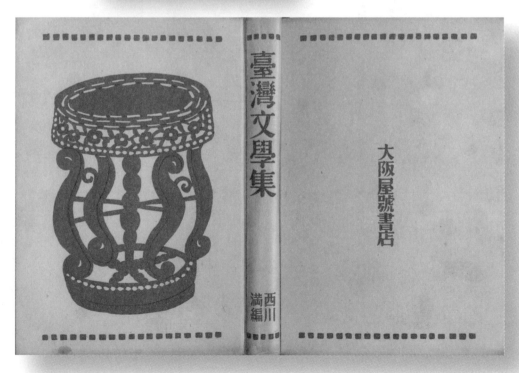

《寫生》（期刊）｜武藤主編｜1930｜台灣銀行內碧榕吟社｜封面設計：鹽月桃甫

高砂族舞踊者的凝視

雖然　我們的名字
從「生蕃」變成山地同胞
但是　曾幾何時被遺忘在
台灣歷史的某個角落
從山地流浪到平地
我們的命運～啊我們的命運
只在人類學的調查報告中
享受熱忱的待遇與關心㉚

回溯日本殖民台灣初期，由於政權尚未鞏固，為了統治需求並掌控山地資源，除透過軍事武力進行「理蕃」鎮壓征討外，真正以「殖民之眼」大規模侵入高山領域，以將島內「化外民族」納入帝國版圖者，乃是來自日本內地的人類學家。他們往往抱持著如宗教家般的冒險犯難精神，同時兼具提供殖民統治基礎與學術研究的雙重性格。

㉚—莫那能，1989，〈恢復我們的姓名〉，《美麗的稻穗》，台中：晨星出版社。

一九一〇年台灣總督府成立「臨時台灣舊慣調查會」，糾合眾家學者陸續完成的二十四冊《蕃族調查報告書》至今仍被學界奉為經典，並給予早期欲接觸原住民的人們一扇啟蒙之窗。

除此之外，早年鳥居龍藏、森丑之助、伊能嘉矩、佐山融吉等旅台學者遺留下大量文字、速寫、插圖、攝影等紀錄材料，皆可謂相當完整地涵括了台灣原住民族之人種特徵、日常生活、儀式祭典、神話傳說乃至美術工藝各層面。彼時適逢日本學界掀起一陣「台灣學」研究狂熱，其流風所及，竟使得日本畫家在台創作的原住民主題的畫作數量遠超過台籍人士。

大正十二年（1923）四月，日本裕仁皇太子抵台，畫家鹽月桃甫㉛獻呈一幅「蕃人舞蹈圖」於御前。台灣總督府奉詔為彰顯「理蕃」成果，便將「生蕃」改稱為「高砂族」㉜，意味著原住民在統治者眼中終於從化外之民的「蕃」升格成為接受文明馴服的「人」。

就在裕仁東宮行啟台灣的同年（1923）十月，過去曾長期孤身犯險、進駐叢山密林從事台灣原住民踏查研究的日籍學者佐山融吉，方與大西吉壽合著

㉛—鹽月桃甫（1886-1954），本名鹽月善吉，日本宮崎縣人，自幼生活在貧困農家，一九一二年卒業於東京美術學校。一九二一年初旅來台，先後任教於台北第一中學、台北高等學校，是為當時首度將油畫技術與素材引入台灣的播種者。課餘期間，鹽月指導校外畫塾與畫會活動，並在台北「小塚美術社」免費教授油畫，且催生開辦台灣美術展覽會。長居台灣達二十六年的他，對於充滿亞熱帶異國風情與地方色彩的台灣蕃社深感興趣，經常深入台灣山地旅行寫生，一九三〇年代初期作有大量有關台灣高砂族主題畫作，堪稱在台畫家向原住民取材的第一人，畢生致力於原住民繪畫美學的建構。

完成《生蕃傳說集》。在封面設計上，鹽月桃甫參酌原住民各族服飾配色，以黑色與紅色為主調，運用粗獷線條刻畫出蛇紋、人頭紋、蛙形人像、動物紋等深具原始風味的蕃族圖騰。畫中的人像與蛇紋乃是祖靈象徵，而鹿紋則表示獵物。翻開書冊內頁，鹽月親手繪有十一幅彩印木刻版畫穿插書中各章節之間，呈現出早期原住民口傳文學出版品的精緻面貌。

《生蕃傳說集》（民俗）｜左為封底、右為封面
佐山融吉、大西吉壽著｜1923｜杉田重藏書店｜封面設計：鹽月桃甫

紅與黑的組合，可說是當時台灣原住民出版題材封面最常見之背景色，帶有莊嚴而神祕的感覺。紅色源自天然紅土——代表生命活力，黑色則是取於鍋底黑灰——表示智慧之意。

當年自喻為畫家高更（Paul Gauguin）前往大溪地、懷抱著浪漫情懷來台推展西方繪畫藝術的鹽月桃甫，最初即以俳畫風格為日本昭和時代小說家高濱虛子（1874-1959）隨筆集《伊予の溫泉》（1919）繪製封面，並且先後替《公學校國語讀本》、《台灣時報》繪製插畫，以及《翔風》、《台灣見聞記》、《台灣警察時報》、《台灣雜誌》等書刊進行封面設計。

約莫同一時期，青年詩人西川滿因緣際會方始涉足裝幀設計領域，入「台北第一中學」而受教鹽月桃甫門下，兩人彼此之間亦師亦友、情誼匪淺。直到他自早稻田大學法文科畢業後進入《台灣日日新報》社主編文藝欄（1934），鹽月仍

《高砂族の話》（民俗）｜上田八郎編｜1941｜東亞旅行社台灣支部｜封面設計：佚名｜書影提供：舊香居

《翔風》（第16號）｜1931｜台灣總督府台北高等學校文藝部｜封面設計：鹽月桃甫

無條件支援版面插畫工作。

孤懸於蔚藍汪洋的彈丸島嶼，海角天涯、與世無爭，屢屢讓人喚起尋訪世外桃源的歷史妄想。

日本政府自一八九五年殖民台灣後，即把轄下的蘭嶼列為民族學研究區，宛如一座「閒人勿進」的人類學博物館，少有觀光客與研究人員可以被允許到島上旅行，不過卻也因此保存了既多且豐富的傳統文化。同時，獨居海外的蘭嶼達悟族主要以打魚為生，並無出草獵人頭的習俗，亦使得早期對台灣原住民文化有所憧憬卻不得不深入險境的民俗人類學者與藝術家減少了幾分擔憂。

當時，無論去離島或至深山，都必須取得「出港證」或「入山證」。

作為台灣原住民中唯一擁有冶金工藝技術者，蘭嶼島上質樸純粹的風土民俗深深吸引著當年甫自法國學成返台的青年畫家顏水龍，於是帶著忐忑憧憬之心在一九三五年五月中旬首度造訪了蘭嶼。經歷一個多月的踏查後，眼見其傳統衣飾、建築、日常用品、陶器與工藝品，色彩豐富且鮮明，雖拙稚而

㉜—「高砂」二字原是日本古老神話裡的南方島國，日本戰國至德川幕府時期用來指稱台灣，名曰「高砂國」，而台灣原住民便被稱作「高砂族」。

㉝—顏水龍，1977，〈期待一塊永久的樂土〉，《雄獅美術》no.75，頁66-68。

《生蕃傳說集》內頁圖繪：鹽月桃甫

《台灣工藝》（民俗）｜顏水龍著｜1952｜光華印書館｜封面版畫：顏水龍｜書影提供：舊香居

無邪氣，顏水龍一再深表讚嘆，認為具有相當高的藝術價值與裝飾效果㉝。

一九三七年，台灣總督府殖產局初聘顏水龍為顧問，委託他進行全島民間工藝考察，自此便致力推廣本土工藝美術。原以日文完稿的撰述成果，並於戰後一九五二年譯成漢文《台灣工藝》（Formosa industrial art）一書出版。封面由顏水龍繪製的木刻裝飾圖紋顯得質樸粗獷，猶如達悟族人傳統木雕作品那樣規則而細膩。

在過去往來封閉的時代，人們站在小島上眺望另一被隔離的孤島，伴隨著擴散開來的自我放逐意識，所謂「家鄉感」多少變得不太真實。於是只得選擇一種方式來體會：遠離，或者接近。

日本政府結束在台殖民統治後，適逢光復初期「內台交流」的時潮高峰。在楊逵呼籲兩岸文化人士「到民間去」的革新號召下，遂催生了大陸來台版畫家黃榮燦的蘭嶼行旅。一九四八年間，他接連三度前往蘭嶼（舊稱「紅頭嶼」）訪查，期間創作了多件素描畫及木刻作品，返台後欲將其畫作集成編纂《原住民藝術圖錄》，並將旅行見聞加以整理寫成三篇〈紅頭嶼去來〉發表於《台旅月刊》。

五〇年代白色恐怖的陰霾倏地籠罩，旋即迫使黃榮燦以匪諜嫌疑遭國民黨槍決之後，其生前作品大多散失。當年描繪原住民的主題木刻僅存一幅「台灣耶美族豐收舞」（原題「黑花舞」）。這幅作品後來收錄在香港出版的《木刻選集》中，並經輾轉流傳回到台灣，成了民俗學者婁子匡編纂「台灣民間故事」系列第三集《高山故事》封面版畫。

畫中以蘭嶼典型的熱帶植物為背景，兩位耶美族人（舊稱「雅美族」，今稱「達悟族」）服飾華麗，一為陰刻，一為陽刻，彼此間似為進行著某種部落儀式。

《高山故事》所屬台灣「東方文化供應社」（後改稱「東方文化書局」）主事者、被譽為「名民俗學家顧頡剛高徒，也是在台唯一傳缽人」㉞的民俗學家婁子匡，自

《台旅月刊》（創刊號）｜1949｜台灣旅行社｜封面素描：黃榮燦｜書影提供：楊燁

《高山故事》（民俗）｜婁子匡編｜1953｜東方文化供應社｜封面版畫：黃榮燦

一九四九年五月由重慶抵台後，因著對民間文學的熱愛與感情，乃致力於民俗文獻資料搜編與出版工作。一九七〇年至一九八〇年間，「東方文化供應社」共刊行一百八十多種民俗學叢書，既有二、三〇年代的經典絕版舊著，也有後人的新作。其中《高山故事》被列入重刊民俗叢書第一輯第十一種。

由於受到某種獻身田野民俗的氛圍所感染，就在黃榮燦第三度從蘭嶼返台的翌年（1949），當時就讀「省立師範學院藝術系」的青年楊英風也隨之踏上「紅頭嶼」之鄉，創作了生平唯一以原住民為題的木刻作品「蘭嶼頭髮舞」（Hair Dance Of Orchid Island，又名「青春舞」）。

從日治時期「理蕃政策」，乃至戰後國民政府「山胞山地管制」，對於台灣原住民而言都只是一段段不堪回首的山地資源爭奪史。

倡言台籍作家吳漫沙筆下小說《莎秧的鐘》大肆渲染蕃族女子的愛國形象，佔有統治優勢的外來者，不斷從原住民身上投射一己意欲填補的土地認同與山林想像，企圖將其收編為殖民體制的國家版圖。因熱中於人類學式的、針對原始情境的獵奇繪描，他們大多「雙腳踩的是鄉野泥土，雙手沾的

㉞—王詩琅，1979，〈台灣民俗學家群像〉，《王詩琅全集》，高雄：德馨室出版社，頁29。

木刻版畫〈蘭嶼頭髮舞〉｜楊英風｜1947｜圖片由楊英風基金會提供

《莎秧的鐘》（小說）｜吳漫沙著｜1943｜南方雜誌社｜封面設計：佚名｜書影提供：舊香居

《山園戀》（小說）｜李喬著｜1971｜台灣省新聞處｜封面設計：賴勝一

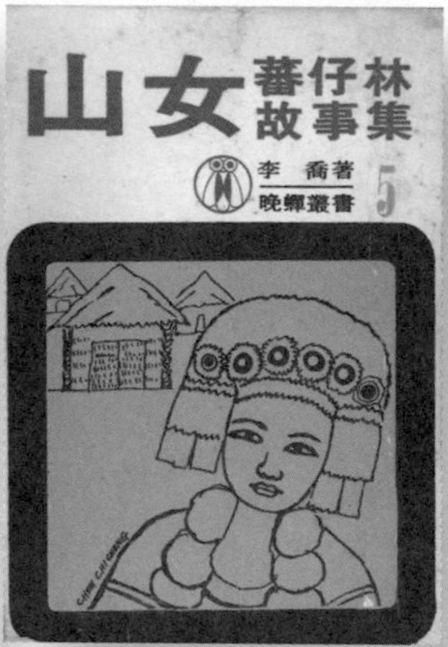

《山女—蕃仔林故事集》（小說）｜李喬著｜1970｜晚蟬書店｜封面設計：陳志成

根據清代郁永河來台記採硫礦經歷與風土見聞的《稗海紀遊》為背景，日治時期作家西川滿曾於1942年以短篇小說《採硫記》想像著北台灣山水風貌的綺麗書寫。翌年（1943）應邀至「文藝台灣社」當助理編輯、作為西川滿入室弟子的葉石濤，亦在三十多年後（1979）發表同名小說《採硫記》。

觀諸葉石濤所著《採硫記》封面設計強烈而純粹的大塊黑白對比，隱約帶有寫實木刻的語言痕跡。畫面裡輪廓鮮明但五官表情一片空白的原住民女子，顯然與畫面下方臉貌線條清晰的清代漢人男子形成了一組對照圖像。

《採硫記》（小說）｜葉石濤著｜1979｜龍田出版社｜封面設計：佚名

卻是社會最上層的光和彩」，成了握有窺探他人權力技術的「凝視者」。現實當中，原住民與統治者之間永遠存在著「非我族類」的社會差異。就像兩條朝各自不同方向發散的平行線，彼此難有交集。

大抵自七〇年代以後，島內工商業社會擴張的時代趨勢山雨欲來，原住民囿於現實經濟困境不得不下山討生活。作家李喬透過小說作品《山女—蕃仔林故事集》和《山園戀》所傾訴的，正是在鮮豔美麗的阿美族「山地姑娘」—傳統服飾外表下，面對土地認同的內在價值已遭侵蝕動搖，族人們如遊魂似地徘徊於城市燈紅酒綠以及堅守故土山園之間的矛盾情懷。

作為現代民族國家僅存古老文明的被觀看對象，台灣原住民總是離不開成為「少數」的必然宿命。即便因緣際會而來到大都會的城市舞台上，獲取了短暫如嘉年華式的一陣歡欣鼓舞，乃至色褪燈殘、曲盡人散。最終，似乎也只能拖著疲憊的身軀，回到屬於他們的山林。

新興木刻運動的時代畫卷

懷舊本身通常是一種欺瞞的幻象，對於過去時代的各種解讀，總無可避免地挾帶著當下「後見之明」的時代烙印，原本殘忍的東西也有可能變得浪漫。

日治殖民政府戰敗後，台灣書籍裝幀可謂進入了一個眾色繽紛、多元並呈的木刻時代。

當時除了部分戰後書刊（如創刊號《台灣文化》雜誌封面）仍承襲著日治時代台灣民俗圖繪風格外，更有來自中國大陸的左翼寫實木刻，以及取材自希臘神話人物的歐洲古典木刻插繪。約莫四、五〇年代前後，一陣典雅唯美之風，從彼岸上海吹襲到了台北。

早在二十世紀三〇年代的上海，被視為「左聯」導師的作家魯迅即已積極推展「新興木刻運動」，汲取了麥綏萊勒㉟、珂勒惠支㊱作品中的人道主義和革命精神，倡導版畫「究以黑白為正宗」，各種進步版畫社團也紛紛成立。

㉟—麥綏萊勒
（Frans Masereel, 1889-1972），比利時畫家，堅定的反戰主義者和人道主義者。少年時代只在根特美術學院學習了一年（1907-1908），便受不了成規的約束而走向社會，先後遊歷過德國、英國、法國、突尼斯和瑞士，與羅曼羅蘭等一批進步作家結為好友。一九三三年他的作品連環木刻《一個人的受難》、《光明追求》、《我的懺悔》、《沒有字的故事》首次在中國出版，奠定他在藝壇的經典地位。

㊱—柯勒惠支
（Käthe Kollwitzl, 1867-1945），德國表現主義女性版畫家，早年在慕尼黑女子美術學校受教育時即接觸了社會主義思想，一生旗幟鮮明地支持無產階級革命事業。早期作品以尖銳的形式把在資本主義制度下工人階級的悲慘命運和勇於鬥爭的精神傳達出來。一九三三年希特勒上台，在遭受到迫害下仍堅持作畫。一九三一年她的作品被魯迅介紹到中國來，一九三六年又出版她的作品集，對中國新木刻運動的發展起了推動作用。

《文化交流》（第一輯）｜1947｜文化交流服務社｜封面版畫：陳庭詩

《台灣文化》（創刊號）｜1946｜台灣文化協進會｜封面設計：陳春德

《率真集》（散文）｜豐子愷著｜1946｜上海萬葉書店｜封面設計：錢君匋｜書影提供：舊香居

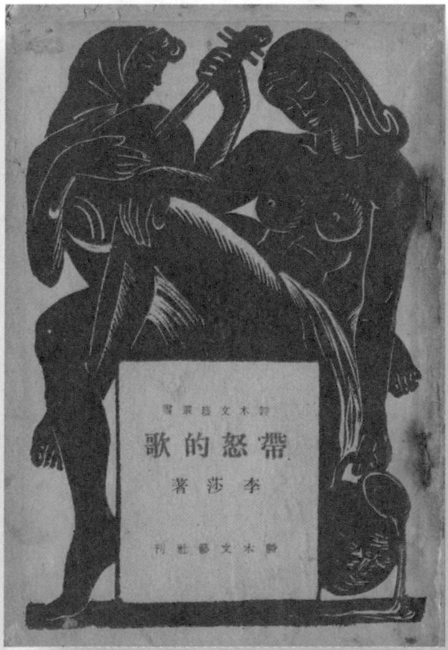

《帶怒的歌》（詩集）｜李莎著｜1951｜詩木文藝社｜封面設計：錢君匋｜書影提供：舊香居

到了戰後復員接收的一九四五至一九四九年這段短暫內台交流時期，一批曾在抗戰期間活躍於國統區文宣隊的木刻家，如朱鳴岡、黃榮燦、陳庭詩、荒煙、汪刃鋒、王麥桿、麥非、方向、周瑛、陳其茂、陳洪甄、朱嘯秋等人相繼來台。他們大多曾受三〇年代左翼文藝的影響，普遍抱以寫實態度來表現社會底層人民的真實生活，其作品特別蘊含社會關懷的悲憫之情，且具有社會批判的鮮明色彩。

為求化解兩岸人民存在的隔膜，彼時台籍作家楊逵與另一位中國來台記者王思翔兩人以《文化交流》（一九四七年一月）為名合編一份刊物，封面署名「耳氏」（陳庭詩）所作木刻版畫，象徵為台灣之子回歸祖國母親的哺育懷抱。後因二二八事件爆發，該刊僅出一期，楊逵即與妻子葉陶一同被捕入獄三個月。

經歷了抗戰洗禮、在變革中誕生的木刻運動種子，最早由黃榮燦於一九四五年十二月隨「記者訪問團」初抵台北時帶進了島內。

就在戰爭結束後不久，灣生畫家立石鐵臣在《人民導報》（一九四六年三

㊲—廖雪芳，1974，〈封面的設計——美術設計座談會之一〉，《雄獅美術》，四十二期。

月七日）發表一篇〈黃榮燦先生的木刻版畫〉，以表達對黃氏及中國抗戰木刻作品的高度推崇。接著同年九月，《台灣文化》創刊號刊登黃榮燦〈新興木刻藝術在中國〉一文，使得木刻創作儼然成為彼時台灣美術界的熱門話題。

與傳統繪畫大異其趣的是，木刻版畫具有機械時代的可複製性，同時易於保存與傳播。一幅木刻圖版往往能夠印上幾百張而毫無損傷，且張張都是原畫。但要製作木刻，必須先由一般繪畫的基本構圖功夫入手，否則仍是無從奏刀的。

木刻不僅作為一種藝術形式，也是一種印刷手段。早年抗戰軍需由於缺乏銅鋅版設備，軍中各類漫畫、連環畫等作品都要先刻成木刻，然後再印成美術宣傳品。報紙如有戰鬥捷報等重要消息，標題字往往就以木刻印製。對此，師大美術系教授王楓回憶：「抗戰時紙張、顏料缺乏，我們這些學畫的學生都用毛筆在中國紙上畫水彩，印書則常用『木刻版』，頂多黑字套紅色。這種書也有它的風格，使人一看便知是抗戰時期的讀物。」㊲

《木刻研究》（論述）｜方向著｜1958｜龍門出版社｜封面設計：方向

《戰鬥木刻》（畫冊）｜刁平編著｜1955｜北開出版社｜封面版畫：刁平

由於材料便宜，再加上印製簡易，當時戰後台灣藝文界在《中央日報》、《中華日報》、《文藝月報》、《台灣新生報》等刊物引領下，除了大量引介中國作家文學作品之外，圖版方面幾乎皆以木刻插畫為主流。復因國府當局「反共抗俄」意識形態所趨，以激勵民心士氣、歌詠復興基地為主的「戰鬥木刻」同時亦崛起於軍中，各種「木刻研究」專書遂成了一門顯學。

從事木刻版畫入手並不難，其難在於「以簡馭繁」表達出深邃的藝術性。

近代散文家暨翻譯家錢歌川，早年留學英國倫敦大學期間曾經深為英國蕭伯納（George Bernard Shaw）小說著作《黑女尋神記》中的木刻插圖所著迷，而放棄在大學的語言研究工作，進了倫敦市立藝術學校投入插圖作者約翰．法萊（John Farleigh）門下學習木刻。當時僅用三個月的時間，錢歌川便把一般木刻上的技巧全學會了。

因為簡單，所以深刻。

戰鬥木刻〈旗〉｜游天郎｜1955｜歷史在重演，人類的災難得救了！在一個充滿光明的寶島上，已經矗起了第一面反共抗俄的大旗。

五〇年代初期，自大陸來台畫家們以寫實木刻描繪光復後的社會百態，對於仍有漢字語言障礙的廣大台灣民眾而言，其線條粗樸而極富情節感染力的圖象語彙（Graphic Language）確實縮短了不少與普羅讀者的隔閡距離。

只留下輪廓、明暗、黑白色塊和粗硬的線條，木刻畫具有超乎語言文化的直覺性，就像偶然間被觸發的一陣靈魂騷動。所謂靈魂的語言，本身即是一種視覺想像的直觀語言。

隱藏在粗黑殷實的木刻線條底下，帶有無限悲情暗湧的滄桑感，彷彿能讓人感受到歷史的重量。極致地明暗對比所構成戲劇性的視覺張力，像是日光下灰塵升騰的斑駁舊屋，又似那大風呼嘯的蒼莽原野，有種靜謐而慵懶的詩意惆悵。它以簡樸、詭異甚至粗暴的形式，沉默地說出了圖像的內在真理。

戰鬥木刻〈是可忍孰不可忍〉｜木夫｜1955｜
獸性發作了！在黑暗的牆角，他姦污了她，在她小腹上插了一把利刃。最後，他還粗鄙地在一旁獰笑著，好像說：「這不過是人民政府送給蘇聯老大哥的一份禮物。」她是誰？她就是我們魂牽夢縈，時刻所眷念不忘的一些人。

走過暗潮洶湧的奔騰年代，新興木刻運動在台灣可謂矛盾糾結的時代產物。國民黨當局對它更是「既愛且恨」：一方面愛它能夠激勵抗戰救亡，以「戰鬥木刻」為黨宣傳；另一方面又恨它趨向普羅寫實，以「左翼木刻」之姿揭露社會時弊。

光復初期，寓居台灣的木刻家們表現出勞苦大眾的卑屈，以及為政者的貪污枉法，不料最後卻反而成了統治者眼中亟欲肅清的對象。

《送報伕》（小說）｜楊逵著｜1947/東華書局｜
封面插畫：黃榮燦｜書影提供：舊香居

自從日本戰敗後，國府當局隨即發佈在台日人必須遣返撤離的強制處分。原「東都書籍株式會社」（三省堂台北分店，戰後改稱「東寧書局」）代理人即將引揚返日，為了轉讓移交事宜，黃榮燦與立石鐵臣、濱田隼雄、池田敏雄、西川滿等人先後會面，並於1946年3月辦妥轉讓事宜，交由黃氏接手，隨即掛牌「新創造出版社」兼賣書籍。當時黃榮燦不僅為東華書局出版的《送報伕》、《阿Q正傳》和《大鼻子的故事》封面畫了速寫肖像，且在《和平日報》（1946年10月19日）紀念魯迅逝世十週年特輯中，還為楊逵的詩配刻了「魯迅像」。

左翼木刻〈沉默〉｜楊訥維｜1947｜圖片提供：楊燁

話說1929年國民黨「中央宣傳部」頒佈《宣傳品審查條例》，規定「宣傳共產主義及階級鬥爭者」皆為「反動宣傳品」須取締，先後查封中國左翼作家聯盟、創造社、北新書店等文藝團體和文化機構，並通緝魯迅等人。後來，國府更陸續頒定了《出版法》(1930年)、《新聞檢查法》(1933年)、《圖書雜誌審查辦法》(1934年)，明文「一切圖書、雜誌、報紙在付印前都必須將稿本交審，不送審的處以罰款、扣押、停止發行和判刑」等。審查委員會有權刪改文章，如果不按刪改的印刷，就「予以處分」。

木刻版畫〈恐怖的檢查〉｜力軍（黃榮燦）｜1947

左翼木刻〈焚書〉｜李寸松｜1947｜圖片提供：楊燁

舉凡「白色恐怖」時期常見大肆查禁圖書的嚴苛手段，早年統稱作「文化圍剿」，乃是國民黨為了針對紅軍和革命根據地進行「軍事圍剿」而配合實行的文化統治。上至飽讀詩書的大學教授，下至普羅大眾的一般讀者，皆淪為禁書政策底下被迫焚書、賣書的無辜受害者。而這些戰前在大陸時期即已擬制的相關禁令，日後更一直延燒到戰後台灣。

左翼木刻〈教授〉｜楊可揚｜1947｜圖片提供：楊燁

彼時最為震撼驚心的寫實木刻作品，莫過於黃榮燦一幅〈恐怖的檢查〉。署名「力軍」（黃榮燦）發表於一九四七年四月二十九日上海《文匯報》所作版畫〈恐怖的檢查〉，描述的是台灣近代史上影響後世至深且鉅、其歷史定論至今未明的悲劇事件「二二八」。

事發當日，黃榮燦本人並不在場，卻因緣際會地以他特有的藝術家稟賦，將這場突發於延平北路「天馬茶室」前的私菸查緝風波，濃縮在一幅僅十四公分高、寬十八．三公分的作品裡，創造出猶如目擊者般生動逼真的歷史畫面。

曾在多次公開表示景仰畢卡索的黃榮燦，透過版畫〈恐怖的檢查〉以控訴為政者暴虐鎮壓人民的象徵主題，被認為是受到畫作〈格爾尼卡〉㊳的觸動與啟發。

畫面中，因動亂局勢而遭強權屠殺肆虐的個人身體，作為台灣人民遭外來政權鎮壓的圖像符號如此清晰，因被賦予某種普世價值而成了背負著十字架的受難者。其死難之名則永被祭獻於記憶的黑洞中，於焉昇華為糾結難解的歷史圖騰。

㊳一九三七年四月二十六日，約有一萬人口的西班牙城鎮格爾尼卡，連續遭到德軍四個小時的轟炸，傷亡慘重。一星期後，畢卡索以此悲劇為題材創作出〈格爾尼卡〉。兩個月後，該畫作在巴黎世界博覽會的西班牙館展出。從此，人們視它為對現代戰爭的指控典範。因為政治上的考量，〈格爾尼卡〉曾寄存在紐約現代美術館達三十年之久，一九八七年終於完璧歸趙，落葉歸根。反觀黃榮燦的〈恐怖的檢查〉原作，目前仍然安置在日本神奈川縣立美術館典藏庫房中。

一九四七年「二二八事件」爆發後，當時具有左傾色彩的木刻家們唯恐遭國民黨迫害，除了黃榮燦、陳庭詩留下外，其餘皆行色匆匆返回中國。木刻家荒煙在事件一年後逃至香港，再度拾起雕刻刀刻畫出聞一多中彈倒地形象，以此來謳歌台灣民眾的鬥爭。而朱鳴岡在一九四八年九月離開台灣後，則是以在台被殺害的許壽裳為雛形，刻下了一幅題曰「迫害」的版畫作品，以描述該事件之恐怖。

但隨著黃榮燦於一九五二年間遭國民黨指控「從事反動宣傳」而在馬場町罹難、湮沒於台北六張犁墓堆中，當時台灣人民心中普遍的疑慮：「中國是否會淪成專制軍閥統治下的西班牙第二？」最終仍釀成了無可挽回的歷史現實。

終究，已逝的木刻家們將永遠安靜地停留在過去歷史記憶中，不能再替自己或作品本身說話。我們聽不見受難者的吶喊，只得放任想像力的驅馳以及若干懷舊心緒，追索著他們昔日綻放的生命姿態。

如同一陣翻騰呼嘯的疾風暴雨，過後便是沉靜。這樣的靜，有一種落寞的空曠感。

《二二八事件回憶集》（訪談）｜張炎憲、李筱峯編｜1989｜稻鄉出版社｜封面版畫：朱鳴岡〈迫害〉

長於茲土──草木花苗的圖騰寓意

早期人類社會經常被迫面對大自然的災變困境，其勞動成果往往受山川氣候以及某些動植物的宰制與庇護，便臆想是自然神祇冥冥之中與自己作對。於是乎，古代先人們仰望蒼穹，普遍認為萬物皆有靈魂，甚至將之賦予感性面貌，並透過各種藝術形式表現出來。因此，每個氏族部落便根據各自的神話想像與社會需求，創造出具有特定文化意涵的象徵造型。

從古至今，某些動植物屬類因具有強烈表意作用而被人們賦予特定的符號意義，其背後隱藏著深厚的歷史文化及社會結構，成為糾結著空間、文化、政治隱喻的圖騰徽記。十九世紀美國詩人惠特曼嘗以「草」與「葉」指涉著一切根生於土地、最平凡、最富生命力之物。日治時期雕塑家黃土水（1895-1930）也曾創造「水牛群像」作為台灣大地的生命象徵。觀諸世界少數民族文化的圖騰崇拜尤為豐富，往往具有讓現代設計家感到難以言喻的美。

從象徵日本內地大和民族文化精神的櫻花，乃至表現南方島嶼亞熱帶地方風情的椰子樹，早期台灣畫家屢屢常見以草木花苗作為描繪主題。

《台灣文學》（創刊號）｜1941｜台北啟文社｜封面設計：李石樵

追溯日本殖民政府領台之初，便即透過全面政策強制農民廣植甘蔗以發展新式糖業，每逢採收期間牛車載滿甘蔗蹣跚駛過，於此輾轉化身成了畫家李石樵筆下繪製《台灣文學》創刊號封面的鮮明意象。民間俗諺：「第一憨，插甘蔗乎會社磅」，可謂道盡了台灣蔗農普遍受盡日本商社糖廠剝削只賺取些微工資的無奈心聲。

日治末期在「皇民文學」政策倡議下，「台灣文學奉公會」於一九四四年發行機關雜誌《台灣文藝》，創刊號封面繪者立石鐵臣㊴嘗試以連枝桑葉表達為日台作家統合的文學精神，畫裡桑葉似可影射為廣大的中國領土勢將被日本皇軍蠶食之喻，整體呈現出版畫形式的裝飾趣味。此間相關題材及手法，日後更延伸至《民俗台灣》雜誌刊載「台灣民俗圖繪」系列版畫，譬如第十七期《民俗台灣》封面刻繪著兩顆果實色紅的台灣石榴，其色彩鮮豔熱烈彷彿日人普遍尊崇太陽㊵的民族性情，亦充分展露他對南國島嶼陽光的風土印象。

及至一九四六年十月，台籍作家吳濁流首度發表日文長篇小說《胡志明》四卷本，封面設計同樣出自灣生畫家立石鐵臣之手。畫面中，烈日當頭，一株新枝芽方從被砍伐過後的斷木殘根邊緣生長出來，一片片綠葉昂首朝天，彷彿為了謀求生存而奮力掙扎著。

這部被稱為殖民地文學代表作的《胡志明》，乃是吳濁流在戰前即已完成的小說作品，當時他一個人在台北上班，利用下班時在住所偷偷寫下，寫好的稿子則塞在木炭籠子裡面，再利用每週末回到新埔老家時藏匿起來。

㊴—立石鐵臣（1905-1980），生於台北東門街，七歲時因父親調職，舉家遷回日本，直到二十八歲才又回到台灣，並以繪畫和台灣結緣。一九三四年受邀加入由楊三郎、李梅樹、顏水龍等七位台灣畫家所創立的「台陽美術協會」。一九四一年七月擔任金關丈夫等人所創刊的《民俗台灣》編務工作，並以素描台灣風物作版畫題材，連載「台灣民俗圖繪」專欄，為台灣風土文化刻繪出珍貴的風俗景象。一九四八年立石鐵臣返回日本定居於東京，一九六二年完成《台灣畫冊》。

㊵—日本民族有著濃厚的「太陽崇拜」情結，喜以「旭日初昇」意象代表殖民帝國恩澤廣被的統治威儀，其行政制度底下的光明、正義因而得以彰顯。

《聖地》（詩集）｜張自英著｜1951｜黎明書屋｜封面設計：何鐵華

《台新旬刊》（2月下旬號）｜平一編輯｜1945｜台灣新報社｜封面設計：陳春德

《台灣文藝》（創刊號）｜1944｜台灣文學奉公會｜封面設計：立石鐵臣

《民俗台灣》（第十七號）｜1942｜東都書籍株式會社｜封面設計：立石鐵臣

待終戰過後，伴隨著在台日僑引揚遣返，國府政權頒佈施行「禁用日文」[41]命令。自一九四七年六月二十五日這天起，台灣省政府開始禁賣該年度出版日文書籍，致使吳濁流陸續完稿的《黎明前的台灣》（1947）、《波茨坦科長》（1948）等日文著作均不得再繼續發行，出版後未久即宣告斷市。時至一九五六年，《胡志明》一書方得以在日本重新發行並改名《亞細亞的孤兒》，書中不僅針對日文版內容部分篇章大幅刪節，書名本身後來更被普遍用以比喻七〇年代台灣風雨飄搖的國際處境。

在所有植物種類當中，樹木與土地之間特別具有亙古不變的關連性，除了在外型上有著屹立不搖的高聳姿態外，其樹齡之長久更往往被視為跨越時代的歷史存跡。比如早年冠有「千歲檜」美譽的阿里山神木即為台灣本地存活至今最具代表性的植生物種，其盛名之遠播，不僅成為當時海內外訪客來台遊賞必經朝聖地，亦隨之留下不少傳世歌詠的詩文圖繪[42]。

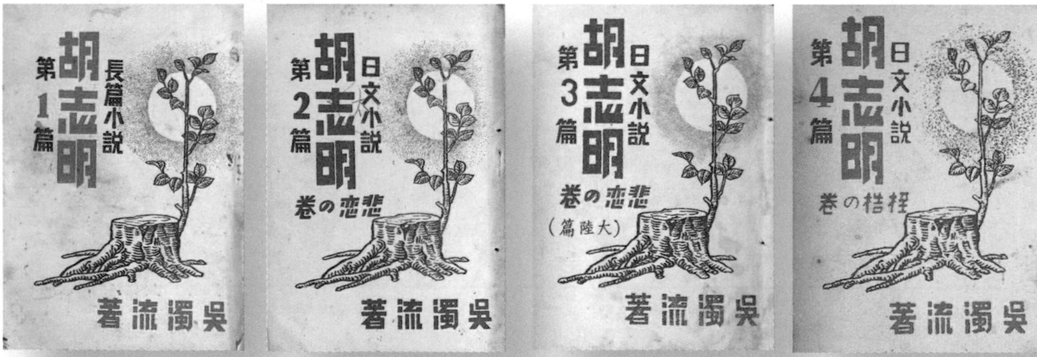

《胡志明》第一～四冊（小說）｜吳濁流著｜1946｜自印｜封面設計：立石鐵臣

「千歲檜」之說，源自日人治台期間，因總督府林務官見其樹形枝幹分叉的模樣，極為神似人們朝拜天皇高呼萬歲的姿態，便命名「萬歲檜」。及至戰後一九七六年，副總統謝東閔巡視阿里山，表面上宣稱此一檜木只有兩千年樹齡，不宜以萬歲命名，實則考量國府遷台「去日本化」的意識形態，以及避免由「萬歲」一詞影射蔣家領袖的種種顧慮，爾後便改稱「千歲檜」。

反映在文學創作面向，嘉義籍作家文心㊸於一九五八年自費出版同名小說集《千歲檜》，封面則為畫家林玉山繪製之千年神木。小說篇章本身帶有著濃厚的自傳性色彩，但內容所指涉的稀世古木並非特定原株的神木紅檜，而是普遍象徵為一處見證著平地男子與山地女子情愛盟約的空間場所。

「我來到山，山使我忘卻自己。兩條通往霧海的平行鐵軌是我思想的行徑，我藉著它，用自己的思想去思想，用自己的感覺去感覺……在充滿高山情調的氛圍裏，思想的孕育飛速。」㊹

㊶—一九四六年二月，台灣行政長官公署即公告查禁日人遺毒書籍，開始禁止日文書籍及雜誌，對於已出版的日文出版品，採取銷毀與取締方式。然而直到一九四六年十月二十五日報紙全面禁用日文以前，台灣各地仍然普遍使用日文作溝通，不僅僅包括本省人和日本人，就連從中國大陸來台的公務人員和本省人談話通信也多使用日文，這種現象非常普遍。

㊷—一九四八年九月，上海開明書店經理章錫琛邀請豐子愷同遊台灣，除在台北舉辦畫展外，並以「中國藝術」為題進行一場廣播演講。為了紀念此趟行旅，豐子愷特地作了一幅毛筆畫，題曰：「最高猶有幾枝青，台灣阿里山巔三千年神木」。

㊸—文心（1930-1987），省立嘉義高級農校森林科畢業，青年時代因腳傷養病，與文藝創作結下不解之緣，曾參與鍾肇政《文友通訊》及《台灣文藝》創辦初期活動，先後任職於台北林業試驗所、合作金庫，六〇年代後將創作重心轉移到電視劇本編撰，並被聘為台視基本編劇。

㊹—文心，1958，《千歲檜》，嘉義：明山印刷，頁103-104。

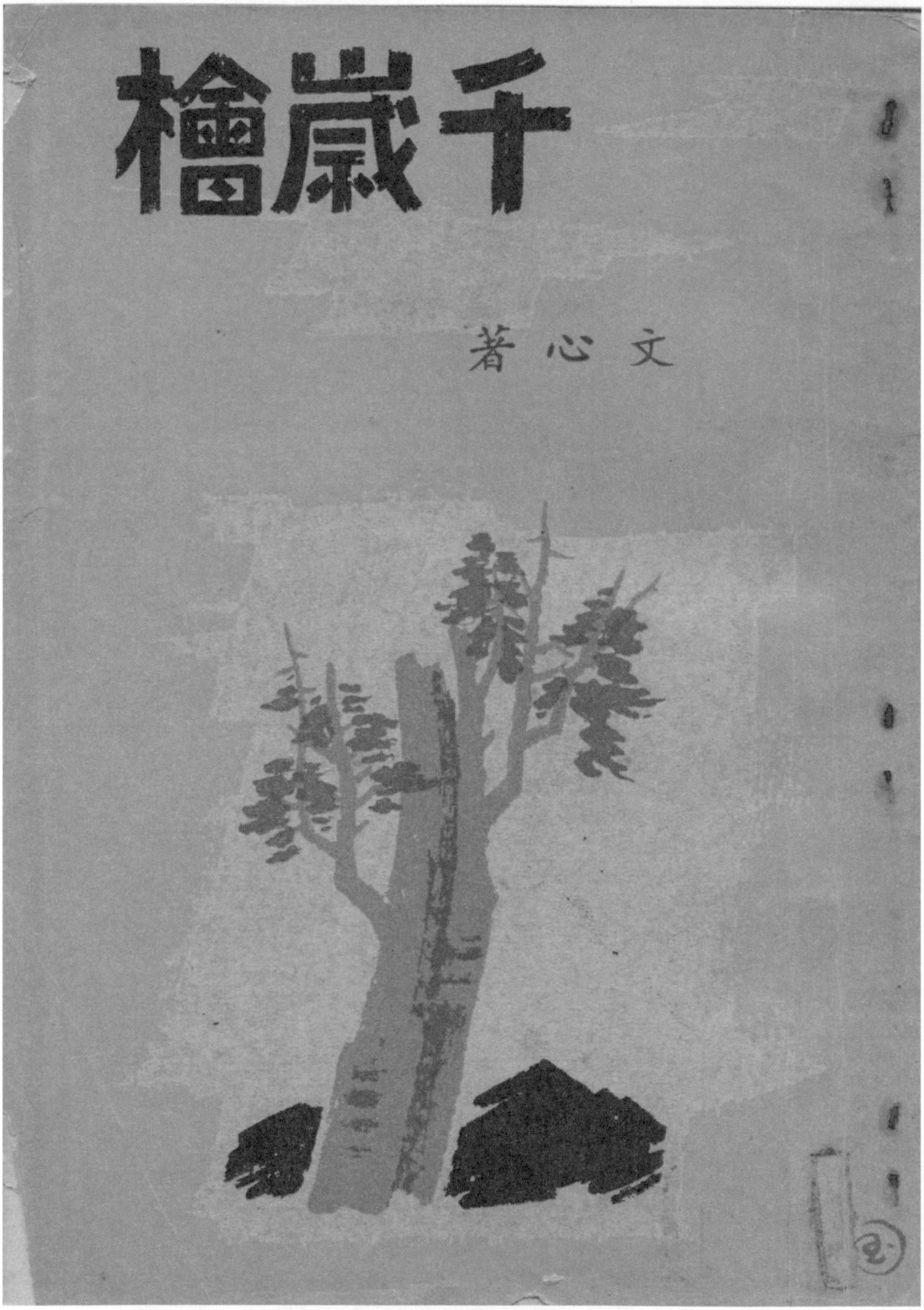

《千歲檜》（小說）｜文心著｜1958｜嘉義蘭記書局｜封面設計：林玉山

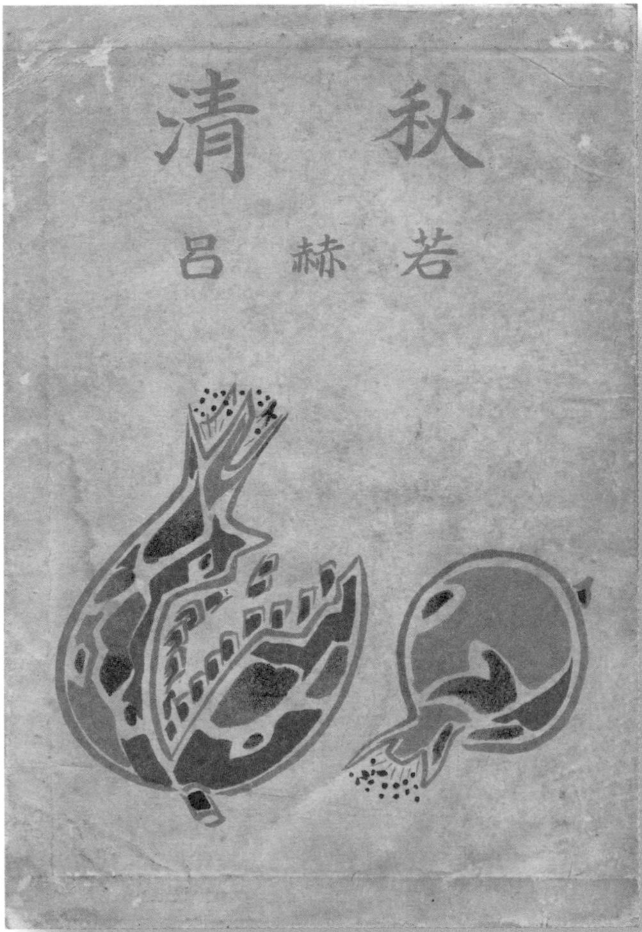

《清秋》（小說）｜呂赫若著｜1944｜台北清水書店｜
封面設計：林之助

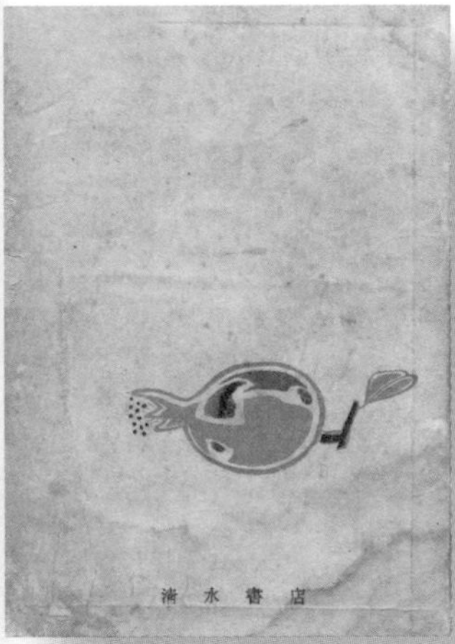

《清秋》（小說）封底｜1944｜台北清水書店

1944年，呂赫若（1914-1950）首度出版個人小說集《清秋》，書名即取自題曰〈石榴〉的小說篇章。故事內容描述一家雙親早逝，三兄弟貧苦相依，爾後分散各處，或入贅他族、或流落街頭，每年唯有掃墓時方能再相聚。
日文初版《清秋》封面由林之助繪製種子茂密繁多的石榴果實為題，傳統農家向來以此象徵「多子多福」。透過寫實膠彩的畫藝呈現，林之助不惟以石榴象徵台灣地方特色物產，此外亦不啻指涉出呂赫若小說中無法言盡、情繫台灣農家社會嚮往安居立命的寓意所在。

無論在想像文本或真實世界裡，人跡罕至的自然山水本為人間淨土，然而在那強調反共大義、黑白分明的國府初期，所及之處總是被迫沾染「民族主義」情緒的過度色彩。正因如此，我尤其偏愛文心筆下那難得不惹塵埃、間或帶著自省式的山林素描。

本名許炳成的文心，同畫家林玉山[45]兩家宗族皆根源自嘉義地區。文心之父許謙恭在嘉義市民生路開設「逢源印刷所」，與位在嘉義市美街、由林玉山父親開設的「風雅軒」裱畫店僅有咫尺之隔，兩人分屬長幼、有著「比鄰而居」的同鄉情誼。

嘉義市，過去在日治三〇年代期間曾是全台地方畫會最密集的地區，故鄉名嶽阿里山向以林業聞名於世，以林玉山為核心的嘉義畫壇即為當時倡議東洋畫的藝文重鎮。

當年受同鄉晚輩囑託作《千歲檜》封面繪事，對林玉山來說，純粹是基於私人情誼而偶然為之。然而在今日看來，畫面中帶有濃郁東洋色彩的裝飾風格，以及迥異於中原書家墨跡的東洋和風字體作書名，亦未嘗不可視為反映

---

[45]—林玉山（1907-2004），本名林英貴，生於嘉義美街，父親為民間畫師兼裱畫師傅。十九歲負笈日本東京川端畫學校，先習西畫科後轉入東洋畫科，一年後暑假（1927）返台期間，參加第一回台灣美術展覽會即獲入選，並與郭雪湖、陳進同被譽為「台展三少年」，自此崛起畫壇。一九三五年二度赴日深造，進入東丘社畫塾。光復初期，林玉山擔任省立嘉義中學美術教師。一九五一年轉往師大美術系執教，直到退休。

畫家內心深處對於當時中國水墨畫主流的抗衡行徑，並且將神木本體表現為融合「荒野」、「高壯」、「敬畏」和「神聖感」（the divine）等多重意義而賦予台灣主體意識的圖騰象徵。

在那階級分明的日治時代，若非為生計環境所逼，作為一個專業畫家往往不願屈身從事插圖裝飾畫工作。早在一九三七年太平洋戰事爆發期間，島內藝術活動日趨窘迫，為了餬口，林玉山不得不兼職替報紙、文藝月刊及大眾書刊製作插畫㊻，直至戰後才轉入教育界作育英才。

晚年林玉山接受訪談時回憶：「那時一般人看美術不起……我回台灣後，當專業畫家，平時也為雜誌社畫插圖維生。插圖要讓誰畫，是作家指定，所以我和王昶雄、林衡道、巫永福、王白淵等都曾在一起。但因為我是嘉義人的關係，和台北文化界比較不熟悉。」㊼

因此，當時從事封面裝幀設計者，除極少數特定專業人士（如立石鐵臣）或由作者（如王白淵）親自擔綱封面繪製工作外，大抵仍須委請畫壇名家跨刀相助。其過程猶如求取珍貴墨寶，作者本人甚至必須親自登門請託，方得以成禮數。

㊻—主要包括戰前一九三七年《新民報》文藝欄連載小說《靈肉之道》，一九三八年《台灣新民報》、《風月報》月刊連載小說《可愛的仇人》，一九四一年為楊逵編譯的《三國志》、《西遊記》與李獻璋編纂的《禮儀作法》，以及替戰後初期的《學友》、《東方雜誌》等繪製插圖。

㊼—張炎憲、高淑媛訪問林玉山，一九九四年十月十九日，收錄於1995，《嘉義驛前二二八》，台北：吳三連史料基金會，頁278-280。

比如詩人林亨泰自費出版第一本日文詩集《靈魂の產聲》，有關封面設計事宜，即由台中市「新光書店」東家傅瑞麟與作者兩人親自登門請託名畫家林之助㊽予以繪製。畫面中，三朵雲彩從旁襯托、兩棵枝椏猶如擬人化的舞者體態，優雅地向上展伸，書名字體以樸拙的線條展開，各自嵌鑲在透著白色的米黃空間內。在林亨泰看來，林之助手繪的封面設計相當高雅，乃至多年後仍讓他感念不已。

關乎草木花苗的圖騰想像，中國古代文人嘗以涵養品德、文以載道的儒家傳統為依歸，詮釋出分屬「梅、蘭、竹、菊」四君子型態的品行論述。其中，特別是適宜生長在熱帶南方的蘭花，自古以來素有「德芬芳者佩蘭」的獨尊地位。

詩人屈原在《離騷》高歌：「滋蘭九畹，樹蕙百畝」，即透過蘭花來展現某種孤芳自賞的人格襟懷。宋人鄭思肖在南宋亡後隱居吳中（今蘇州），為表不忘故國，起居坐臥都朝南方，且常畫「露根蘭」（又稱「失根的蘭花」），不著泥土、枝葉蕭疏，藉此比喻大好河山為異族踐踏，且不願與統治者同流合污。

㊽—林之助（1917-2008），生於台中大雅鄉上楓村，十二歲負笈日本，及長，考進日本武藏野美術大學習東洋畫，二十四歲（1940）入選日本最富盛名的「帝展」。後來適逢太平洋戰爭爆發，林之助決定返回台灣發展，作品先後參加「府展」連續榮獲特選第一名，自此奠定畫壇地位。一九七七年首度為「膠彩畫」正名，此後全心投入學校美術教育及推動地方膠彩畫人才培育，被譽為「台灣膠彩畫之父」。

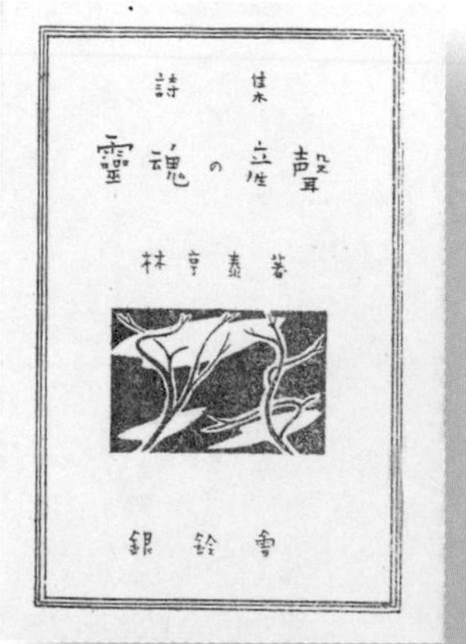

《靈魂の產聲》（詩集影本）｜林亨泰著｜1949｜台中銀鈴會｜封面設計：林之助

及至近代台灣，跨越歷史斷層的知識份子仍不忘擷取蘭花的精神象徵，用以對外宣示高尚素雅不媚俗於世的人文丰姿。諸如嘉義人黃茂盛（1901-1978）開設、長期致力於漢文書籍傳播流通「蘭記書局」，以及六〇年代末期由鍾肇政編纂、集成當代本土文學創作與日本文學譯著的「蘭開文叢」。

現實中的高貴蘭花，拜現代農業科技所賜，讓台灣成了舉世聞名的蘭花王國。而隱喻中的象徵蘭花，卻如同《毒蛇坑繼承者》小說作者鄭煥筆下的農村淨土，只適宜開在人跡罕至的幽深所在，開在詩人們的理想境界中。自小出身農家農校背景、平日起居皆不離農事的鄭煥，每每將農村視為人生喜劇泉源所在、一片全然光明的清幽淨土，在他筆下的農民，恰如十八世紀法國哲學家盧梭（Jean-Jacques Rousseau,1712-1778）所形容：「高貴的野蠻人」（noble savage）。他認為人們之所以遭遇不幸，完全是因為被社會文明挾帶的外界塵垢所玷污。「無論外界發生什麼樣的俗世紛擾」，鄭煥表示：「人們最終仍要回歸山林懷抱，作個頂天立地的生產者。」[49]

然而，單單僅以回歸自然視為生命最高價值，抵斥流俗、捍衛淨土，甚至

[49]—鄭煥，1968，《毒蛇坑繼承者》，台北：蘭開書局，頁64。

《毒蛇坑繼承者》（小說）｜鄭煥著｜1969｜蘭開書局｜封面設計：龍思良

不惜以身相殉，其舉誠然可貴，卻不免將人的思維行徑導至單一絕對化了！而生命的出口，理應包容眾多各種不同面向的可能性。

相較於傳統文人歌詠蘭花情操、不可妥協的昂然姿態，台灣農村隨處可見生長於貧瘠土地上、具有堅韌特性的蕃薯及其莖葉，在近代社會轉型變遷過程中，於焉成為台灣文化當中最富頑強生命力、不畏艱困的精神象徵。

㊿—吳晟，1976，〈序說〉，《吾鄉印象》，新竹：楓城出版社。

古早古早的古早以前
世世代代的祖公，就在這片
長不出榮華富貴
長不出奇蹟的土地上
揮灑鹹鹹的汗水
繁衍無奈的子孫㊿

誠如台語俗諺有云：「蕃薯毋驚落土爛，只求枝葉代代湠」，時值七〇年代台灣鄉土意識初萌之際，詩人恆嘗以蕃薯為喻，吟詠著他們面對腳下這片土地的歷史想像。據此，根著於土地的蕃薯葉往上生長，彷彿擁有抵抗地心引力的一種精神力量，讓吳晟、鄭炯明等當代詩人如此著迷。

詩句，可以吟詠。詩境，可以入畫。詩韻，可以傳唱。

追想鄉土詩人吳晟最初發表於一九七二年八月《幼獅文藝》月刊的「吾鄉印象」組詩，經畫家席德進感受共鳴而將其中〈稻

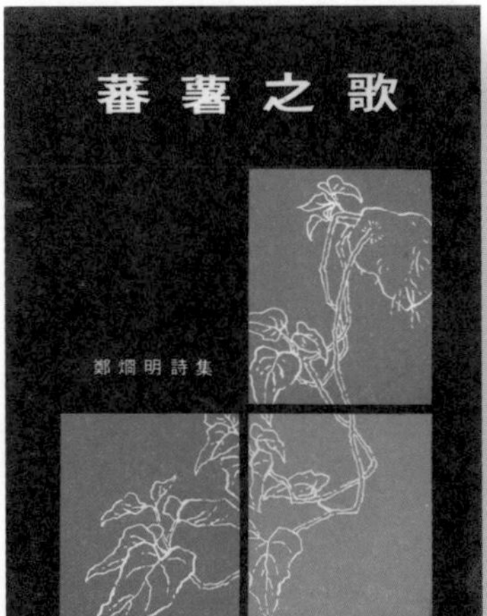

《蕃薯之歌》（詩集）｜鄭炯明著｜1981｜春暉出版社｜封面設計：蘇瑞鵬

《吾鄉印象》（詩集）｜吳晟著｜1976｜楓城出版社｜封面設計：任凱濤

草〉一詩謄寫於同年落款的一幅畫上。撫覽一九七六年首度集結的《吾鄉印象》初版封面即以描摹蕃薯葉的木刻套繪為題，十二年過後（1984），歌手羅大佑又以〈序說〉詩作填詞而譜成一曲旋律歌調。

無論就視覺意象或聽覺節奏而言，詩集《吾鄉印象》皆得兩者並重，乃至衍生出游移於文字、繪畫與音樂之間的交融現象，顯得既質樸且純粹。早在七〇年代即以詩入樂，余光中詩集《白玉苦瓜》裡的多首詩作[51]咸被譜成歌曲。其中〈鄉愁四韻〉一詩更陸續為民歌手楊弦、胡德夫、羅大佑等人數度改編傳唱多年。

關乎圖像語言所指涉的隱喻象徵，其實並非是永恆不變的、本質性的內涵，而是在流動變遷之中慢慢成形的一種認同意識。好比形似島嶼輪廓而被視為台灣精神圖騰的蕃薯，原是歐洲大航海時代的舶來品，最早起源自南美，哥倫布發現新大陸後把它帶到全世界去，直至明末才傳到中國，其後再輾轉落土於台灣。

同為早年漂洋過海來台，伴隨著流動過程而落根成為本土文化象徵的植生物種除了蕃薯之外，亦還有檳榔樹。

檳榔樹啊，你姿態美好地立著
在生長你的土地上，從不把位置移動
而我卻奔波復奔波，流浪復流浪
拖著個修長的影子，沉重的影子
從一個城市到一個城市，永無休止㊾

五〇年代初期，現代派詩人紀弦嘗以「檳榔樹」自況，並從中獲取創作靈感，成為當時他感興題材之所在。為此，紀弦將他自一九四九年來台以後，乃至一九六二年間的詩選作品特以「檳榔樹」為名，依寫作先後次序區分為甲集、乙集、丙集、丁集共四冊。

據《台南縣誌》記載，檳榔樹種原產印度，最早由荷蘭人引進台灣。此般根系狹淺、人們稱作「綠色黃金」的高經濟作物，隨後經由民間大量種植，如今業已融入台灣俗民文化當中密不可分。

㊿—包含〈江湖上〉、〈白霏霏〉、〈搖搖民謠〉、〈小小天問〉、〈鄉愁四韻〉、〈民歌〉、〈民歌手〉、〈海棠紋身〉等八首現代詩，均收錄於一九七五年發行《中國現代民歌集》專輯。
㊾—紀弦，1967，《檳榔樹甲集》，台北：現代詩社，頁69。

凡喜食檳榔者，往往難忘其咀嚼後所產生之提神及保暖感覺。詩人經此一嘗，則似乎視其為「藥引」，用以催生「詩興」之勃發，甚至油然感慨落籍台灣的懷鄉情思。

在這裡，倘若以千歲檜象徵為台灣主體意識亙久不變、屹立不搖的內在精神，那麼所謂「蕃薯」與「檳榔」之屬，則無疑是近百年來台灣社會流動過程中，一度與常民生活休戚相關的文化表徵。

相信許多人們總是忘不了童年時「蕃薯籤粥」的熟悉味道，以及過去陪伴台灣人走過篳路藍縷、如今則被視為窮苦象徵的地瓜與蕃薯葉。

1988年夏，旅美客家籍詩人張錯（1943- ）應余光中之邀前往中山大學客座數月。某日聚眾出遊，行經美濃山間一條檳榔林蔭森徑，此逢花開時節、清風飄送，讓詩人驀然感到某種「無以名之」的甜美歸屬，且因嚮往著美濃田莊鄉居生活而寫下一闋〈檳榔樹下〉詩作。

對於自幼漂泊異地、中年過後乍來台灣而萌生強烈失鄉情緒的張錯來說，黃白色清香的檳榔花，不僅透過外在鼻眼感官寄託為心懷故國、足履斯土的鄉愁象徵，密麻垂下的檳榔核果亦溶化入身軀口腹而成一道「入鄉隨俗」的味覺洗禮。

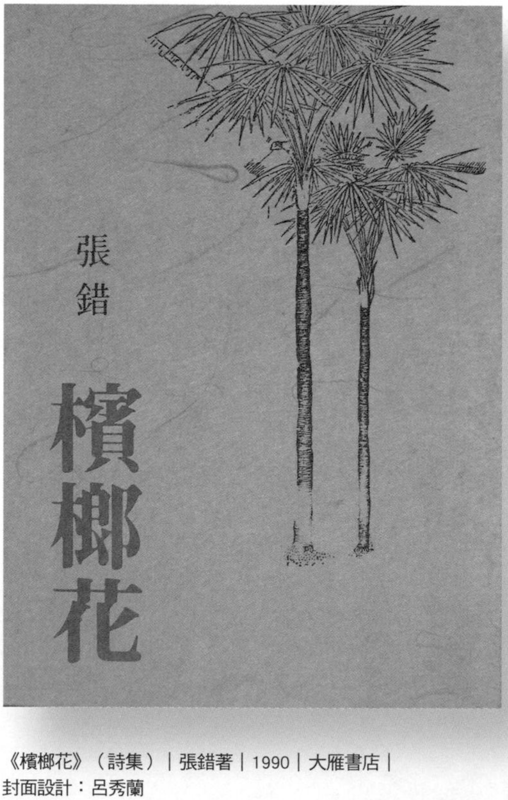

《檳榔花》（詩集）｜張錯著｜1990｜大雁書店｜
封面設計：呂秀蘭

當代台灣社會渴求擴張經濟發展的慾望源頭，追根究柢大多根源自上一代人對於貧窮的恐懼感。尤其經歷了以往百廢待興的克難歲月過後，表面看來光滑鮮亮的物質外皮遂成了台灣現代消費社會盛行的主流美學形式，倘若反映在書籍設計上，則為當今書店展場裡那些舉目可見鍍了一層膠膜或燙金過量的書籍封面，以及內頁過分使用得幾近浮濫、極度缺少印刷質感的銅版紙。

從古早貧困年代一路走來，迄今台灣人潛意識裡某種亟欲「脫窮入富」而衍生轉化的種種視覺形象，依然赤裸裸地顯露在時下大眾主流暢銷書當中、光鮮亮麗地刊印在書冊臉面上。

《檳榔樹甲集》（詩集）｜紀弦著｜1967｜現代詩社｜封面素描：法．高克多

《檳榔樹乙集》（詩集）｜紀弦著｜1967｜現代詩社｜封面素描：法．高克多

《檳榔樹丙集》（詩集）｜紀弦著｜1967｜現代詩社｜封面素描：法．高克多

《檳榔樹丁集》（詩集）｜紀弦著｜1969｜現代詩社｜封面素描：法．高克多

CHAPTER 2

漢字風華

倉頡形體之章

英美十六家
吳魯芹
作品
人的認同
DRAGONS
詩刊 2
湖與島
杜國清
笠叢書之3
意志和表象的世界
叔本華著 林建國譯
許南村
第九日的底流
羅門著

當代德國小說選
陳慧樺 袁則難 鄭臻等譯 鄭 臻主編

石室之死亡
洛夫詩集

龍應台
集

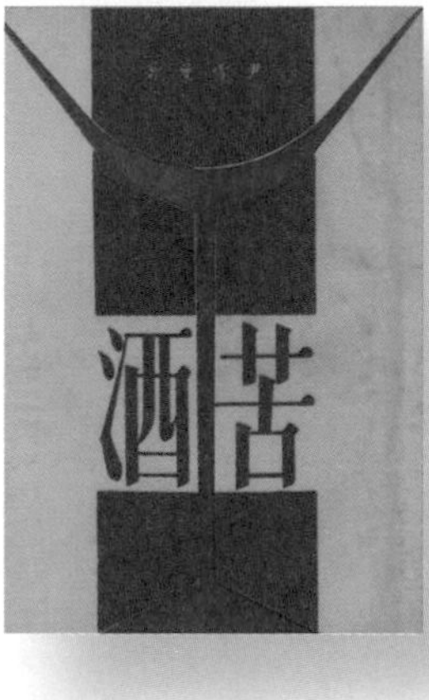
苦酒

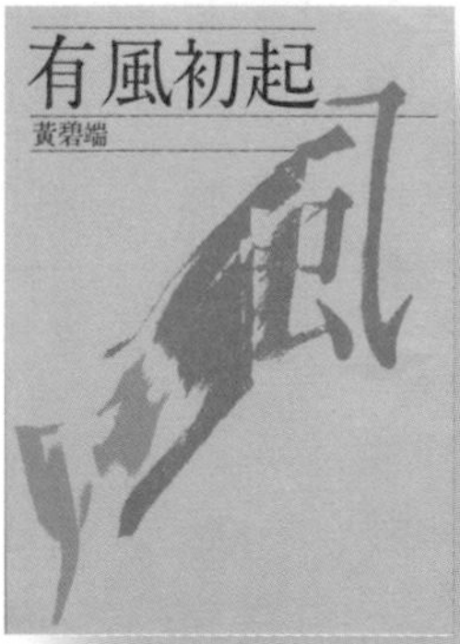
有風初起
黃碧端

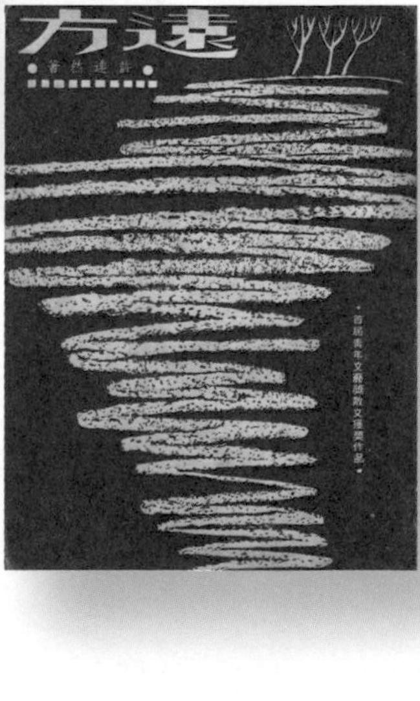
遠方

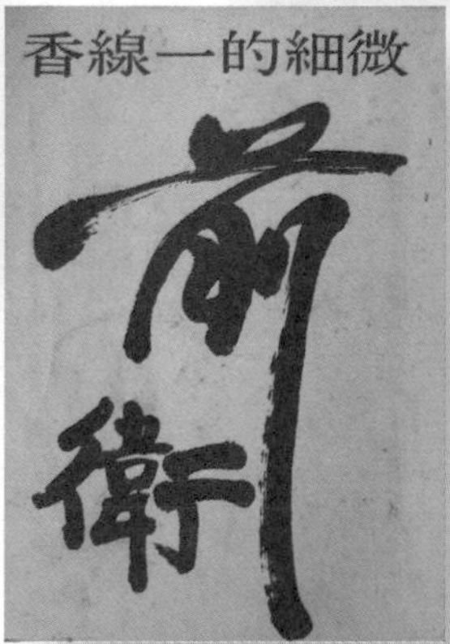
微細的一線香
前衛

文字與圖像可謂優游於混沌與秩序之間的同類。當我們進行思考時，腦中浮現的到底主要是圖像還是文字？對於一般封面設計者而言，喜好圖像思考更勝於文字邏輯的美學傾向正是他們專業優秀之處。然而，在以印刷字體裝幀構成書冊的封面設計上，其實「文字」結構的影響力卻未必遜於「圖像」。

過去，數千年來累積迄今的中國漢字書法與繪畫傳統或許正因為太過豐富，形象美感也極強，可那個性卻是強到現代美學難以接受，甚至連我們自己都不熟悉的。即便如此，漢字符號之於書籍設計應用上，台灣本身自有其發展軌跡可循。

自從三〇年代日治畫家立石鐵臣、鹽月桃甫開始著重印刷文字的圖案裝飾，以及約莫同時期魯迅、豐子愷等進步文人擴展傳統書法內涵於現代封面設計為起始，及至戰後四、五〇年代渡海來台的于右任、台靜農、莊嚴等翰墨名家題簽封面書名蔚為成風。隨之六〇、七〇年代在西方現代藝術觀念影響下，部分書法家乃開始萌生創新變革意識，並且進一步融合抽象表現主義及中國書法線條，以表達視覺上的水墨抽象旨趣。諸如此類的美術字體，可說是介於書法風格與現代風格之間的一種過渡性字體。

特別是在出身師大藝術系的黃華成，以及畢業於國立藝專的廣告設計家郭承豐兩位先行者的努力下，更將漢字造型特性予以有效發揮，拓展成為可以自由安排圖文構成的視覺要素。

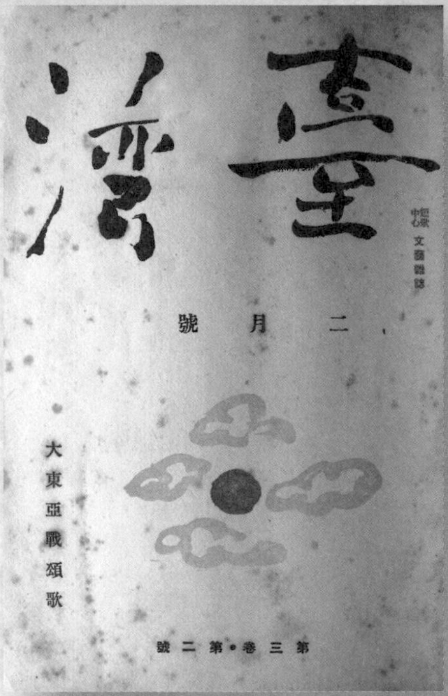

《台灣》（第三卷第二號）｜齊藤勇主編｜1942｜台灣社｜封面題字：鹽月桃甫

《草原》（創刊號）｜姜渝生主編｜1967｜草原雜誌社｜版面設計：姜渝生

翰墨古風——承襲漢文化的書畫傳統

文字在書籍設計要素上的作用無疑是巨大的。

由象形符號發展而來的中文漢字，兼具圖像之「形」與隱喻之「義」，為目前世界上最古老也是應用人數最多的文字系統。

隨著時空環境變迭，以毛筆書寫的漢字文化乃匯聚成一脈淵遠流長的書畫體系，每一字體都可隨著時空變貌斟酌改進，其筆畫、結構、均衡、傾斜，均已被歷代書家精練地實驗過，從具象到抽象構圖的造型原理俱在其中。

觀諸二十世紀三〇年代新文學著作封面，不難發現這段時期的文藝作家或美術工作者大多具有相當程度的國學根基及書法底蘊。一九二二年，魯迅發表第一部短篇小說集《吶喊》自作封面，書名即以隸書體美術字取代宋體印刷字，不僅擴展了傳統書法的功能內涵，亦使得整體視覺效果兼具秦漢古風以及設計美學的現代感。

《吶喊》｜1923｜北京新潮出版社｜封面設計：魯迅

另於早年修習西畫，爾後兼治美術、音樂、文學的裝幀漫畫家豐子愷①，每逢畫藝進展停滯之際，總要著手練寫張草或魏碑，據聞當他「練上一段時期之後，再回頭作畫，畫就有些長進，墨才『入紙』，用筆才既生動飛舞又沉著穩健，不致好像漂浮在紙上」②。又如年方二十即赴任「上海開明書店」美術編輯的錢君匋③，平日於書法一門亦涉獵廣泛，專擅隸書、漢簡帛書、魏書、草書等多種書體。篆刻則功底深厚、風格多樣，尤善刻巨印長跋。

在中國文化趨於文字崇拜的傳統下，「書法」作為一種脫胎於文字形體的藝術形式，透過名人題字以廣收世俗宣傳之效，其淵源由來已久。古代謂之「榜書」者，乃舊時代封建社會的商家們為彰顯所謂「金字招牌」形象，不惜重酬延請當代書法名家題寫「市招」或「看板招牌」。早年台北市幾條歷史悠久的街道上，猶可散見三兩家老店高懸「名家墨寶」④。

戰後以降，台灣本地出版文藝書刊封面曾留有諸多當代書法家的手書題跋，它們刻畫著古籍裝幀形式與漢字造型藝術從傳統走向現代的嬗變過程。

①—豐子愷（1898-1975），筆名TK，浙江崇德（今屬桐鄉縣）人。十六歲考入浙江省第一師範學校之後，從李叔同學圖畫音樂，從夏丏尊學國文，從此走上文藝之路。本身既是著名的畫家、木刻家，又是頗有成就的散文家，並擅長書法，精通音樂。

②—朱自清，1998，〈緬懷豐子愷老友〉，《寫意豐子愷》，杭州：浙江文藝，頁61。

③—錢君匋（1907-1998），原名錢錦堂，字豫堂，浙江省桐鄉縣人，近代中國書籍裝幀藝術的開拓者，其時魯迅、茅盾、郭沫若等許多著作的裝幀設計均出自其手。

④—如傅斯年題寫「大陸書店」（衡陽路），王壯為題寫「台灣銀行」、「土地銀行」、「中華書局」（重慶南路），莊嚴題寫「國賓大飯店」，溥心畬題寫「中國眼鏡公司」（博愛路）、「九綸綢緞百貨公司」（衡陽路）等。

⑤—郭紹虞（1893-1984），原名希汾，蘇州人，出生於寒士家庭，因經濟拮据，僅由讀私塾而考入蘇州工業中

一九四八年四月，以大陸籍台師大文藝青年為執筆者的《創作》月刊在台北創刊，封面題字為書法家郭紹虞⑤題贈，刊名右下方配以木刻家許其和的版畫作品，題曰：「追求者」。截至同年九月停刊為止，前後僅半年共出一卷六期四本。

五〇年代初期，羅家倫首度倡議「國字簡化論」⑥，意欲透過簡化漢字結構以便於廣大民眾參照學習。然而，書法作為一門古老藝術，自有好古者提倡，而且大致公認是「不寫繁體不為工」。相較於中國大陸自一九四九年開始施行的簡化字運動，在台灣承繼了傳統正體文字主流的書法藝術，便成為當時國府政權意欲標舉中原文化正統的國族象徵。

《創作》（創刊號）｜1948｜創作月刊社｜封面木刻：許其和｜封面題字：郭紹虞

學。就學期間與同學創辦文學刊物《嚶鳴》。一九二一年，與茅盾、鄭振鐸、葉聖陶、王統照等人發起成立「文學研究會」。一九三三年，魯迅和鄭振鐸合編《北平箋譜》，特請沈尹默題寫書名，郭紹虞手書序文，成為書壇一段佳話。一九四九年中共建國後，歷任中國同濟大學文法學院院長、復旦大學中文系主任。

⑥——一九五三年九月，曾任北大校長、時任國府考試院副院長的羅家倫發表講話，宣稱：「欲保存中國文字，則必須簡化，使廣大民眾易於學習。」接著在一九五四年三月，又於全台各大報同時刊登〈簡體字之提倡為必要〉一文，倡言「中國字要簡化，才能保存、才能適合現時代中國民族生存的需要」，其內容後來印成《簡體字運動》單本。

早年台灣書刊封面以名家手書為題者，體裁方面多以雋永抒情、詼諧幽默的雜文小品為宗，書寫內容則大抵不離懷鄉憶舊、感時憂國的敦厚情思，抑或有關民初聞人政要感慨詼諧的掌故趣事。

諸如筆名「味橄」的錢歌川著述《淡煙疏雨集》一書，寫的是人過中年的閒適心境與人情世故，其間佐以茶話、菸斗、洋鬍子等日常話題為趣譚，加諸翰墨名家溥心畬手書封面題字更油然增添一股典雅清貴習氣。至於自幼遍嘗離散漂泊的作家琦君，總以其細膩婉約之筆，猶幻似真地訴說著純美至善的故土人情，散文集《溪邊瑣語》封面則由國民黨「婦工會」⑦主

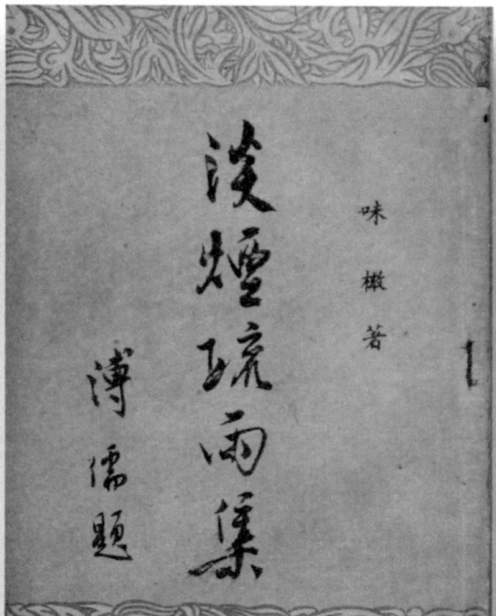

《淡煙疏雨集》（散文）｜
味橄（錢歌川）著｜1952｜晨光出版社｜
封面題字：溥儒（溥心畬）｜
書影提供：舊香居

《溪邊瑣語》（散文）｜琦君著｜1962｜
婦友月刊社｜
封面題字：錢劍秋｜書影提供：舊香居

任錢劍秋題寫書名。

由於漢字原以方塊造型為視覺主體，故而特別著重線條平衡方正的構圖佈局。在設計形式上，以書法為題的書刊封面泰半遵從中國線裝古籍配置原則：如書名籤條置於版面左上方，或依書名頁置中格式題寫，題字者於書名左下角落款（或蓋有朱色印章），行文順序則大抵遵照漢字傳統由上至下、由右至左⑧的書寫格式。

遠在七〇年代平版印刷與照相打字開始普及、乃至八〇年代電腦組版技術出現之前，台灣書刊的封面文字均是由人工一筆一畫慢慢描繪成底稿。繪製者必須耗費大量時間精力於如今看來再簡單不過的字體色塊塗繪工作上，像勞作黑手一樣周旋於噴膠、筆刀、針筆、描圖紙、色票、演色表及綠方格設計稿紙之間。

於是乎，秉持個性化藝術風貌的傳統書法家，題寫文字往往著重所謂的筆勢氣韻，強調行氣相連、一揮而就，透過封面書名的題簽落款，書法家維繫了數千年來漢字書寫文化過渡到現代美術設計的轉圜角色。

---

⑦—全稱「國民黨中央婦女工作會」，為因應反共復國革命情勢需要而於一九五三年十月成立，由蔣宋美齡擔任最高指導長。曾擔綱「婦工會」三十多年主任職位的錢劍秋，乃為蔣宋美齡手下親信。

⑧—約莫八〇年代以後，印刷書寫方向轉變成由左至右。

過去與當代政治文化權力緊密結合的書法藝術雖曾一時備受尊榮矚目，然而書法家的生命本體卻往往源於沉鬱的孤寂。鑒諸所言，彼時學界之謙忍善書者，莫過於從不以書法家自詡、其書藝卻聞名中外的臺靜農[9]。

一九四六年秋，為促進台灣戰後文化的復歸和重建，臺靜農應聘至台大中文系任教。入住台北市龍坡里一幢宿舍——書房名曰「歇腳盦」，後為張大千題作「龍坡丈室」。然而，由於戰前曾參與文學社團「未名社」[10]而受知於魯迅、並與左翼文壇人士過從甚密，再加之他早年屢與當局相左而遭牢獄之災[11]等經歷，來台後其行動言語便受國府情治單位嚴密監控，遂全心寄託浸淫於書藝。他在《靜農書藝集》序言吐露：「戰後來台北，教學讀書之餘，每感鬱結，意不能靜，惟時弄毫墨以自排遣，但不

《談余叔岩》（傳記）｜孫養農著｜1953｜孫養農自費出版｜封面題字：張大千｜

《作品》（創刊號）｜1960｜作品雜誌社｜封面設計：廖未林｜封面題字：胡適｜書影提供：舊香居

願人知。」

舉凡《皇冠》雜誌、《中外文學》月刊、古龍武俠小說、古典文學叢刊乃至現代文學選集，不知有多少期刊著述封面題署出自台老手筆。自一九七二年起，其門下弟子林文月開始在《中外文學》翻譯日本名著《源氏物語》，費時五年半而譯完。初譯版與修訂版封面書名皆延請臺靜農題字，裝幀設計則由林文月夫婿——「五月畫會」健將郭豫倫⑫精心繪製，成為當年一宗文壇佳話。

晚年復因求字者日多，臺靜農愈覺不勝其苦，遂請江兆申協助制定潤例，並且委由畫廊處理買賣瑣事。

《源氏物語》（小說）｜紫式部著 林文月譯｜1978｜中外文學月刊社｜封面繪製：郭豫倫｜封面題字：臺靜農

⑨—臺靜農（1902-1990），字伯簡，安徽霍丘人，著名書法家、小說家、文評家。其書法廣泛涉獵金文、刻石、碑版和各家墨跡，篆、隸、草、行、楷諸體皆精，亦擅篆刻、繪畫，小說方面則「師法魯迅」。生平有《臺靜農書藝集》與小說《地之子》、《建塔者》以及散文等著述出版。其後陳子善編有《臺靜農散文選》一書，淡綠色素雅封面，配上古樸的楷書底紋，與文章內容相映成趣。

⑩—一九二五年成立，由魯迅發起和領導。成員主要有韋素園、韋叢蕪、李霽野、臺靜農、曹靖華等，活動以譯介外國文學（尤其是俄羅斯文學）為主，兼及文學創作，翻譯作品以俄國、北歐、英國文學居多。曾發表翻譯作品集結的《未名叢刊》以及專收創作的《未名新集》。

《中外文學》（創刊號）｜胡耀恆主編｜
1972｜中外文學月刊社｜
封面設計：傅良圃｜封面題字：臺靜農

《楚留香傳奇》（小說）｜古龍著｜
1977｜華新出版社｜
封面設計：龍思良｜封面題字：臺靜農

《故都蒙難記》（小說）｜老戇著｜
1953｜聯合版總管理處｜
封面設計：廖未林｜
封面題字：于右任

彼時在國府專制統治下，圖書著作能夠獲取黨政高官或藝壇名宿的手書題簽，幾乎形同挾名人之聲望替自己背書。早年台灣書冊封面屢見書法題簽者，除張大千⑬、溥儒⑭、臺靜農等名家以外，尚有國之大老暨當代草聖于右任⑮，以及肩負故宮博物院副院長之職的書法家莊嚴⑯。

被譽為當代台灣繼宋徽宗後的唯一傳承者，前故宮博物院副院長莊嚴不僅善工書法且通曉詩文，其筆墨功底顯露一手「瘦金體」蒼勁鋒利如屈鐵斷金。現今諸多故宮發行專書與書畫冊，以及《藝術家》雜誌刊名的標準字體等，封面題簽皆出自莊嚴手筆。

昔日戰火餘生之下，騷人墨客手中的竹管筆墨流淌出了那一代去國者的文化鄉愁。一如五〇年代初期為遠避共黨禍事而奔赴香港定居的作家徐訏（1908-1980），在日常生活細節裡彷彿填滿了過去舊上海生活的昏黃記憶。徐氏平日信箋喜用閒章，信紙蓋一枚「三不足齋」的紅印。寫字對鋼筆頭尤其挑剔，喜歡為自己的書設計封面，用親筆抄寫製版的「畫眉篇」襯底。

六、七〇年代台灣正中書局出版一系列徐訏文集，純以文字印譜設計的裝

---

⑪—一九二八年四月，未名社因出版李霽野、韋素園翻譯的托洛思基《文學與革命》遭北京當局查封，李霽野、韋叢蕪、臺靜農被捕。李、臺二人被拘禁五十天後釋放，是為臺靜農第一次入獄。一九三二年，因住宅收存友人寄放的化學儀器，被人誤以為藏有炸彈，遭拘禁十餘天。

⑫—林文月於一九九七年二月出版的《伊勢物語》中譯本，不但作了篇幅遠多於本文的箋注與解說，而且親自繪製了素描的插圖，書名題字與封面設計仍出於郭豫倫之手。

⑬—張大千（1899-1983），四川內江人，自幼從母學畫，後留學日本習印染工藝，尤其精擅繪畫、書法，於山水、花卉、人物、鳥獸無所不能，畫名享譽中外。其書法字體結構取法魏碑形式，多呈左部低且向下、向左舒展，而右部則向上提升。整體墨筆氣勢連綿、大開大闔，素有「布衣王侯」之風。

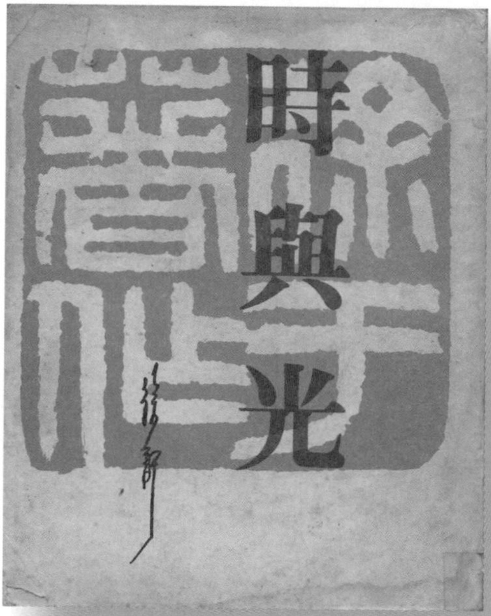

《時與光》（小說）｜徐訏著｜1966｜正中書局｜
封面設計：佚名

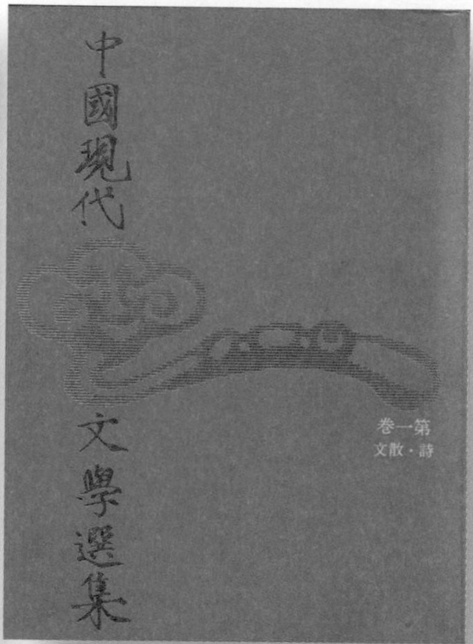

《中國現代文學選集》（散文、詩）｜1976｜書評書目出版社｜封面設計：張國雄｜封面題字：莊嚴

莊嚴手書《藝術家》雜誌刊名標準字體

⑭—溥儒（1896-1963），字心畬，生於遼寧，清宗室恭親王之後，原名係愛新覺羅氏溥儒，「溥」為其輩份，民國以後改為姓，字心畬，號署西山逸士。自幼隨宮廷畫家學習書法，臨摹家藏各代名家墨蹟幾盡。青年時代到德國留學八年，獲得生物和天文兩博士學位後返回中國。隨即隱居在北京西山戒檀寺，潛心研心丹青達十年之久。溥儒為舊時代的飽學之士，自詡以書法帶著繪畫，用詩文鋪陳胸中風景。其書法爽勁遒逸，五體皆備。

幀形式很有一番憶人念事的懷舊餘韻。書名與印譜底圖交相形成淡濃不同的疊影效果，頗有書法名家王壯為試作「亂影書」的美學趣味。

世界各國民族文字惟漢文上下「直行」，洋文均「橫行」。然而，自近代西式排版技術傳入以來，在封面題字當中除正規的豎寫方式之外，偶爾也見有橫寫形式。

茲以五〇年代「藍星」創社元老鍾鼎文⑰出版第一本個人詩集《行吟者》封面為例，設計形式可謂中西並陳、圖文輝映，既有畫家梁中銘繪製、帶有西方裝飾風格的豎琴演奏者套圖，復又請得草書大家于右任題寫書名，設計者由右至左採橫書配置。

透過《行吟者》封面手書，于右任不僅展現對於受業弟子鍾鼎文的提攜矚切，彼此間更可謂同遭際遇、意氣相投。兩人同樣身處於一個亂世動盪的開創時局，青年時代皆因譏諷時政而遭當局通緝，飽嘗流亡生涯而生成一股憂患習氣，先後皆於兵馬倥傯之際投筆從戎，以「書生報國」之姿奔赴沙場。來台以後，兩人亦分別身居要津（于右任為監察院長，鍾鼎文為國大代

---

⑮—于右任（1879-1964），陝西三原人，戰後寓居台灣十五年，素有「一代草聖」美譽。生性豪爽的他，具有西北人特有的豪邁性情，對於登門索字者總是有求必應，並經常賞字幅給身邊的隨侍。除了應酬，每晚必寫字若干幅，張掛四壁，一筆一畫，自書自解，方始盡興。

⑯—莊嚴（1899-1980），字尚嚴，號慕陵，又號六一翁，江蘇武進人。一九二四年北京大學哲學系畢業後，隨即入「清宮善後委員會」專責故宮文物清點工作。中日戰爭期間，銜命押運故宮文物至四川，輾轉到台灣，任故宮博物院副院長。

⑰—鍾鼎文（1904-），安徽舒城人，與覃子豪、紀弦被稱為五〇、六〇年代詩壇三老，一九三二年就讀北大，後赴日留學，改名「鼎文」，一九三六年返國擔任南京軍校教官。一九四九年來台後，任第一屆國大代表直到退休。一九五四年，與覃子豪、余光中、鄧禹平、蓉子等人創立「藍星詩社」，後與覃子豪、紀弦、鍾雷等人同任「中華文藝函授學校」新詩班教授。著有詩集：《行吟者》、《山河詩抄》、《白色的花束》、《雨季》、《國旗頌》。

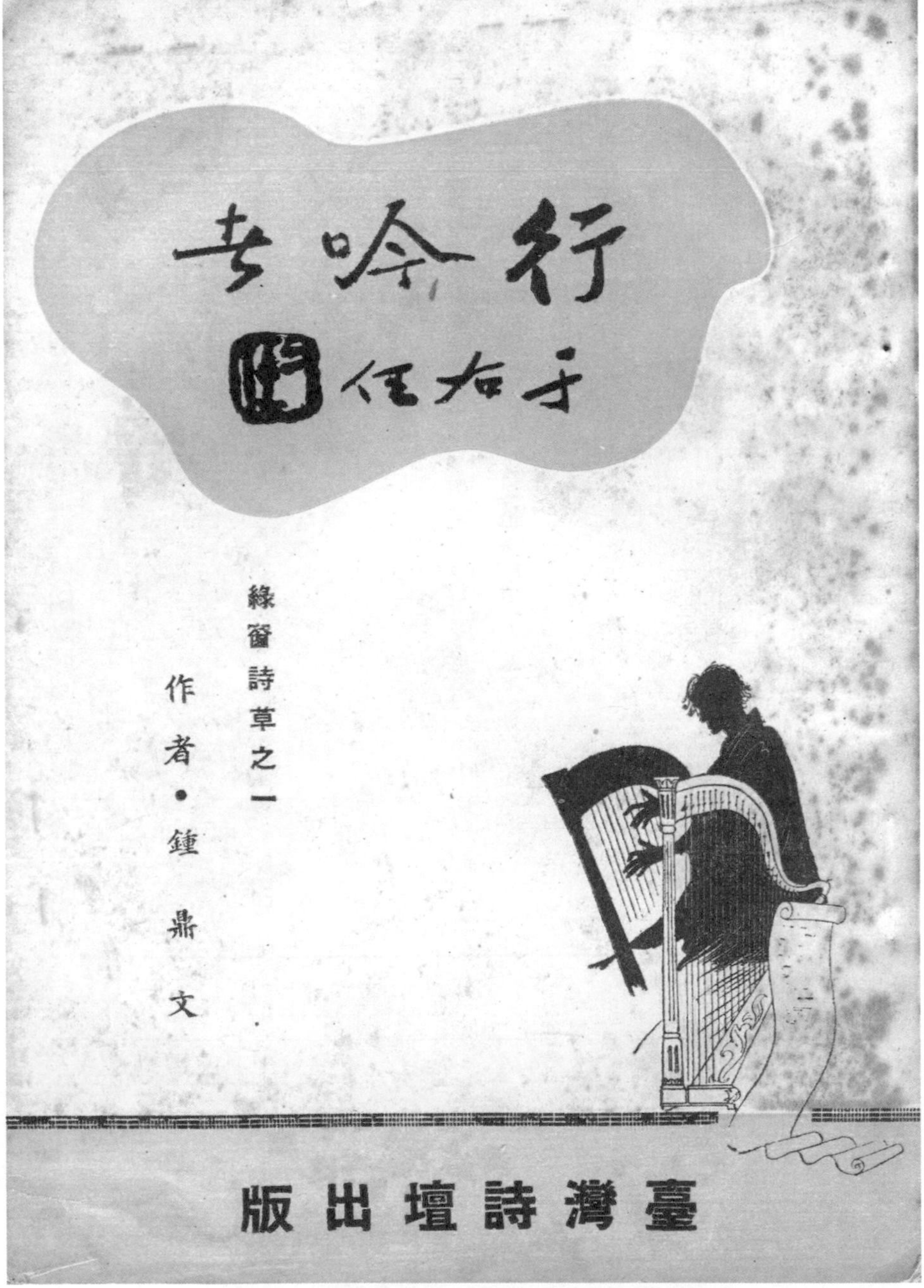

《行吟者》（詩集）｜鍾鼎文著｜1951｜台灣詩壇｜封面設計：梁中銘｜封面題字：于右任｜書影提供：舊香居

表），生活優渥卻也都自恃清廉。

在裝飾技巧與色彩表達上，書法並不比繪畫本身來得絢麗繁複，卻往往更容易流露出一個人的真性情。

傳統書法之於現代書籍設計，猶如紙本書頁裡的「造型拓樣」、「一方鐫字的碑」⑱。直到人們普遍將「設計」視為一種可供自由創作的藝術門類之前，封面題字的書法元素始終被規範在某種固定不變的傳統格式當中。

即便封面圖像比文字多了一份視覺感染的衝擊力，但文字本身卻更扮演著畫龍點睛的重要關鍵。

⑱—簡媜，1989，《下午茶》，台北：大雁書店，頁131。

《反攻》（第28期）｜臧啟芳主編｜1951｜反攻出版社｜封面設計：佚名

《自由中國》（創刊號）｜傅正主編｜1949｜自由中國社｜封面設計：佚名｜書影提供：楊燁

早昔台灣出版界仍未見圖案裝飾的克難年代，編者直接將內文摘要或目錄當成封面的書刊設計樣式曾經風行一時。其中，《自由中國》與《反攻》半月刊皆在創刊不久後同時擁有軍方大量訂戶，並且按月接受教育補助三百美金，可謂五〇年代最具代表性的文藝綜合期刊。

按照字體大小、粗細、虛實與排比等手法，把文字本身視為圖像元素的現代設計風格到了二十世紀九〇年代以後逐漸蔚為風潮，同時因應出版商的市場考量下，設計者甚至愈被要求儘可能把那些足以吸引消費者目光焦點的內文關鍵字一一刊印在封面上。

相較於時下台灣書籍封面設計幾欲讓人目不暇給的市場現象，前輩作家雷驤便不禁感嘆：「人們已經淡忘單色和僅用排字的封面魅力……這個僅只標出題名的印書傳統，是極其悠遠而自然的形式。」⑲或許人們早已遺忘，其實一本書只需簡潔的書名，搭配純粹表現文字特色的形象結構，往往就能對書籍內容進行清晰、適妥的陳述。

民族文化之情感，總在語言文字中流淌，從而化作一生一世都無法割捨的眷戀。

約莫自七〇年代起，正值台灣退出聯合國，且適逢國際局勢風雨飄搖、鄉土意識崛起的驟變當口，部分島內作家們開始大量使用方言進行創作。

⑲—雷驤，1979，〈封面設計劣樣之形成〉，《書評書目》No.74，台北：洪建全教育文化基金會。

這時，以吳濁流、鍾肇政等第一代台灣本土作家為代表，他們雖在日文教育下成長，同時卻也深受傳統漢文化薰陶，從事文學創作每每堅持書寫漢文而不用日文以示反抗，其筆下屢屢有一股抗議和控訴的激情隱藏在字句間。因之，陸續出現在各類著述封面題字的本土「素人書法」遂也漸成另一股時代潮流。他們並沒有中國傳統書法家講究師承門派的美學傳統，卻有著來自腳下這塊土地的根脈意志，以及一種從容不迫的文化自信。

談到習書經歷，自謙為「素人書法家」的鍾肇政坦承從未臨摹過九成宮、柳公權等範本，僅偶爾在教書之餘瀏覽日本人編纂三體（楷書、行書、隸書）千字文字帖，他宣稱：「我寫的字，當然不是中國的，日本的

《鐵血詩人吳濁流》（傳記）｜呂新昌著｜1984｜台灣文藝出版社｜封面圖繪：吳耀忠｜封面題字：鍾肇政

《前衛文學叢刊》（第一輯）｜1978｜鴻蒙文學出版公司｜封面題字：張恆豪｜

《風雨窗前》（詩集）｜吳濁流著｜1958｜綠水印書局｜封面題字：吳濁流｜書影提供：舊香居

也談不上，也許有一點神似，那我就說我是台灣書法，沒有什麼師承的。」⑳

所謂歷史文化與族群認同，不可分離地與根源於土地血脈的語言特質結合在一起。

近百年來，台灣經歷了從日本殖民政府到國民黨統治，多種語言間的轉嫁挪用已然成為普遍現象，有關語言與文學的辯論也始終烽火未止。夾雜在日語、漢文、閩南、客家方言乃至各部落原住民語之間，作為跨越不同語言的書寫者及閱讀者，每一次異種語言文字疆界的穿梭、徘徊、流亡與連結，便是一次混合、變形與生成。

此般跨越語言的流離元素不惟體現於文字敘事，更在書籍設計當中形成一系列斷裂散逸的符碼堆砌組合而成視覺圖景，銘刻著本土與外來文化的美學想像，在交織及扞格中展演自身。

⑳—莊紫蓉採訪、整理，2002.06.03，美與文學—鍾肇政訪談。

《山河》（日文詩集）｜楊雲萍著｜1943｜台北清水書店｜封面設計：立石鐵臣

日治時期「灣生」畫家立石鐵臣由於自幼在台北東門街出生成長的地緣關係，遂使他從小對於台灣風土民俗便有著難以言喻的孺慕與景仰，即使在戰爭末期皇民化運動全面禁止漢文寫作出版的政策下，他替文友楊雲萍親手繪製詩集《山河》封面設計仍使用木刻版印的漢文字體為主題。

如畫般的線條筆意——從「原上草」到「龍圖騰」

戰後五〇年代以降，自大陸渡海來台的書畫名家輩出，掀起了一陣風起雲湧的傳統文化復興浪潮。另一方面，這些書畫藝術家們卻也如同宿命般地，在政治壓抑下背負著傳承中原文化正統的歷史包袱。同一時期，正是國府當局發動「反共戰鬥文藝」㉑雷厲風行的年代，亦為當代知識分子興起「全盤西化」與「中國本位文化」論戰的交鋒階段。

到了六〇年代末期，以現代主義為宗的西化思潮日趨衰頹，取而代之者——關注社會現實的民族主義正方興未艾。此時，真正開始將書法字體大幅融入美術設計領域，在版面構成與視覺效果上讓人感到煥然一新的先行者——《草原》雙月刊，作為戰後台灣第一本標榜本土文學藝術的雜誌，猶如平地驚雷，於一九六七年十一月十五日創刊問世。

我以為《草原》雜誌最讓人驚豔的，便屬那獨樹一格、以書法文字為主軸的裝幀美學。從封面、目錄、內頁到封底，整體版面設計均由主編姜渝生一

㉑一九五五年一月，蔣介石正式以「戰鬥文藝」號召文藝工作者；九月，軍中詩人組成的《創世紀》詩刊第四期推出「戰鬥詩特輯」。一九五六年一月，國民黨中常會通過「展開反共文藝戰鬥工作案」。一九五七年七月，「中華民國文化界支援大陸知識分子抗暴運動委員會」在「中國青年寫作協會」主導下成立。

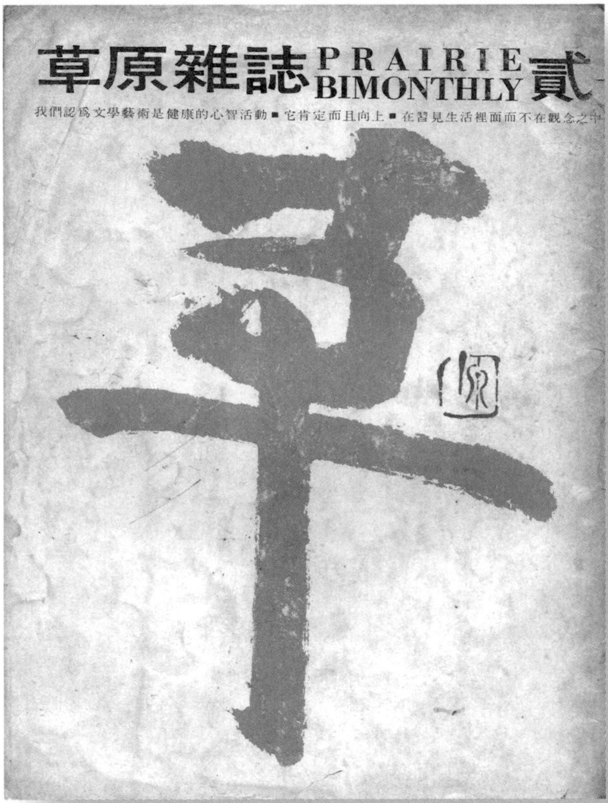

《草原》（第二期）｜姜渝生主編｜
1968｜草原雜誌社｜
封面設計：姜渝生｜書影提供：舊香居

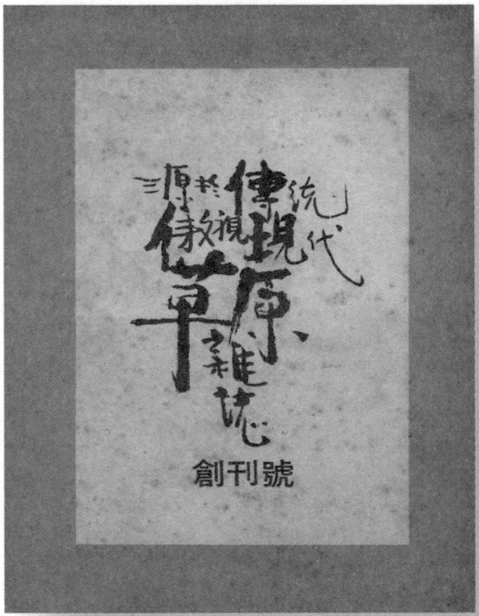

《草原》（創刊號）｜姜渝生主編｜
1967｜草原雜誌社｜
封面設計：姜渝生｜書影提供：舊香居

《意志和表象的世界》（論述）｜
叔本華著、林建國譯｜1981｜常青出版社｜
封面設計：姜渝生、王小娥

手包辦：參雜於印刷方塊體之間，彷彿脫胎自古代書法卻又有別於傳統字帖碑學書體的墨痕線條，其型態似草非草、似隸非隸，直視老規矩的直行書寫格式如無物，宛如希臘酒神戴奧尼索斯（Dionysus）降臨，甚至有些狂放地像極了突破字體規範束縛的道教符圖，暗喻著對於現代理性文明的解放與嘲諷。

當年《草原》雜誌以綠色為基調的套色印刷雖使成本相對偏高，但在某種程度上卻也替當時黑白分明的苦悶環境帶來了些許多彩丰姿。特別是在創刊號封底針對傑出作品提出「稿費雙倍計算」的徵稿承諾，更讓人驚訝於當年主事者甚早便有透過彈性稿費機制扶植優秀創作者的經營理念。

然而即便滿懷再多的雄心壯志，在姜渝生驀然回首自責「創辦初期耗去太多資源，以致還沒有開始嘗試即夭折」[22]的告白下，前後不到一年時間，《草原》雜誌僅僅出版三期便告停刊。

繼六〇年代末期《草原》雜誌鼓吹本土化的革新號角後，台灣詩壇包含「龍族」、「主流」、「大地」及「草根」等新生代詩社相繼崛起，針對當時的超現實主義與西化詩風提出強烈批判與反省，持續興起認同本土、反思

[22]—姜渝生，2005，〈草原雜誌的故事〉，《文訊》，台北：文訊雜誌社，頁102。

[23]—陳芳明，1977，〈龍族命名緣起〉，《詩與現實》，台北：洪範，頁200。

傳統、關懷世俗的現實主義詩學。

一九七〇年秋天，詩人辛牧、施善繼、蕭蕭聯合發起新詩社「龍族」，而後林煥章、蘇紹連、林佛兒、景翔、喬林及陳芳明等人陸續加入。這一年，據聞是當時詩壇最黯淡的年頭。「龍，意味著一個深遠的傳說，一個永恆的生命，一個崇敬的形象」，根據當初參與詩刊命名的陳芳明表示：「想起龍，便想起這個民族，想起中國的光榮與屈辱。如果以牠作為我們的名字，不也象徵我們任重道遠的使命嗎？」[23]從此，《龍族詩刊》便正式誕生，直至一九七六年五月停刊為止，《龍族詩刊》共出十六期。

根據《說文解字》記載：「龍，鱗蟲之長，能幽能明，能大能小，能長能短，春分而登天，秋分而入淵。」

《龍族詩刊》（創刊號）｜1971｜林白出版社｜封面設計：陳文藏

漢字各種書體結構皆由歷代書家致力創造得來，舉凡行、草、楷、隸、篆，形貌殊異、各擅勝場。即使同一種字體當中，又可再衍生出多種寫法。觀諸《龍族詩刊》封面所題書體，似是源於「唐．懷素．秋興八首」草書，其細節形態卻又另由設計者賦予獨特的性情秉貌。

一如人與人之間的稟性差異，不同形貌的字體樣式亦各自具有獨特殊異的內在性情。因仿宋體注重結構造型且較接近手寫感覺，故常被用予熟習美術字的入門基礎。若採用於印刷書上，仿宋到底還是鉛字印刷最美。單看早期「洪範叢書」篇名頁，刀法剔透的長仿宋靜靜臥在紙頁中央，著實漂亮極了。

話說當年為《龍族》詩刊同人所取用、在現實中並未實際存在的「龍圖騰」，經過了歷代中國人的思維建構和精神崇拜而被賦予無比尊貴的權威形象。打自蔣家政權撤退來台後，國府當局不斷透過其所掌控的文化、教育、傳播的力量，有意識和有計畫地長期形塑台灣人民對於認同中國的民族想像，一曲

《龍族詩刊》（第二期）｜1971｜
林白出版社｜封面設計：陳文藏

《龍族詩刊》（第三期）｜1971｜
林白出版社｜封面設計：陳文藏

《龍族詩刊》（第四期）｜1971｜
林白出版社｜封面設計：陳文藏

〈龍的傳人〉曾在七〇年代台灣傳唱大街小巷，直至今日民間流傳「龍年生子」的傳統概念依舊深植許多台灣人心中。

過去吹起「反西化」號角的七〇年代，為當時「言必稱中國」的民族主義論述過渡至台灣本土意識崛起的轉捩點。遙想一群意氣風發的青年詩人盤據《龍族詩刊》陣地以向老派文士們進行論戰交鋒，但在一切事過境遷後，於今偶讀詩刊所載，即便當年未能躬逢其盛，卻也恍如憑弔古戰場般地同感興嘆。

尋訪舊書冊，最能讓人吟詠這種「書頁仍在、人事已非」的歷史距離。隨時間變迭更動的，不僅僅是人的心境，還包括了與時俱變的符號樣式。

約莫六、七〇年代期間，台灣在西方現代藝術觀念影響下，一干書法家們開始萌生創新變革意識，他們力圖超越傳統框架，並且進一步融合抽象表現主義㉔與中國書法元素來從事創作。其中包括有：王壯為試作「亂影書」㉕的前衛實驗、傅狷夫以書為畫發展「大字草書」、史紫忱獨創一筆多彩的「彩色書法」㉖、呂佛庭取自書畫同源意境的「文字畫書法」㉗、傅佑武利用

㉔—抽象表現主義注重畫面空間構成及切割原理。一九五〇及六〇年代以美國為中心大行其道，其主要藝術家為馬克・托貝（Mark Tobey,1890-1976）、弗蘭茲・克萊因（Franz Kline,1910-1962）、蘇拉吉（Pierre Soulages,1919-）等作品都頗有中國書法「線性美學」的趣味性。

㉕—王壯為在五十多歲時，有感於「寫字就是畫畫」的想法，對書法作了許多的創新實驗。他以淡濃不同的墨汁重疊五遍，造成有如書影的效果稱為「亂影書」。

㉖—意即不用墨和墨汁，突破傳統白紙寫黑字的習慣，而以繪畫顏料做成彩墨寫字，造成視覺衝擊力。並可結合繪畫特色，在書法的間隙作畫，既是字又是畫，將字與畫融為一體。

㉗—即以文字組合為畫，畫中見字，字中見畫，以表現筆墨線條之美。自一九七〇年代起，呂佛庭利用甲骨、金文等象形文字集成「文字畫」，把文字從實用符號中全面解放出來，將詩詞、禪學義理融入其中，重新組合為具有生命與審美價值的文字圖畫。

圖案設計原理創作的「造型篆書」㉘，以及董陽孜營造磅礴氣勢的「造境書法」㉙等。

在這一波改革浪潮當中，意欲打破傳統章法、並按繪畫構圖原則以達戲劇般效果的女書家董陽孜，近年來尤其廣受平面媒體及藝文人士推崇。正如她在解嚴前夕為圓神出版社題寫龍應台《野火集》封面書名那紅色調彷彿火焰般的熾烈線條，延燒出台灣近數十年來難得一見、文藝圈、社會團體以及企業界交相競逐的「董陽孜現象」。

追溯這股書法熱潮，主要源自一九七三年五月間，董陽孜為林懷民首創台灣現代職業舞團題寫「雲門舞集」四字的一份美麗因緣，根據早年林清玄採訪描述：「雲門舞集振勢欲舞，與汲取中國傳統的磅礡大氣都在其中表露無遺」㉚，據聞當時這四個字曾帶來台灣年輕一代很大的震撼。

董陽孜作書如作畫，下筆嘗以繪畫性、設計性的造型思維經營畫面結構。其書寫姿態側重「用勢」，慣用氣勢奔放的字句，形成具有強烈裝飾性的視覺震撼。逯耀東挪借武俠小說神髓用以灌注個人感傷情懷而成驚世散文的

㉘—以中國文字為素材，將文字線條還原為三角形、方形、圓形、直線、曲線、圓點等造型要素，重新設計篆書的點畫線條、大小疏密、曲直方圓，以寫出不同於傳統又深具個人特色的篆書字體。

㉙—受到現代西方美學影響，逐漸將書法的書寫方式帶入繪畫意境的美學觀念，形成具有實驗性的現代書法。

㉚—林清玄，1982，〈老大意轉拙—董陽孜談書法〉，《在刀口上》，台北：時報文化。

《那漢子》一書，封面題署尤其彰顯豪邁激昂的字跡稟性，正是出自董氏手筆。

按封面所見，董陽孜筆下那墨漬淋漓有如蛟龍翻騰的書名題署，在設計者簡志忠的安排下，恰與黃色背景的套印鉛字構成了一組有節制的平衡對比。而此處從未具名所指的「那漢子」，既可視為作者本人的現實投影，亦可解作其好友唐文標、王曉波那一代讀書人的狂狷寫照。

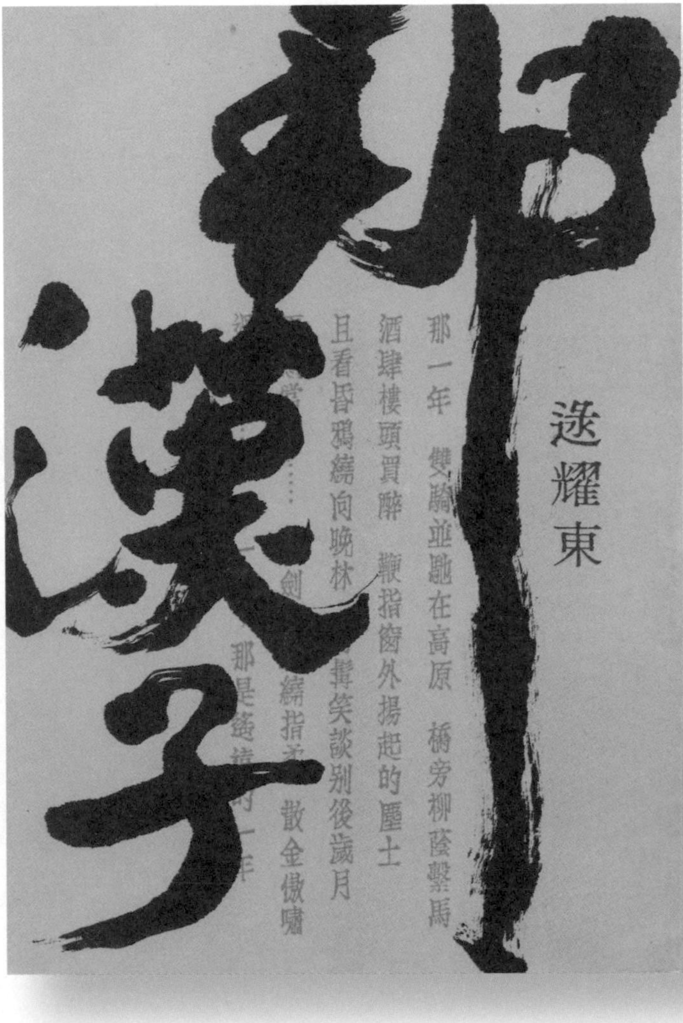

《那漢子》（小說）｜逯耀東著｜1986｜圓神出版社｜封面設計：簡志忠｜封面題字：董陽孜

「一般人以為寫字很容易，我寫字的時候，力量是從腳一直上來，全身的力量都用上了。」[31]董陽孜題字運筆之際，往往須立地而書，氣勢非凡。我始終認為，她那一手顯得異常劍拔弩張的筆勢勁道，其線條原型彷彿脫胎於「龍」，或者也可以說是潛意識當中淵源於華夏民族認同的另一種龍圖騰，大開大闔、風雲騰舞。

紙上信手塗鴉，如畫般恣意飛翔的線條乃是一種自由渴望，像天上的雲，人們手底下無窮無盡的想像力，總是會告訴你超脫現實羈絆的美妙之處。

因為筆落紙上的速度與形象，線條字跡本身即為書寫者提供了寄託意念情懷的無限空間。

關乎寫字一事，依賴的並非只有視覺，而是一種身體動作記憶（physical gestural memory）與視覺認知之

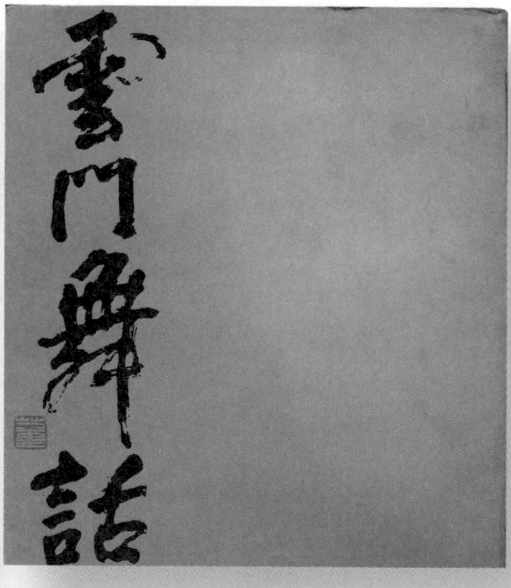

《雲門舞話》（傳記）｜林懷民等著｜1976｜遠流出版社｜封面題字：董陽孜

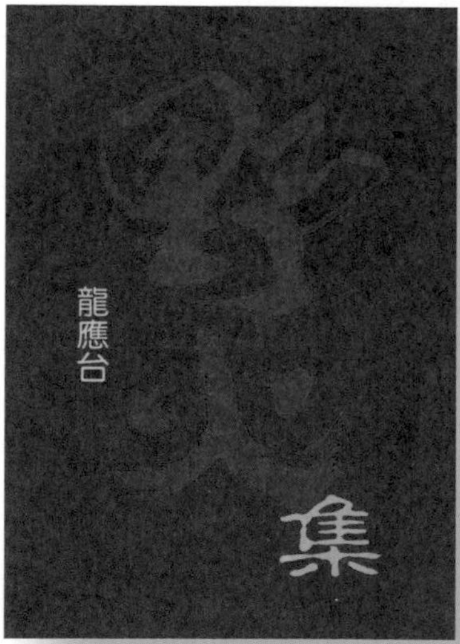

《野火集》（評論）｜龍應台著｜1985｜圓神出版社｜封面設計：簡志忠｜封面題字：董陽孜

同步融鑄，每個漢字都是在時間與空間座標中的一套線性動作，筆落紙上的形狀（即漢字）僅是反映這書寫動作的橫切畫面。

若以圖像造形論，漢字筆畫原本就由各種形狀不一的有機線條所構成。運筆書寫之動態過程展現為一種時空遨遊的紙上痕跡，其本身即蘊含生命流動感。寫字的姿態對作家來說，可好比為在肉身與精神上獨自鍛鍊的「文人之劍」。

念及於此，吳魯芹撰述《英美十六家》純以中西作家手書字跡排比的封面樣式可謂極其清爽雅致，難以想像僅只編派字體排列竟也可表現得如此耐看。

言談與文字，在同一人身上通常難能兩全。有的人善於閒談妙語、信手拈來皆有如坐春風之樂，有的人則長於周延思緒、殫精竭慮地經營筆下文采，大多常人僅能兼顧其一。然而品讀《英美十六家》所載作家訪談記，吳魯芹無疑兩者兼備。早在造訪行前，作者即已下足了準備功夫，遍讀熟稔各家著述新作，甚至直把自家書房稱「惡補齋」。一旦親臨現場，卻又經常兩手空空，不錄音，亦不記筆記，成了純粹愛好者的文學清談。

㉛—林清玄，1982，〈老大意轉拙—董陽孜談書法〉，《在刀口上》，台北：時報文化。

由《英美十六家》一書觀其言談所及，真讓人見識到吳魯芹那一代老派讀書人「厚積而薄發」的浸淫功底。細讀其訪文對話，總能讓自身語言獲取一點平衡養分的健康滋補，亦如汲取一口沒有污染的流水清泉。

人類往往藉由書寫來保存文化，無論書寫的內容是什麼，僅只「寫字」這件事其實就是一種單純抒發，每個人都是自己手跡的designer，從一筆一畫當中尋找樂趣和享受。無獨有偶，近代法國思想家羅蘭巴特同樣也特別講究「作家的寫作禮儀」，據聞他愛筆成癡，喜歡買各種筆，寫一篇文章總愛舊筆新筆換來、換去地寫。而對他始終最愛用的自來水筆，總覺得一管在握，鋒稜嶄然，毫髮無憾，意到筆到。

手握鉛筆（或毛筆）臨摹「寫字」本即一

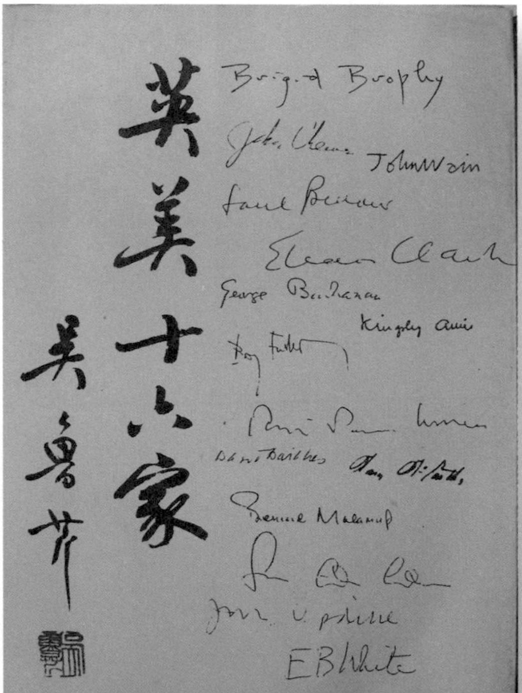

《英美十六家》（散文）｜吳魯芹著｜1981｜時報文化出版公司｜封面設計：李男｜封面題字：吳魯芹

種紙上探索筆畫奧秘的「召魂」，亦為古代文人雅士用以抒懷遣興乃至醞釀學問的修身之道，甚至以字跡優劣來品評人格高下。如今雖有些作家的字確實讓人不敢恭維，但在往後電腦寫作愈趨便利的時代，當下指尖輸入擊鍵就已是我們最為仰賴的提筆動作，誰也不會再去計較作家們的字跡如何，以及能否手寫得一手好字。

或許應該慶幸的是，當人們普遍丟失了書寫慾望、任憑電腦上的font字體選單成為你我手中僅有的唯一選項，屆時少數仍保留有親筆手稿的作家可就相形奇貨可居了！

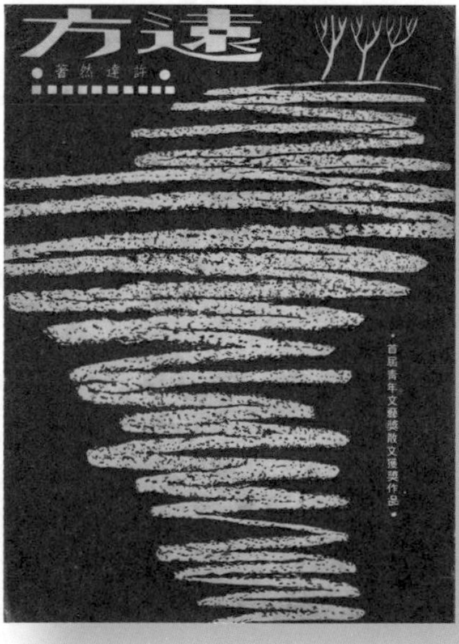

《遠方》（散文）｜許達然著｜1965｜大業書店｜封面設計：沈鎧｜

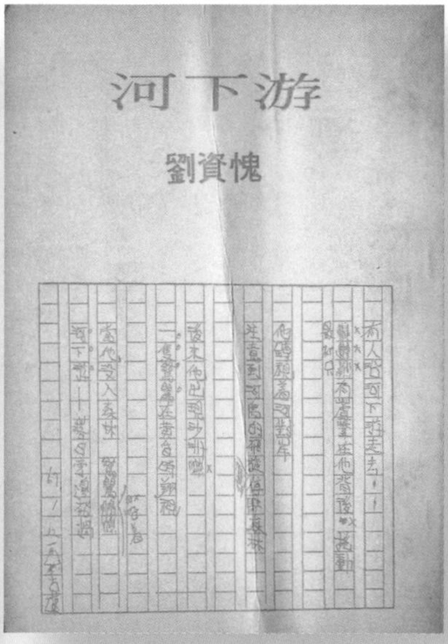

《河下游》（詩集）｜劉資愧（劉克襄）著｜1978｜德華出版社｜封面設計：劉資愧｜書影提供：何立民

形象化的漢字封面設計：前衛vs.傳統

漢字系統兼具符號與形象功能，其涵括的「語意性」與「繪畫性」兩者之間不斷地進行拉扯、爭衡，彼此相互制約而為不同藝術史觀的動態分合。

早在數千年前，古人即已深諳用各種自然景物來比擬漢字書法的形象美，如唐代孫過庭《書譜》有云：「觀夫懸針垂露之異，奔雷墜石之奇，鴻飛獸駭之姿，鸞舞蛇驚之態，絕岸頽峰之勢，臨危據槁之形；或重若崩雲，或輕如蟬翼；導之則泉注，頓之則山安；纖纖乎似初月之出天涯，落落乎猶眾星之列河漢。」尤其像是「狂草」書法那恍如驚蛇旋風、迴旋進退連綿不絕的線性造型，不僅讓秉觀抒情見性的古今文人們心嚮往之，更讓眾多現代設計師們陷入一種近乎無法自拔的視覺迷戀。

且自二十世紀以降，此一書寫傳統在五、六〇年代台灣現代主義藝術思潮激盪下，由於受到歐美「抽象表現主義」與「不定形繪畫」影響，乃開始趨於一種「形象的解放」。

《中國現代詩選》（詩集）｜張默、瘂弦主編｜1973｜創世紀詩社｜封面設計：顧重光

因之，當傳統書法面臨現代抽象繪畫衝擊時該要如何取捨？早年繪製《中國現代詩選》封面的畫家顧重光對此表示：「唯一的方法，是把書法字形整個破壞，而保留書法原有神韻和氣氛，這樣，材料是西方的，字的形象在破壞後產生整體性作用，便易使東西方藝術的優點融合在一起。」㉜

倘由《中國現代詩選》一書封面觀之，其造型設計主要著重描繪物像意態，似書非書、似畫非畫，不乏兼具西方版畫形體與東方筆墨逸趣的混雜（hybridity）性格，同時表達色塊厚度之「重」與水墨勾染之「輕」。類似手法，另在杜國清詩集《島與湖》看似身姿斜倚屹立巍峨的封面「笠」字，以及

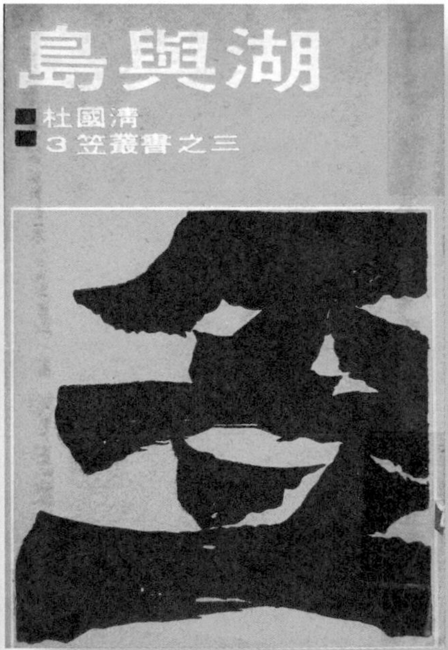

《島與湖》（詩集）｜杜國清著｜1965｜笠詩社｜
封面設計：龍思良

《泥濘》（小說）｜吳濁流著｜1971｜林白出版社｜
封面設計：佚名

吳濁流小說集《泥濘》封面，採用書名二字融入古典圖紋造形當中，則無疑同樣宣告著文字本身更朝向其「繪畫」特質靠攏，成為一種形象化的造型字體。

漢文字經過千年以上的書法家各種探索書寫，幾乎格式規範俱在，今人難以跳脫自古傳承的字體規範。

昔日為了開啟中西繪畫通往現代藝術的嶄新視野，「五月畫會」藝術家莊喆[33]嘗利用中國傳統書畫特有的用墨筆法與渲染技法，將之潛移默化植於西方現代繪畫形式中。針對書法與繪畫創作之間的關聯，他指出：「我分解字、再組合，然後將筆法融入山水空間，想找出面跟空間的關係……後來我又慢慢把字取消了，直接從比例跟結構來探討畫。」[34]

在過去那個貧窮卻可敬的年代，一干詩人畫家們皆秉持著「從關懷傳統創造現代出路」、「從反叛權威追尋人文自由」的共通理念，彼此之間相濡以沫、互勉激勵。當年《現代詩》、《創世紀》、《藍星》等詩社刊物經常刊介「五月」、「東方」諸子畫作，而「東方畫會」成員亦曾多次邀請《創世紀》同仁進入權充畫室的防空洞欣賞討論作品。

㉜—盧天炎，1998，〈東方精神的護旗者—顧重光（二）〉，「藝壇網路—文藝論壇」（http://art.network.com.tw/04Info/dicuss/main03.asp）

㉝—莊喆（1934- ），出生於北京，其父莊嚴為故宮博物院副院長。莊喆幼承庭訓，深受書法家父親影響，所謂耳濡目染，書法運筆及其字體變化也就自然成其藝術細胞的一部分。自師大美術系畢業後即為「五月畫會」重要成員，積極參與中國繪畫現代化運動，期能結合中國文人畫傳統與西方抽象表現主義精髓。

㉞—引自「公視—以藝術之名：2007.9.18藝術家訪談—莊喆」（http://www.pts.org.tw/~web02/artname/22-1.htm）

彼時書刊封面印行畫家作品，與其說是專業美術設計的委託關係，實際上毋寧更為接近某種革命夥伴間的友情贊助，甚至就像莊喆一度致予詩友洛夫㉟表示「等出版後我願將那張畫送你」㊱，舉凡洛夫詩集《石室之死亡》、羅門㊲詩集《第九日的底流》與評論文集《現代人的悲劇精神與現代詩人》等，封面設計皆以莊喆筆下一幅抽象水墨畫作為題。畫面中，莊喆運用傳統書法的恣意筆觸揮灑，背景的白和黝鬱沉重的黑線條彼此交融，在時間和空間中穿梭產生流動效果，流瀉出潛隱內斂、氣勢磅礴的靈動墨韻。

《石室之死亡》（詩集）｜洛夫著｜1965｜創世紀詩社｜封面設計：莊喆

㉟—洛夫（1928-），本名莫洛夫，生於湖南衡陽，十九歲入湖南大學外文系。一九四九年來台，入台灣淡江大學外文系。一九五二年開始在台發表詩作。一九五四年在海軍服役，與詩友張默、瘂弦等人創辦「創世紀」詩社。洛夫早年為一超現實主義詩人，表現手法近乎魔幻，被譽為「詩魔」。

㊱—莊喆，1969，〈論藝書信五封〉，《現代詩人書簡集》，台中：普天。

㊲—羅門（1928-），原名韓仁存，生於海南文昌，十二歲進空軍幼年學校，後就讀空軍官校，來台灣後入民航局工作。一九五四年結識女詩人蓉子，開始於《現代詩刊》發表第一首詩，自此展開創作生涯。歷任「藍星詩社」社長、「世界華文詩人協會」會長、國家文藝獎評審委員等，創作文類以詩為主，兼及藝術評論及散文。

㊳—將文字雙勾成空心字，然後在其中填加花卉、鳥獸和人物等圖案。

面對不可說的人生，過去在貧乏與困頓環境下成長的這些詩人與畫家們往往不避抽象詩澀，毅然向宿命的深沉窺探，作品中便不禁油然而生一股荒原孤寂之中冷看紅塵、斬荊闢野的豁然大氣。

另一方面，除卻當年「西風壓倒東風」的時代潮流之外，追溯中國民間傳統藝術體系，漢字形象自古即已被廣泛應用於日常生活中。歷代手工匠人透過各種意匠巧思，將歷史典故、裝飾圖像加入文字背景而成所謂「民間美術字」，其作品大多表現在傳統廟宇、窗櫺、刺繡、家具及其他用品上。大陸民俗學者張道一在《美哉漢字》（1996，漢聲出版社）一書將各種常見的民間美術字大致區分為填加字[38]、添飾字[39]、組畫成字[40]、組字成畫[41]、巧借筆畫[42]、嵌畫字[43]、複合字[44]、板書[45]等八類。

論及中國傳統民間美術的造型字體，其性質可類

《第九日的底流》（詩集）｜羅門著｜1963｜創世紀詩社｜封面設計：莊喆

《現代人的悲劇精神與現代詩人》（評論）｜羅門著｜1964｜藍星詩社｜封面設計：莊喆

《荒原》（小說）｜司馬中原著｜1973｜皇冠出版社｜封面設計：張國雄

關乎手書字體的形象化，嘗用以展現相對應的敘事文本。以司馬中原發表第一部長篇小說《荒原》而論，其內容情節主要描述中國對日抗戰勝利前後，一群良善農民在烽火兵燹中抗暴求生的土地史詩。重新刊行的「皇冠版」封面書寫著「荒原」的古樸篆字線條猶似白河汛泛，在亂世夕照下，靠近洪澤湖畔一望無際的赭紅草原餘燼烽火當中，自有平凡農家堅毅求生的蒼茫力道。

《回想》（小說）｜金杏枝著｜1963｜
文化圖書公司｜封面設計：廖未林

《苦酒》（小說）｜尹雪曼著｜1959｜
大業書店｜封面設計：廖未林｜

比於西方設計領域的「字文設計」（typography）。該詞彙源自古希臘文，意指以字體作為主要構成題材的設計表現，融合了印刷文字（type）與圖像（graphic）等複合意義而將之象徵化或具體化。

末若近代歐美與日本設計家對於漢字形象的著迷探究，早年台灣書刊封面以字體轉化為造型主題者並不多，比如廖未林設計的金杏枝長篇小說《回想》一書封面，書名「回」字即以「嵌畫字」形式，採「畫嵌字中」手法在字體空隙填充人臉圖像。

類似的技巧，在尹雪曼小說《苦酒》封面則另以「字嵌畫中」形式，將書名二字填入酒杯兩旁的色塊斷縫內而成一整體圖像。被包夾於深藍酒杯以及赭紅色塊之間，彷彿將鬱悶一口苦吞下肚，「苦酒」二字的弦外意韻也就愈發深遠了。

無論是「字嵌畫中」或「畫嵌字中」，設計家廖未林偏好矩形塊面的整體構圖，以及感官強烈的顏色配比，咸與民間美術的傳統調性迴然不同，脫離了原始繁複的圖案裝飾，而較趨於一種構圖簡潔的現代風貌。

㊴—即在文字的某個筆畫上，加飾花卉、鳥蟲之類，古敗的鳥篆便屬於此類。有些板書，也採用這種手法。

㊵—將有關的形式的形象巧畫成某一筆畫，互相組合起來，有的在內容上相呼應。

㊶—將一個成語或一個單句，使筆畫有所變化，巧妙連接組合，構成一個人物的形像，如魁星、鍾馗、壽星等。

㊷—根據一個成語每個字的筆畫結構特點，使某些筆畫相互借用排列。如年節春畫常見的「黃金萬兩」、明代錢幣鑄刻的「唯吾知足」。

㊸—多以一字為主，嵌進其他有關的寓意形象。如在福字內嵌以壽星騎鹿，構成了「福祿壽」的吉語內容。

㊹—如將兩個喜字並列複合，成為雙喜，形成結構緊湊，寓意內容吉祥。如篆文「壽」字、八吉和連續性的「卍」字流水等。

㊺—以特製的工具所半寫半畫的字體。這種工具多用木片、竹片或皮革製成的。

解構與創生——朝向「自由文字」的圖像思考

當許多經過設計羅列的文字形成另一種圖像時，它便含有文字語言和圖像語言的雙重意義。

西方近代印刷史上最早將「文字」作為視覺要素廣泛運用的開創者，源自二十世紀初期義大利的「未來主義」㊻（Futurism），起初原為一場的文學運動，爾後迅速蔓延滲透至美術、音樂、戲劇、電影、攝影等各領域。

自從十五世紀古騰堡（Johannes Gutenberg）以金屬活字印刷術製作出全世界第一本《古騰堡聖經》以來，版面設計大多遵循著一種嚴格的橫豎結構。然而，以義大利馬利內提（Marinetti）為首的未來派詩人們卻認為，當時的語言、文法及句法並沒有持續發展的特殊意義，新時代的語言不應該受限制，而主張以完全自由的方式取代。於是，他們揚棄傳統古典的版式規則，大量使用非直線的、動態的整體構圖，透過大小、形狀、顏色、方向殊異的印刷字體來表現詩意，製造出一種活潑自由的視覺感受，是為「自由文字」

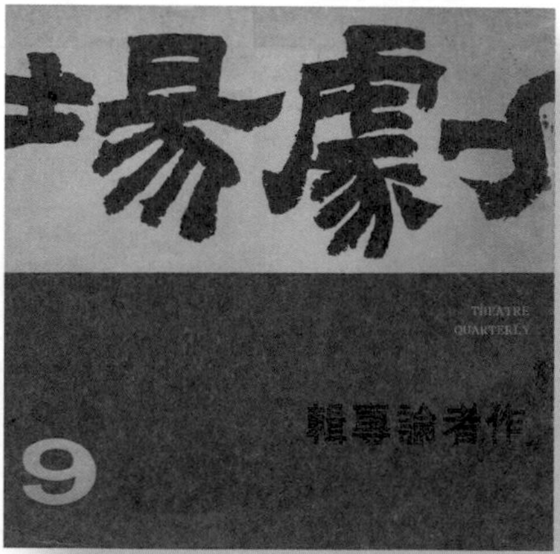

《劇場》（第九期）｜1966｜
劇場雜誌社｜
封面題字：張隆延｜
封面設計：黃成（黃華成）｜

（word in freedom）。

於此，在「自由文字」界定下，文字序列本身便不再只是表達媒介內容的工具，而是一種可以自由安排構成的視覺造型要素。

早年台灣書籍裝幀大多重視插圖與攝影主題，相對往往較為忽略字體與文字編排的「字文設計」（typography）。六〇年代出身師大藝術系的黃華成，以及稍晚同一時期畢業於國立藝專的廣告設計家郭承豐兩人，可說是戰後台灣設計界最早關注漢字造型特性、並以一系列平面設計作品付諸實踐的少數先行者。

延續五〇年代現代繪畫運動標舉的實驗精神，進入六〇年代後，伴隨著西方存在主義與荒謬劇場思想的傳入，以及法國電影新浪潮的啟發，陳耀圻、邱剛健、陳映真、黃華成、李至善、劉大任等一干年輕藝術家，在因緣際會下遂決心聯手創辦《劇場》季刊㊼。他們自恃走在時代尖端，或嘗試舞台劇、或拍攝實驗短片，毅然將各派前衛理論付諸實際行動。

㊻—一九〇九年，當整個歐洲文藝界仍沉浸在十九世紀末的頹廢遺風之際，義大利詩人馬利內提（F. T. Marinetti, 1878-1944）於法國《費加洛日報》（*Le Figaro*）發表「未來主義宣言」（The Founding and Manifasto of Futurism），文中致力於發掘文字表現為圖像、聲音、動作與記憶的各種可能性，透過一種看似無序混亂的自由編排方式，力圖表達更為複雜的思想觀念。所謂「未來主義」（Futurism）就此誕生。

㊼—從一九六五年元月創刊到一九六六年十二月停刊，《劇場》季刊共發行九期，分為三種不同版面開本，其中前八期（第七、八期是合訂本）均由黃華成負責設計編輯。刊物內容主要以專題方式引介當時歐美、日本等地難能得見的前衛導演（如費里尼、高達、安東尼奧尼）電影劇本及其相關創作評論，也介紹貝克特《等待果陀》的現代荒謬劇，甚至也有現代音樂先鋒的約翰·凱吉作品等。

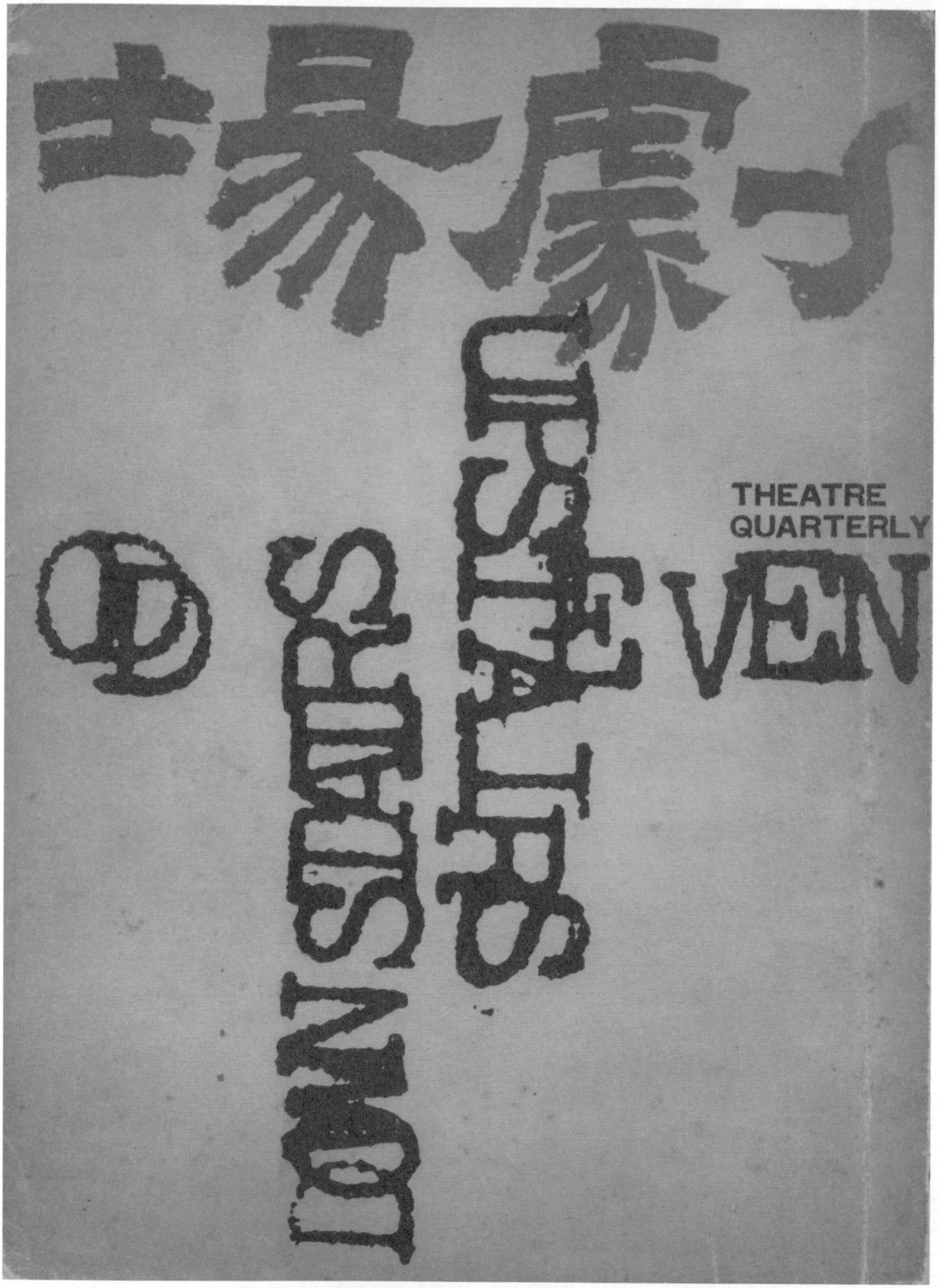

《劇場》（創刊號）｜1965｜劇場雜誌社｜封面題字：張隆延｜封面設計：黃成（黃華成）｜書影提供：莊靈

《劇場》（第五期）｜1965｜劇場雜誌社｜封面設計：黃成（黃華成）｜書影提供：莊靈

《劇場》（第七期）｜1967｜劇場雜誌社｜封面設計：黃成（黃華成）｜書影提供：莊靈

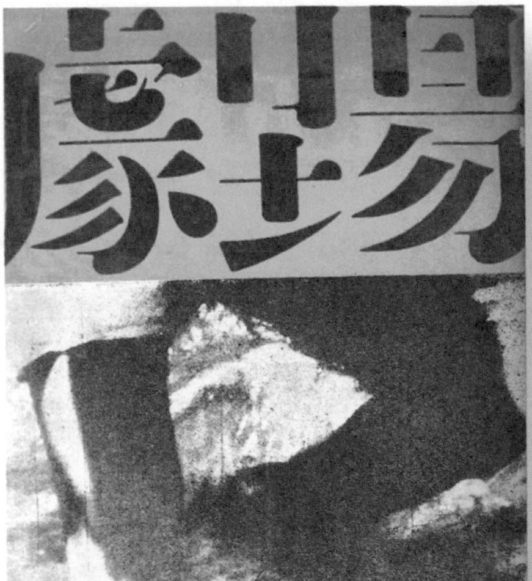

《劇場》（第六期）｜1966｜劇場雜誌社｜封面設計：黃成（黃華成）｜書影提供：莊靈

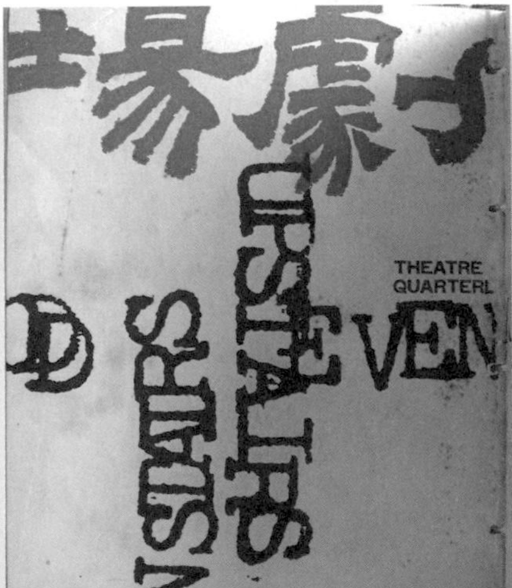

《劇場》（第二期）｜1965｜劇場雜誌社｜封面設計：黃成（黃華成）｜書影提供：莊靈

比起同一時期志文出版社「新潮文庫」的細水長流、風光多年，《劇場》季刊從形式到內容編排都顯得極為曲高和寡。它在六〇年代台灣的面世，或許正如資深影評人李幼新所形容：既像單打獨鬥的異端另類，只此一家，別無分號，又似乎正巧或是有意無意間跟《現代文學》、《文星》、「新潮文庫」叢書有所呼應。

對於早期熱愛藝術電影的文藝青年來說，《劇場》季刊的重要性幾乎等同另一種聖經，在那影藝資訊封閉的黑暗時代供人窺探外界一絲曙光。「當年，我反覆熟讀《劇場》裡介紹，不可能到台灣來放映的電影」，畫家奚淞回憶：「哪！像《去年在馬倫巴》、《廣島之戀》、羅布格利葉和馬格麗特杜拉寫的電影腳本等，我都能熟極而流，好像真的看過了一樣的深深崇拜著。」㊽

然而有趣的是，隔了六、七年後，當他前往法國留學，坐在巴黎電影院裡親眼看到了《去年在馬倫巴》、《廣島之戀》這些昔日曾在《劇場》季刊介紹過的「經典名片」，奚淞本人卻直感到它們竟如此沉悶無趣，一點也沒有《劇場》裡的文字好看。

㊽—奚淞，1987，〈在電影院裏〉，《姆媽，看這片繁花》，台北：爾雅，頁173。

去年在馬倫巴
LAST YEAR AT MARIENBAD
英譯者 RICHARD HOWARD 中譯者 王楨和●戴安平

故人
港譯
John Russell Taylor
火光譯

《劇場》季刊版面標題設計

於此，早年《劇場》季刊的存在，實可比擬為默片無聲電影時代的精采說書人，眼前無法得見的現實影像，便交由口語文字想像來填補。

承襲自歐陸超現實主義美學的「自由文字」意念，黃華成可謂戰後台灣掀起平面文字設計革命概念的第一人。在《劇場》季刊版面編排上，常見他將文字任意重組而生成嶄新的視覺意象。例如創刊號封面以翻轉英文鉛字「DOWN STAIRS」、「UP STAIRS」的橫向排比，用來指涉劇場與人生舞台躍升殞落的抽象意旨。而自第四期開始，他更將封面刊名的「刀」部與「土」兩字部首合併上下排列，塑造出一種既陌生又熟悉、具有解構美學意味的版面效果。

此外，黃華成也開始嘗試將英文字母合併為中文字體的造型實驗，把筆名「BX」兩英文字緊貼一起，便化作了中文「成」字。

整體而論，《劇場》版面設計就像是作家柏楊筆下〈打翻鉛字架〉[49]短篇小說的真實寫照：由內而外任意倒錯左右顛覆的鉛字遊戲彷若頑童般，突破了字體筆畫的束縛，既帶有神秘色彩，又隱含抽象意義，總讓我聯想到源自

㊾—作家柏楊曾於一九八七年出版一部短篇小說，其寓意在於譏諷當時的社會百態，書裡最後一篇標題就叫〈打翻鉛字架〉。該篇內容主要描述有一位新詩詩人寫了一本詩集，拿到印刷廠付印，鉛字房排好版正待印刷，詩人來說要加一頁獻詞，要把這本詩集獻給一位小姐，鉛字房工頭一看，那位小姐正是他的老婆，一怒之下跟詩人扭打成一團，把鉛字架與排好的詩集全部打翻，打過之後詩集仍要如期印刷出版，工頭情急之下，叫工人亂抓鉛字排成詩的格式，就拿到機房印刷，沒想到詩集出版之後大獲好評，被讀者們認為是新潮鉅著。

Dick Higgins
LA NOTTE
ALAN LEVY
Brenda Davis
火光譯
李信賢譯註
FRANCOIS TRUFFAUT
Témoignages
THE LONELINESS OF THE LONG DISTANCE RUNNER
COLIN YOUNG
好萊塢戰爭電影中

《劇場》季刊版面標題設計

先民「文字崇拜」如巫符般的符籙文書。

當年《劇場》季刊所處的時代，正逢台灣鄉土寫實與抽象前衛兩種意識型態主流之間交折緩衝的過渡期。社會上普遍存在著從西方文化理論尋求寄託、企圖超越現實的知識氛圍，自詡前衛的青年們莫不讀捧《存在主義》、《查拉圖斯特拉如是說》等勉強自己吞下的晦澀之書，看著《去年在馬倫巴》、《廣島之戀》這些或許對他們來說根本不知所云的藝術電影，將之視為一種競逐知識殿堂的時尚閱讀。

歷史上被視為天才的獨行者，總像是流星一般短暫而燦爛。雖僅短短兩年共九期的一份刊物，卻造就了後人至今仍難以踰越的設計美學標竿。就在《劇場》季刊結束後，以電影為畢生職志的黃華成隨即應邵氏公司之聘，前往香港圓滿其對電影製作的憧憬。

緊接在《劇場》結束後，另一份同樣讓人驚豔的《設計家》雜誌㊿赫然登場。郭承豐，一位初出茅廬憤世驚俗的青年設計家毅然投身辦刊作先鋒，造就了台灣設計史上的里程碑。

㊿—從一九六七年七月發刊至一九六九年四月停刊為止，郭承豐與好友李南衡、戴一義等三人聯手經營的《設計家》共發行了十期。作為戰後台灣第一本現代化的設計專刊，《設計家》雜誌首度將德國藝術與建築學校「包浩斯」（Bauhaus，存於一九一九年至一九三三年間）理念引進島內，並曾多次舉辦「設計家座談會」與「設計家大展」，對於推動台灣設計產業具有重要影響。

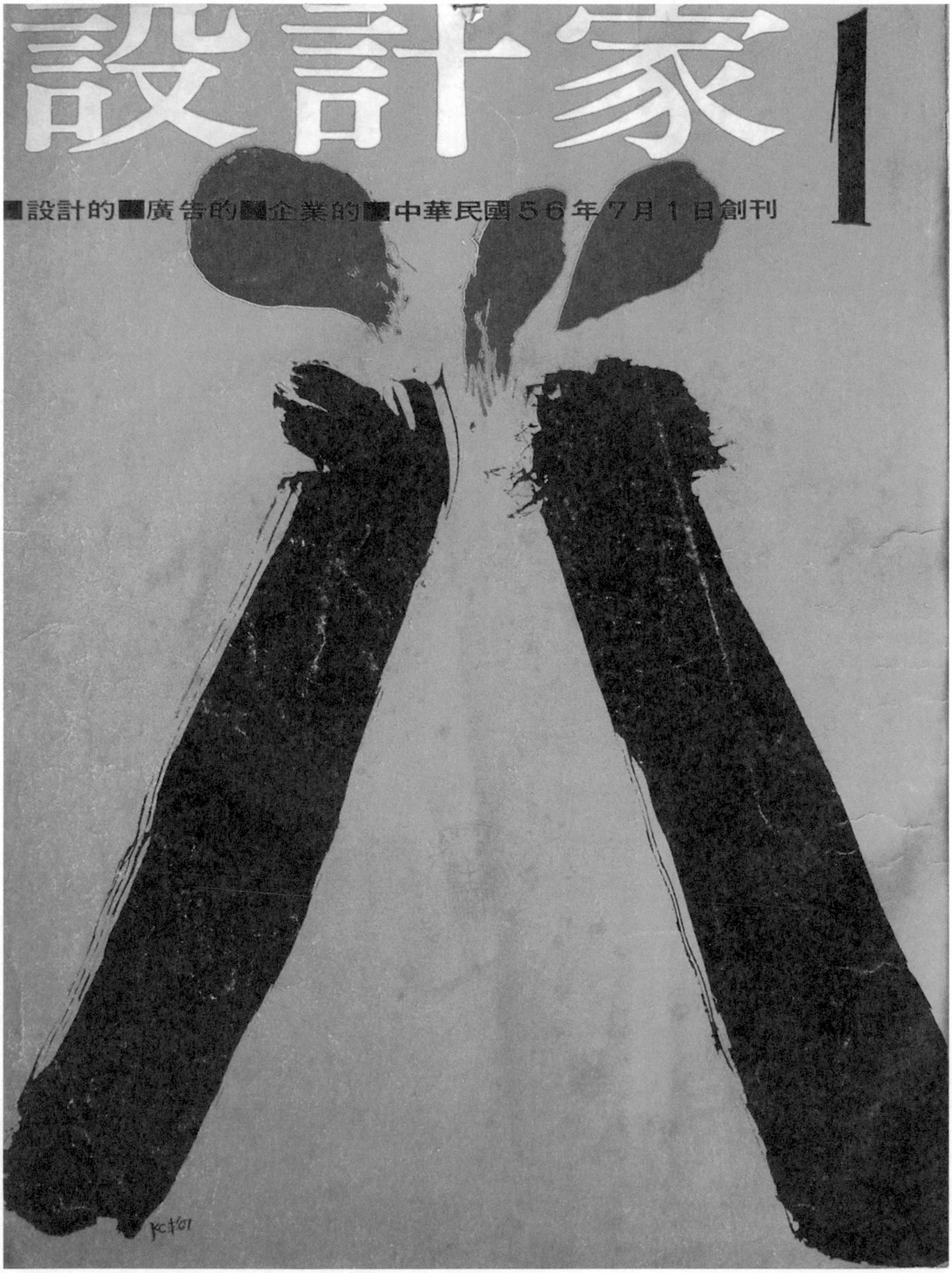

《設計家》（創刊號）｜1967｜設計家雜誌社｜封面設計：郭承豐

《設計家》創刊號封面由郭承豐繪製，畫面中運用了傳統書家筆法，包括上方筆鋒成點、左斜撇畫及右下斜捺等單一元素，重新解構配置而成一組不具任何文字意義的抽象線條，從自身傳統元素出發而企圖跨越傳統，頗具一番開創現代設計事業的新氣象。

回想起學生時代師從漫畫家牛哥習畫的種種過程，當年家境並不富裕的郭承豐總是滿懷感激：「有一天，牛哥老師叫我畫一本小說的插畫，給了我一

刊登於1971年6月《讀書人》（休刊號）的「郭承豐設計事務所」廣告

仟元的稿費，在那時對我來說可是天大數目。當晚我興奮地帶回家交給了母親，心裡想我終於可以靠畫畫賺了第一筆錢，讓辛苦的母親可以補貼家用。年輕在學畫時，沉默寡言，也不會向牛哥老師表達感謝之意，但內心一直是深深記得的。」[51]

待藝專畢業後當完兵，郭承豐隨即進入國華廣告公司工作，也把漫畫的概念融入作品中。然而，工作未久即不滿於現實環境的他，便偕同好友出走創立「設計事務所」並籌辦《設計家》刊物，他在首期發刊辭上宣稱：「藝專三年，幾被開除，那時的課程和教授方法鴉鴉烏。那是現階段代表中國設計教育最高的學府。學校畢業當兵時，渴望美術設計實際工作，如渴望神之工作，幹了一年廣告公司設計員，神的塑像幻滅。最大的廣告公司居然如是，於是決心出來辦本雜誌替設計家舒口氣。」[52]

當年曾參與「設計家座談會」的現代畫家龍思良，由於受到郭承豐的觀念影響，不僅親自協助《設計家》刊物進行撰稿、美編及攝影工作，在封面設計上也開始出現有別於過去著重手繪插圖，而嘗試以字文結構為主題的裝幀風貌。

[51]—李馮娜妮（牛嫂）主編，1998，〈牛哥——我尊稱他為中國漫畫之父／郭承豐〉，《牛哥紀念集》，北市：牛哥漫畫文教基金會籌備處。
[52]—郭承豐，1967，〈說〉，《設計家》雜誌創刊號。

比如自一九六八年發行、余光中主編的「近代文學譯叢」系列共九冊，龍思良即以英文縮寫M、L、T、S（Modern Literature Translation Series）排比於書背之間橫跨封面封底，整體設計構圖純由中英字體組構而成，猶如一組木楔彼此相嵌，遊走於對稱與不對稱之間，封底則穿插作者肖像，頗具前衛時尚感。

同年（一九六八），「蘭開書局」負責人賴石萬仿四十開「文庫本」形式委請鍾肇政編纂「蘭開文叢」，首批系列作品包括彭歌《小小說寫作》、葉石濤《葫蘆巷春夢》、鄭清文《故事》、鍾肇政《沉淪》上下冊等，封面裝幀亦協請龍思良設計，畫面中使用幾何色塊構成「蘭」字中間去「柬」以喻「蘭開」之意。

「對我來講，字是用畫的，我最喜歡寫像枯藤老樹昏鴉、古道西風瘦馬這類含有視覺意境的詩詞文字，它裡面包含有某種造型，變成是在畫字。」[53]在龍思良看來，使用漢字來作設計，簡直可說是另一種插圖，只是它缺少圖畫主角的眼睛鼻子而已。

我暗自以為，那其實根本就是龍思良童心大發，透過封面字體操演著類似

---

[53]——2007.10.13，龍思良訪談。

《英美現代詩選》（詩集）｜余光中編譯｜1968｜台灣學生書局｜封面設計：龍思良

《小小說寫作》（論述）｜彭歌著｜1968｜蘭開書局｜封面設計：龍思良｜書影提供：舊香居

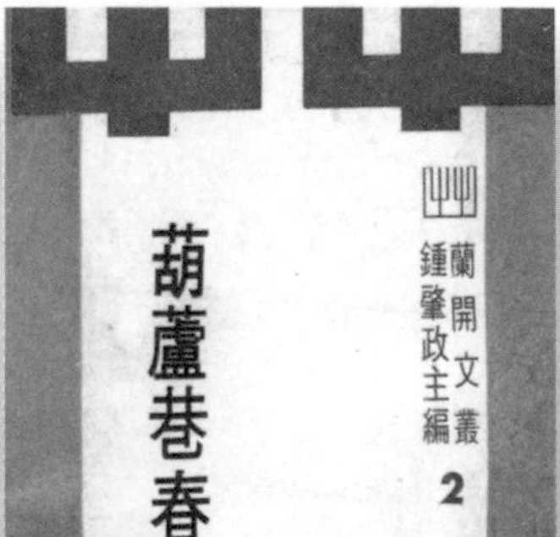

《葫蘆巷春夢》（小說）｜葉石濤著｜1968｜蘭開書局｜封面設計：龍思良

《笠》（第12期）｜黃騰輝發行｜
1966｜笠詩刊社｜封面設計：白萩

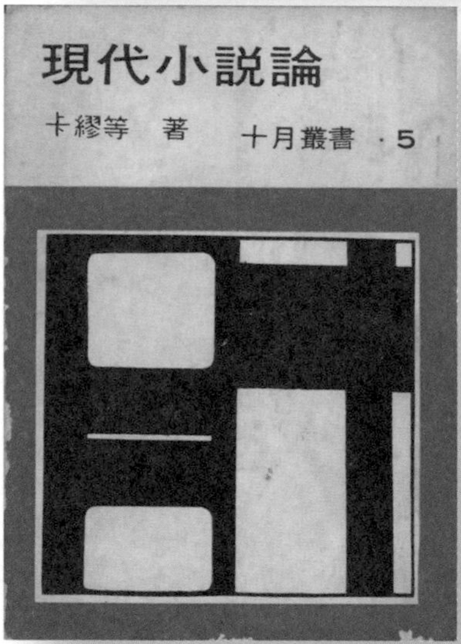

《現代小說論》（評論）｜卡謬等著｜1969｜
十月出版社｜封面設計：姚慶章｜
書影提供：舊香居

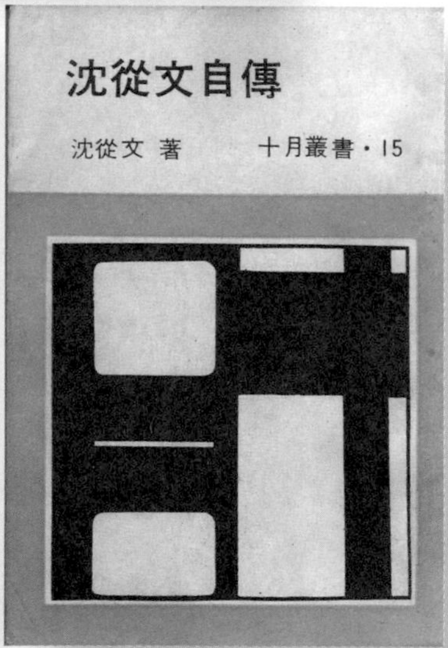

《沈從文自傳》（傳記）｜沈從文著｜
1969｜十月出版社｜封面設計：姚慶章｜
書影提供：舊香居

坊間七巧版的拼字遊戲。

同樣咸以漢字造型變化為基礎，詩人白萩設計《笠》詩刊第十二期封面的三角形「笠」字以及畫家姚慶章（1941-2000）設計「十月叢書」系列封面字樣，則毋寧更趨近於「中文字體羅馬化」的純粹西方幾何造型。

闡述漢字體系以形象為根基的圖像特質，上世紀三〇年代文學作家魯迅早在〈且介亭雜文—門外文談〉指出：「寫字就是畫畫。」在造型上，方塊漢字講究平穩方正，筆畫形體以橫豎平直為宗，偶爾當撇捺出現時也須極力對重心做出調整，務使字體對稱保持均衡。

相較於黃華成在《劇場》季刊版面恣意

在設計上，所謂「中文字體羅馬化」即以矩形、圓形和三角形當作造型基本元素，將原本筆畫繁複的中文字體簡化成為類似羅馬拼音文字結構的幾何圖像。該圖為台灣前輩設計家廖未林早年以二十六個英文字母做造型練習的圖案裝飾畫作，題曰「組合」（combination,1972）。

驅使「自由文字」意念而塑造出顛倒世俗、趨近解構的鉛字形象，《設計家》雜誌創辦人郭承豐在「長春藤書系」封面設計當中則試圖將文字符號回歸到傳統平穩方正的構圖格局，卻更多瀰漫著神秘主義者信仰原始符號與純粹色彩的崇拜意志。

俯瞰半世紀以來，數以萬計僑居東南亞各地的華人青年負笈台灣，他們身處美蘇冷戰與台海對峙的變幻時局中，卻在異鄉台灣找到了文化歸屬，從邊緣到核心，意外地成了宣揚中華文化的生命載體。

時值一九七一年，「環宇出版社」發行人陳達弘委請當時俱為從香港來台求學的青年僑生何步正[54]、鄭臻[55]主編「長春藤書系」。彼時幾乎為香港僑生群聚的「長春藤書系」，主要包含「長春藤文學叢刊」與「長春藤文庫」兩大分支。其中，由鄭臻主導的「長春藤文學叢刊」共九冊，專門譯介外國文學作品，特別在翻譯題材上，力圖有別於冷戰時期「美國新聞處」透過《今日世界》機構移植台灣以英美現代主義為宗的主流文學，取而代之觀照第三世界拉丁美洲以及德國、義大利等當時仍未被台灣注重的歐洲文學。綜觀其編選取材，至今猶可感受當年這群文學青年展望國際文壇的秀異眼光。

---

[54]—何步正早先為「海洋詩社」成員，鄧維楨於一九六八年創辦《大學雜誌》之際，甫就讀台大經濟系一年級的他即已擔任該刊總編輯。

[55]—鄭臻，即文學理論家鄭樹森，六〇年代學生時期曾參與《現代文學》、《文學季刊》等編務。

《當代拉丁美洲小說選》（小說）｜
梁秉鈞譯｜1972｜環宇出版社｜
封面設計：郭承豐

《皮藍德羅小說選》（小說）｜
鄭菁蘭譯｜1972｜環宇出版社｜
封面設計：郭承豐

《當代德國小說選》（小說）｜
陳慧樺、袁則難、鄭臻等譯｜1971｜
環宇出版社｜封面設計：郭承豐

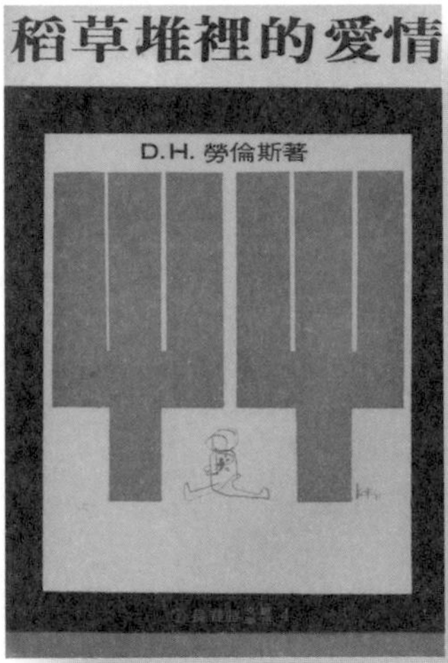

《稻草堆裡的愛情》（小說）｜
D.H.勞倫斯著、葉維廉等譯｜1971｜
環宇出版社｜封面設計：郭承豐

《風向球》（評論）｜梁秉鈞譯｜
1972｜環宇出版社｜封面設計：郭承豐

《嘔吐》（小說）｜
沙特著、吳而斌譯｜1971｜
環宇出版社｜封面設計：郭承豐

此外，由《大學雜誌》健將何步正主事的「長春藤文庫」亦不遑多讓，全書系凡十六冊同時兼顧本土論述與近代西方學理譯著，主要有陳祖文《譯詩的理論與實踐》、龔忠武《學而集》，蘇中南翻譯波蘭學者布林諾夫斯基（Jacob Bronowski,1908-1974）《人的認同》，以及林心智翻譯弗洛姆（Erich Fromm,1900-1980）《論佛洛以德》與《希望的革命》等。

整個大環境所縈繞的時代氛圍，不惟影響當代人們思索生命意義的概念思維，同時更具體牽連所謂圖書裝幀的設計型態。

回顧整個戰後六〇年代，正值西方資本主義遭逢重大轉折、歐美青年高舉造反旗幟方興未艾之際，此後甫由香港青年僑生譯介引入台灣的這套「長春藤書系」，其背後反映的，正是當時西方社會普遍面臨人性價值破滅、亟待尋找未來希望寄託的某種時代精神。

尤其對於當時看待拉丁美洲文學仍相當陌生的大多數台灣讀者來說，七〇年代「長春藤書系」選題首度融合魔幻寫實、嚴肅議題和現代政治，且挑戰

《希望的革命》（論述）｜
弗洛姆著、林心智譯｜1971｜
環宇出版社｜封面設計：郭承豐

《人的認同》（論述）｜
布林諾夫斯基著、蘇中南譯｜1971｜
環宇出版社｜封面設計：郭承豐

《譯詩的理論與實踐》（論述）｜
陳祖文著｜1971｜環宇出版社｜
封面設計：郭承豐

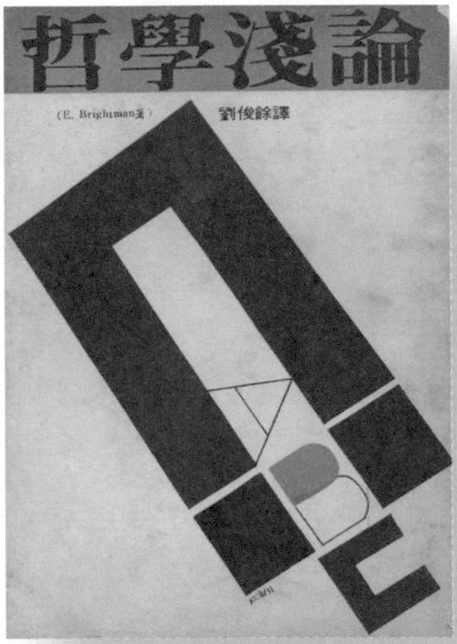

《哲學淺論》（論述）｜
柏特曼著、劉俊餘譯｜1971｜
環宇出版社｜封面設計：郭承豐

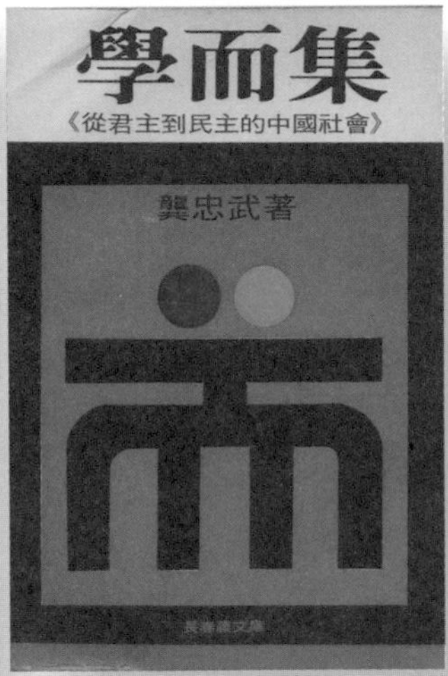

《學而集》（論述）｜龔忠武著｜
1971｜環宇出版社｜封面設計：郭承豐

《論佛洛以德》（論述）｜
弗洛姆著 、林心智譯｜1971｜
環宇出版社｜封面設計：郭承豐

了野蠻和文明界線，其所帶來開拓閱讀視野的種種震撼既新潮又強烈，簡直讓人領略到一個截然不同於歐美現代國度的奇幻「異世界」。

因之，不難想見「長春藤文庫」與「長春藤文學叢刊」書系封面設計帶有些許奇幻風味、彷彿源自歐洲中古世紀「紋章學」[56]糾纏於神秘主義圖騰崇拜的造型旨趣，或許正是當年郭承豐之所以採取單純原始符號為創作主題、並嘗試留下與大時代對話的美學足跡。

漢字形體的解構與破壞，為的是從中獲取另一種重新體察世界的觀點。

法國哲學家德希達（Jacques Derrida,1930-2004）曾在解構理論代表作《論文字學》一書高度推崇漢字文化。為了摧毀言語中心論，德希達從非西方民族的非拼音文字中尋找證據，並且試圖由中國文字探求解構的蹤跡。

針對文字本身進行解構顛覆，六〇年代中期在台灣現代文壇進行探索書寫的詩人余光中即宣稱：「我真的想在中國文字的風火爐中，煉出一顆丹來。我嘗試把中國的文字壓縮、搥扁、拉長、磨利，把它拆開又併攏，折來且疊

56—紋章學（heraldry），西方一門透過紋章徽飾來研究有關遺產、展示和封賜的學術。紋章最初以旗徽型態出現，據傳誕生於中世紀歐洲比武大會與戰場上，騎士全身披掛，全靠盾牌上的紋章才得以識別。通過無休止的戰鬥，某些紋章逐漸累積相當聲望，人們開始在自己的家族房屋上使用這些紋章以表明自己的身分，而後陸續延伸為軍隊、機關團體和公司企業的世襲或繼承標記來使用。從裝飾要素的角度來看，紋章的基本形式是盾，而其基本功能卻是辨識。

57—余光中，1965，〈後記〉，《逍遙集》，台北：文星書店。

去，為了試驗它的速度、密度、彈性[57]」。

此處若將余光中意欲革新文字語法的實驗宣言轉換為圖像思考，其實亦可解作另一種視覺語彙上的「誤讀」：把文字「融入」畫面的各種幾何圖形中，依形狀變化而將字體的大小、粗細、形式、排列做不同程度的扭轉、變形。

解構型態的字文設計，除了隱含著不願向主流當道妥協的革命精神外，一旦落實在設計操作上，更須得兼具彷彿純真孩童般的遊戲心境。比方以莫言小說《酒國》封面為例，設計師李男只把一個酒字拆來玩，用了鉛印字體跟傳統書法意象來整合。另在他設計《流光拋影》一書當中，為了重現那時光流逝的感覺，便特地將那「流」字的一邊取下、分離、錯開，或如黃碧端《有風初起》封面採類似搓揉

《酒國》（小說）｜莫言著｜1993｜洪範書店｜
封面設計：李男

疊印的不同深淺墨色，用以呈現文字形體的摺紋質感，整個操作過程乃因此不斷嘗試各種文字結構樣態而變得極其有趣。

古今藝術界恆常流傳這麼一句話：「反璞歸真」，意味著讓飽經世故洗練的文明心靈回歸至孩童般與生俱來的心境原點。當人們識盡現實人世醜惡、從而捨棄舊有知識技巧帶來的社會化束縛之後，往往才發現最動人的創作竟是根基於兒童本能的單純及天真。

回顧上世紀九〇年代期間，大陸藝術家徐冰嘗以字體部件重新組構成「假漢字」而在歐美藝術界聲名大噪，當時曾有不少評論家採用德希達的解構主義來分析其創作。然而在一處公開演講場合上，徐冰予以應答曰：「當時並沒有讀過德希達的理論。」

如果讀了，我想，也許創作出來的就是別的作品了。

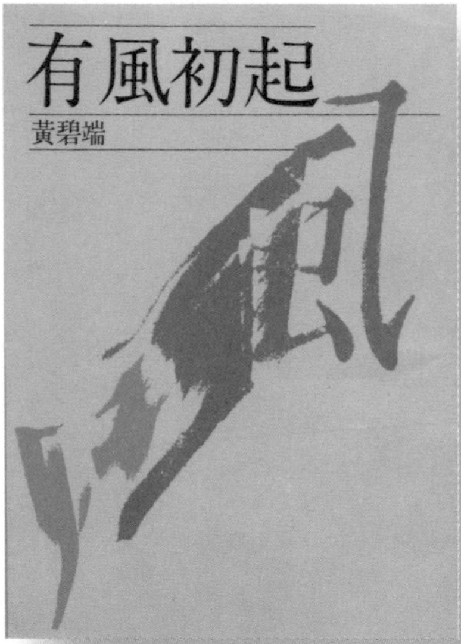

《有風初起》（散文）｜黃碧端著｜1988｜洪範書店｜封面設計：李男

《流光拋影》（散文）｜莊信正著｜1993｜九歌出版社｜封面設計：李男

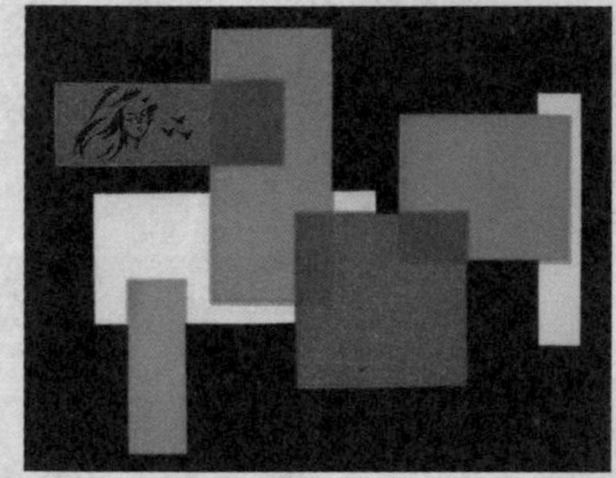

CHAPTER 3

自東徂西

從傳統到現代主義之章

青鳥集
蓉子

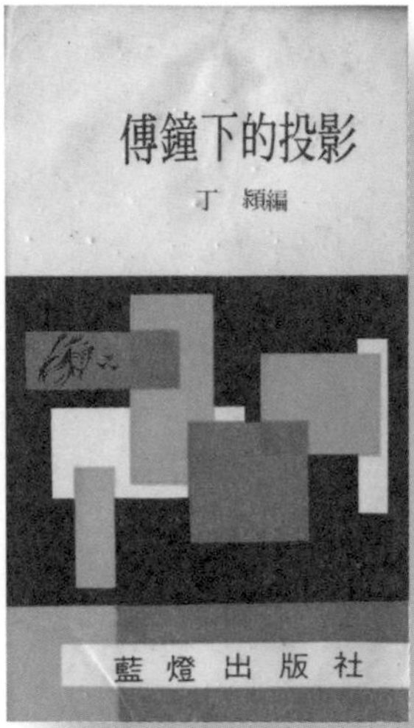
傳鐘下的投影
丁穎編
藍燈出版社

死亡之塔
THE TOWER OF DEATH
羅門著

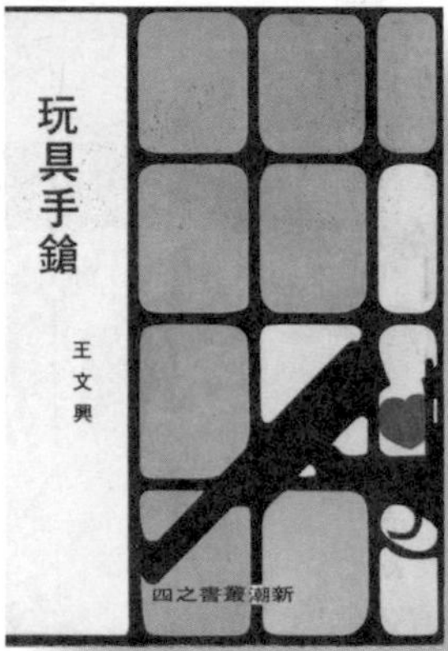
玩具手鎗
王文興
新潮叢書之四

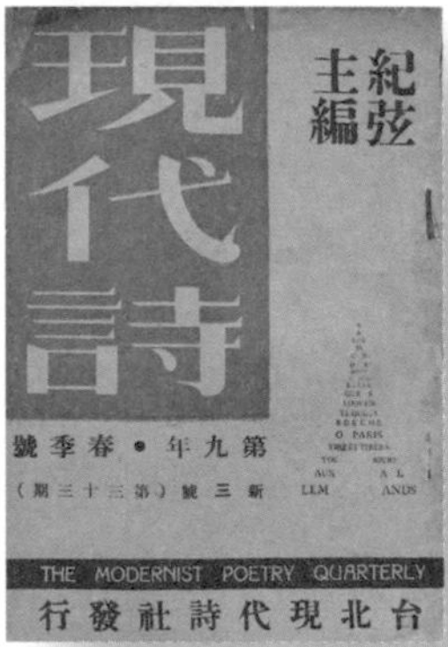
現代詩
紀弦主編
第九年春季號
新三號（第三十三期）
THE MODERNIST POETRY QUARTERLY
台北現代詩社發行

死之蛾
白荻著
The Tragical Death of a Moth

流言
張愛玲

現代獨幕劇選
薩洛揚等著
許國衡 譯
紅葉
文叢

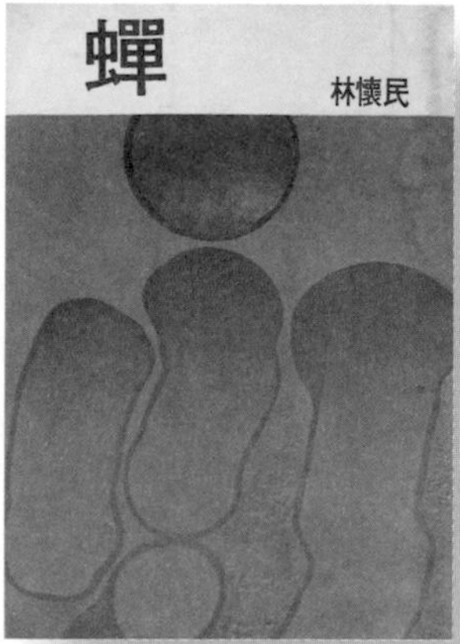
蟬
林懷民

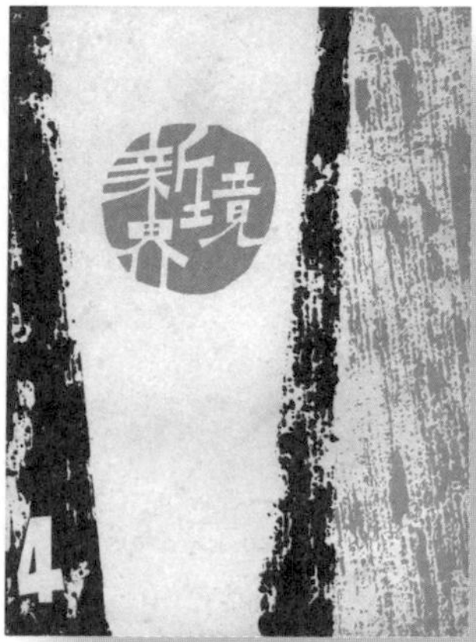
新境界
4

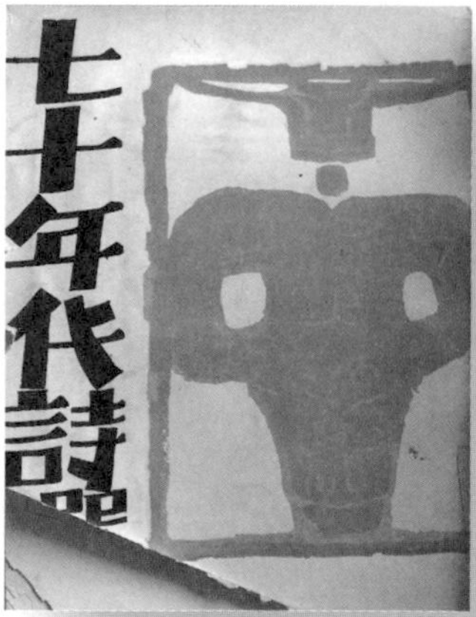
七十年代詩

擺
江
朱介凡著

下午
茶
簡
媜

金陽下
黎明著

近年台灣本地讀者透過不斷轉譯引介歐美日本流行話題幾乎欲罷不能，如今在全球化浪潮的推波助瀾下，仰賴海外先進國家文化資源的閱讀傾向是愈加明顯了。

面對西方文化的強勢引入，戰後五〇年代曾籌組「五月」、「東方」畫會的台灣前輩畫家們，早在半世紀之前即已掀起了一場驚濤駭浪的現代藝術革命，當時現代派畫家與詩人相濡以沫的革命情誼，不僅悼念著過去曾經擁有的「最美好的時代」（the best of times），更陸續創造出以現代繪畫封面搭配內頁詩人畫像的特有裝幀文化。

強調「當代性」（Contemporary）其實就是強調創新，對於創作者而言，所謂傳統風格幾乎等同為一種對當下的背叛。昔日在現代派畫家與詩人同儕急切求新求變的心情中，沒有什麼比「創新」更重要，他們乞靈於最多樣的靈感泉源，以至於近代台灣美術史上從未有在這麼短期內出現過如此豐饒的嶄新突破。而這些顛覆性的設計作品最讓人觸目之處，往往在於設計者能夠把最規矩的形式與最放肆的題材融合為一。

回顧往昔那新、舊兩派思潮針鋒對峙的苦悶年代，卻不乏充滿了各種可能性，以及初步嘗試大膽摸索或看似未經設計的實驗氛圍，存在於文學、社會、繪畫與美術設計等各領域之間，如是構成了前所未有的優美共謀。

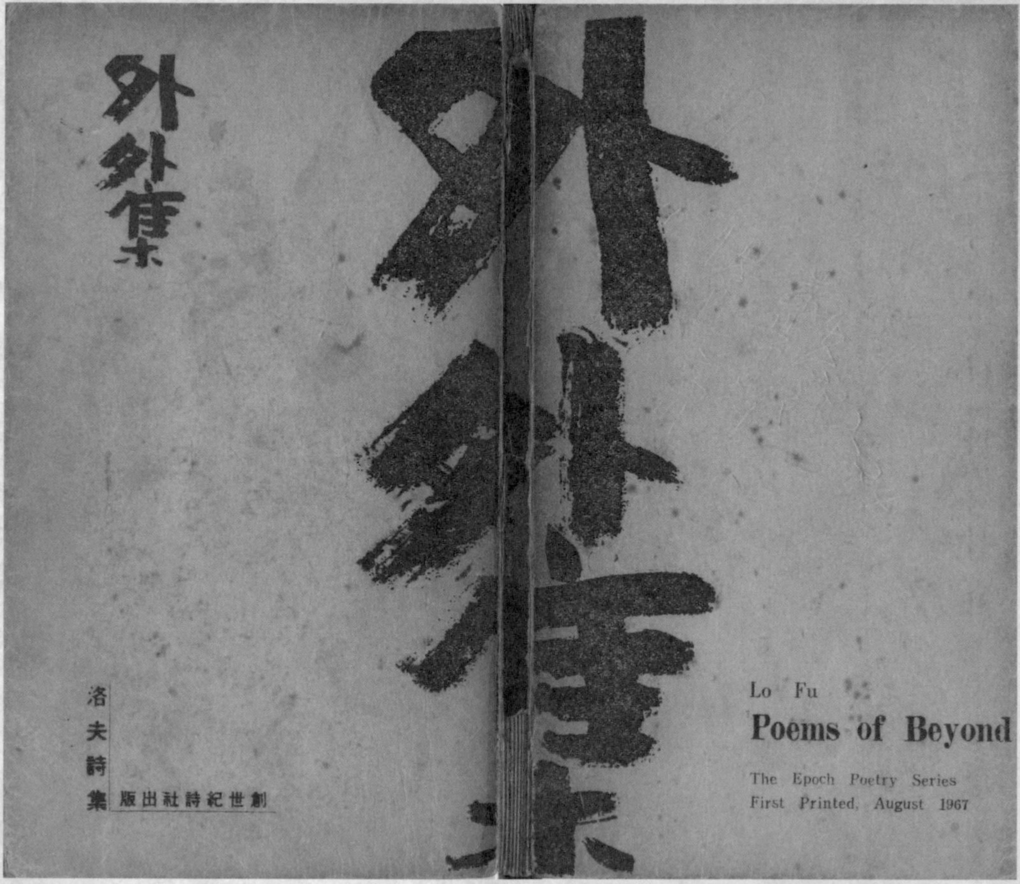

《外外集》（詩集）｜洛夫著｜1967｜創世紀詩社｜封面設計：馮鍾睿｜書影提供：舊香居

線裝書老靈魂

清末藏書家繆荃孫有言：「得暇即搜看舊書」，乃為一種鍾愛古書的深刻情結。人們尋求「復古」的社會心理，尤其反映在某些懷舊物品樣式的癡迷依戀。

歷史上各種型態的復古潮流不斷地翻騰俱興，每逢當代人文意念呈現衰敗之勢，人們便會企圖從古代資產中尋求新的激盪。根源於文化情感意識的反璞歸真，以「復古」作為自發更新與再生的一種方式，甚至可以說是當代文學、藝術，乃至社會文化發展過程不可或缺的重要媒介。

作為古代中華文明象徵的線裝書籍，其裝幀形制始於明代中葉、盛行於清代而臻至完善。晚清時期隨著西方石印與鉛印技術的傳入，一度出現線裝書和平裝書並存的短暫現象。為防止書籍內部本體受到摩擦而損壞，中國古代經書最初便以「帙」包裹卷軸，並以「函」裝盛書冊，卷軸在內、而帙在外，如同人的衣服，故又稱作「書衣」，意指書的衣飾，其作用在於保護書籍，俗稱「書皮」。

①—大抵古籍線裝書衣多用絲、布、絹、綈等材料，同時也因書主的喜愛和製作工藝而各顯其特色，雅好者甚至還要用綾子包裹書籍的上下兩角，例如清代錢曾述古堂的書衣用自造五色箋紙，明末清初毛晉汲古閣的書衣則用宋箋藏經紙或宣德紙染上各種雅色。

歷代中國藏書家對於書的裝訂與採用書衣質料和顏色①都非常留意，以清代所修《四庫全書》為例，其色分青、紅、藍、灰四種，象徵春、夏、秋、冬四季，用以標誌經、史、子、集四庫。古籍版本的裝幀色彩和紋飾，代表一種實行既久的層級象徵。

《狂瞽集》（散文）｜錢歌川著｜1964｜文星書店｜封面設計：龍思良

《中東鱗爪》（散文）｜張仁堂著｜1966｜文星書店｜封面設計：龍思良

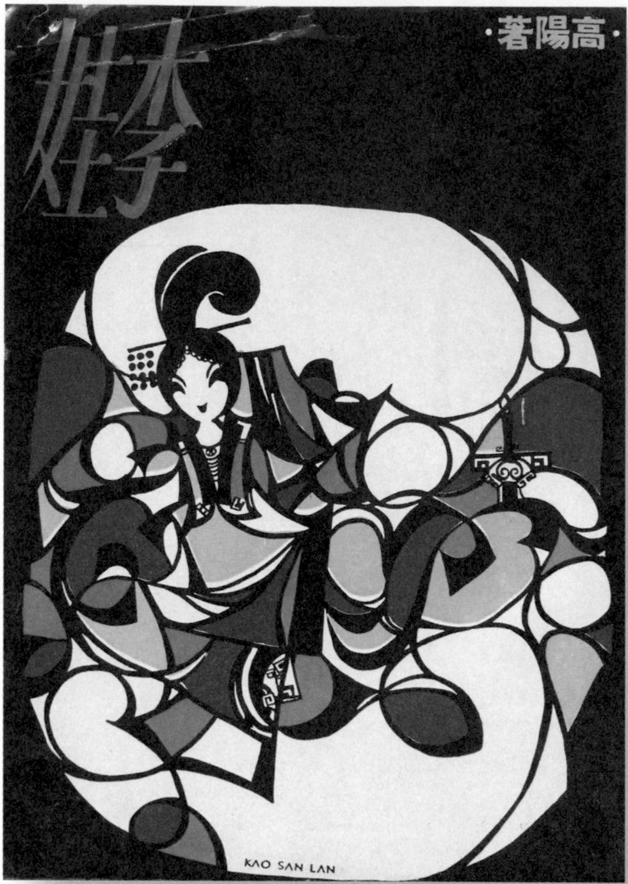

《李娃》（小說）｜高陽著｜1965｜皇冠出版社｜封面設計：高山嵐

《少年遊》（小說）｜高陽著｜1966｜皇冠出版社｜封面設計：高山嵐

《荊軻》（小說）｜高陽著｜1968｜皇冠出版社｜封面設計：高山嵐

民初時期吳稚暉先生曾主張把線裝書一律丟在茅廁坑裡，這話說得確是有些過於偏激了。有些時候，因受個人喜好或某個時代社會氛圍所影響，就像五〇年代郎靜山在台出版生平攝影作品彙編的《淡江影集》一書，創作者對於過去線裝古籍的歷史遺產仍是多少深懷敬意的。換言之，儘管今之線裝古籍在現代書籍生產工業體制下已死，但其隱含的美學章法卻未曾消亡。

茲以「文星書店」於一九六三年首度發行並掀起四十開文庫本熱潮的「文星叢刊」為例，該書系個別裝幀僅用單色——主要有黃、紅、青、藍、灰等不一而足，每一部冊除書名之外全無其他文字或圖案裝飾，封底書眉位置則固定配有作者肖像與簡歷。當年「文星叢刊」平均每月維持出書五種以上，在此快速量產卻不曾粗製濫造的出版條件底下，從印刷用色到版面比例，設計者龍思良均能在西方現代平裝形式當中保有傳統線裝書籍簡潔素淨的淳樸古味。

至於早期由畫家高山嵐手繪設計的眾多高陽小說舊版封面，同樣也隱約透著一份說不出的古典氣息，其以民間剪紙圖案融合風俗畫卷與蘇州園林窗洞樣式，營造出兼具懷古創新的裝飾效果，視覺上頗有與小說人物齊驅並駕的搖曳風姿。

早年這些書都印得極典雅又樸實。

越是優秀的書籍設計，設計的意味看上去就越是可有可無，不顯山不露水，各種元素卻盡在其掌控之中，一如龍思良、高山嵐等人當年取法傳統古籍版式的設計典範可庶幾近矣。在這些書籍設計當中，我們能夠看到的是一種歷經長久歲月洗練後沉澱出的稚拙之美、傳統之美，而非某種特定（個人）強烈風格的個性之美。此處迥然有別於現代設計家強調自我意念、盡其可能表露個性的創作意圖，取而代之呈現的是，捨棄個性化、捨棄所謂的「創作概念」、回歸傳統、無我而質樸的工匠精神。

換言之，那些遵循古代傳統樣式的書籍裝幀原本就沒有所謂特定的設計者，其形制往往來自於

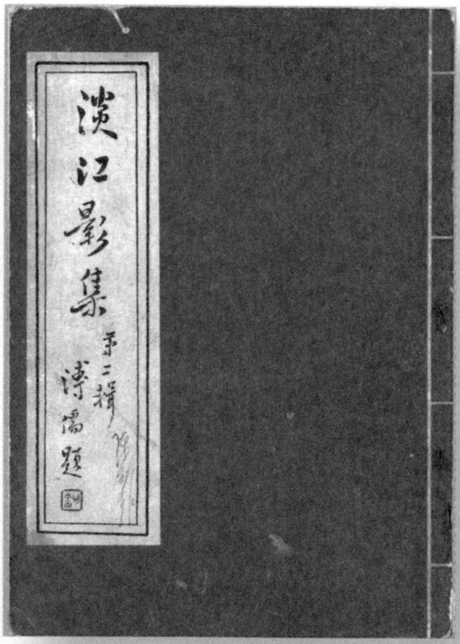

《淡江影集一第二輯》（攝影集）｜郎靜山等著｜1956｜出版地不詳｜封面題字：溥儒｜書影提供：舊香居

《自由中國文藝創作集》（小說）｜中國文藝協會編輯｜1954｜正中書局｜封面設計：佚名

好幾代工匠經年累月的手作傳承。這樣的觀念，儘管在現代（美術）設計家眼中看來也許顯得格格不入（或被譏為老派保守），因為它在某種程度上抑制了所有出自個人概念的設計意圖，但我們卻也得同時認知，若是全然捨棄傳統而只一味強調個人風格者，勢必也會執著於自我。

雖說書籍好壞端在文字、不依賴封面或裝幀版式，但吾輩愛書之人始終應要記取：「書籍設計若毋須典雅，則當取樸實。」至於人們對古籍裝幀文化的癡迷依戀，不惟展現在書裡書外的美學樣式，於今亦可作為抵抗現代圖書出版工業制式生產的具體行徑。

時值一九八九年，二十八歲的作家簡媜偕同陳義芝、張錯、陳幸蕙、呂秀蘭②等人合資創辦「大雁」書店，一幫文人們毅然下海作學徒，毅然執著於打造質感古樸的手工書。為求取古意，書店招牌「大」、「雁」二字由現存碑帖當中尋作「集字」③而得，前者取自張旭字帖，後者則源於唐懷素自敘帖。

就在即將進入九〇年代前夕，首批編選的大雁經典四書於焉問世，包括：卞之琳《十年詩草》的宏偉、馮至《山水》的渾厚、何其芳《畫夢錄》的瑰

②—呂秀蘭（1961- ），現代美術裝幀設計家，國立藝專美術科畢業，二十七歲創立「民間美術」公司在台北設計圈闖出名號，畢生以研究手工古紙與植物色染為職志。歷任雄獅美術月刊美術設計、台北人月刊編輯企劃美術指導。自一九九六年起，她把工作室從台北繁華的東區遷到出生地淡水，從自己潛沉自修的簡樸生活開始做起。後來因目睹台灣藉機器、化學大量造紙、染紙造成可怕的環境傷害，呂秀蘭在大陸西南深山少數民族區，用幾近「認養」的方式照顧兩個小村子的人，讓他們在農閒時安心投入天然染坊與紙坊的工作。

麗、辛笛《手掌集》的清新等，共同釀就了中國四〇年代文學傳統在九〇年代台灣出版界勃然重生的設計現象。

從草創時期至一九九三年結束業務的這段期間，「大雁」生產製作的書，內容質地精純，外表裝幀素雅，就連用紙也都特別講究。

純粹而富有質感的手工紙，像一張張白色靈魂，深深吸引著當年籌劃「大雁」書系的夥伴們。尤其是精心抄製的山茶紙，渾樸素淨、脈紋觸手，可謂簡媜的最愛。

自七〇年代以降，台灣民間印刷廠多選用以稻草為原料的米黃印書紙④來製作書籍，紙漿取自天然植物纖維，各種植物均有不同特性。約莫到了九〇年代之後，不惟印書紙逐漸停止生產，就連鉛字印刷也跟著消失，如今大多出版業者則是偏好使用乾淨無瑕的漂白紙質，或鍾愛於沉重且容易反光的銅版紙。

然而，相較於那些真正的愛書人所重視的，仍屬早年印書紙漿未經漂白前

③—書法術語。指將前代某一書家的字跡搜羅併集成的書法作品。使用「集字」法，難在於不同字體筆勢之間的氣韻連貫，用者當避免冗長字句。好在「大雁」僅只簡單二字，排比齊觀並無大礙。

④—印書紙：專供印刷書冊之模造紙類，因考慮保眼問題，紙張多帶淺米黃色，特性與一般模造紙大致相同。

⑤—簡媜，1989，〈雁棲鬧市〉，《下午茶》，台北：大雁書店。

原有天然色澤的單純性，以及能夠流傳幾百年而紙墨如新的耐久性。對此，自幼生長在純樸農家的美術設計工作者呂秀蘭表示：「廟口賣紙老人讓我找到不一定要砍樹、只要有纖維就可以造紙的紙，卻又可以找到設計所需的感覺。」

就拿大雁當代叢書首刊《下午茶》來說，三千冊初版封面用鯉紋雲龍紙，內文用山茶紙。書背裝訂雖不用訂線穿針，卻以道地手工裱褙方式結合不同材質的棉紙封面與書名籤條。為了製作出理想的印書紙材，簡媜開始和長春棉紙行合作，甚至幾度赴埔里親臨造紙作業。於此，一張張特有的鯉紋紙、松華紙、山茶紙及海月紙，便在簡媜宣稱「作出版，必須感情用事」⑤念頭下因應而生。

《下午茶》（散文）｜簡媜著｜1989｜大雁書店｜
封面設計：呂秀蘭

《山水》（散文）｜馮至著｜1989｜大雁書店｜封面設計：呂秀蘭

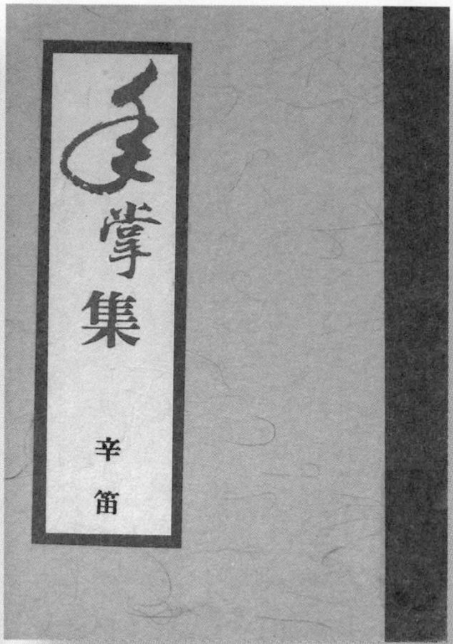

《手掌集》（詩集）｜辛笛著｜1989｜大雁書店｜封面設計：呂秀蘭

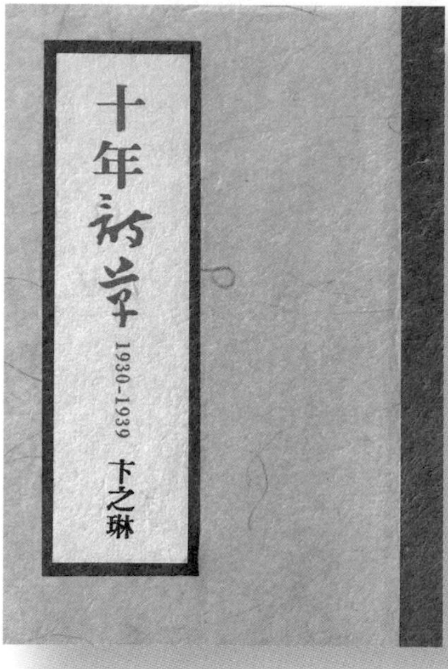

《十年詩草》（詩集）｜卞之琳著｜1989｜大雁書店｜封面設計：呂秀蘭

《畫夢錄》（散文）｜何其芳著｜1989｜大雁書店｜封面設計：呂秀蘭

然而，當新書上市時，「大雁」書系十四冊⑥卻直是應驗了「死亡過後，方始重生」這句話。反映在現今舊書拍賣市場幾近數倍價碼的水漲船高，很難想像當年簡媜家中堆滿一屋子的庫存書，竟然滯銷了十年時間方纔銷罄。

或許，事到如今我們也該要試著去接受這樣的殘酷現實：一本書的影響力經常須得等到時機成熟才會發揮出來，而有些書籍有可能會上升到某種經典地位往往已慨屬身後之事。但最讓人遺憾的是，無論你後來花費當初原價數倍的價格拯救了多少落難書籍，我們終究還是錯過了過去沒能及時與書相遇的那份當下機緣。

⑥—包括「經典系列」：《十年詩草》、《畫夢錄》、《山水》、《手掌集》，以及「當代系列」：《下午茶》、《寫生者》、《新婚別》、《被美撞了一下》、《檳榔花》、《霜葉紅於二月花》、《畫眉深淺入時無》、《回憶父親豐子愷》、《夢遊書》、《單身進行式》等。

書衣，是一幅暈開的紙月亮

當前可說是文學作品版本密度最大的時代，由於政治形勢、出版機制以及文學觀念等不斷改變，許多作品都被不同程度地加以修改而陸續重生問世，亦使得台灣當代文學出版物呈現為一種擁有眾多不同版本的時代面貌。

所謂現代文學的經驗特性，便即離不開讀者對於印刷書頁的態度，以及看待形式品質的美感知覺。因之，在有些書冊裝幀設計上，你可感受到最傳統的中國古典色彩，沒有激情狡獪的宣傳式語言，沒有讓人眼花撩亂的線條用色，有的只是淡淡的含蓄流露。其中，尤以擅長呈現朦朧情境的明月山水畫卷最能表徵此一美學傳統。

月亮，見證著人間的一切，自古以來即為騷人墨客情有獨鍾的吟詠對象，甚且已然形成了一套圍繞月亮為題旨的文化體系。所謂「月隨情生、情隨月長」，月圓月缺，正是個人浮沉晦明的生命寫照。

《半生緣》（小說）｜張愛玲著｜1969｜皇冠出版社｜封面設計：夏祖明｜書影提供：舊香居

千百年來，沐浴於璀璨星漢、承載著無數人們想像的一輪明月，以其淒麗明亮的皎潔清輝，照耀著唐代李白與孟浩然的律詩絕句韻腳，照耀著宋代盼望月滿西樓的女詞人李清照，並且在二十世紀三〇年代的舊上海，在無數個更深人靜之夜，悄然地照臨到了女作家張愛玲觀照人世蒼涼的樓閣窗前。

深受傳統章回小說影響的張愛玲，與月亮有著某種不為人知的默契。在她的小說作品裡，有過無數描摹月亮的不朽文字。她傳承了中國傳統文學的審美意識，並以一種創新視角來描寫月亮情境。

自云：「一生與月亮共進退」、「看月亮的次數比世上所有的人都多」，張愛玲筆下的月亮，留在讀者心裡面的，永遠是最美麗的傷痕。

香港文壇才女李碧華評張愛玲曰：「她擅寫月亮，卻不團圓。」但見台灣「皇冠出版社」專屬插畫家夏祖明⑦設計張愛玲作品《秧歌》、《流言》、《怨女》、《張愛玲短篇小說集》系列封面皆以明月為主題，分別搭配蘆葦、草原、含羞草、枯樹作對照，透露著浮華與蒼涼的一貫色調。

⑦—夏祖明（1937- ），祖籍南京，高中時代在《民風畫報》發表第一幅插畫作品，退役之後曾隨牛哥學習漫畫，先後任職「光啟社」、華視美術指導。一九五九年起，夏祖明開始在《聯合副刊》畫插圖，並於皇冠出版社專責美術設計工作，一九七七年移居美國洛杉磯。

《流言》（小說）｜張愛玲著｜1968｜皇冠出版社｜封面設計：夏祖明｜書影提供：舊香居

《怨女》（小說）｜張愛玲著｜1966｜皇冠出版社｜封面設計：夏祖明

《秧歌》（小說）｜張愛玲著｜1968｜皇冠出版社｜封面設計：夏祖明

《張愛玲短篇小說集》（小說）｜張愛玲著｜1968｜皇冠出版社｜封面設計：夏祖明

「三十年前的月亮早已沉下去，三十年前的人也死了，然而三十年前的故事還沒完——完不了」，張愛玲在小說《金鎖記》結尾處，陳述著曹七巧在對往事蒼涼的回憶中死去。後來，那是一九九五年舊曆的中秋，張愛玲在她所鍾愛的皎潔月色中默默地離去了。

現下侈談美術設計一事，徒然欽羨於二十世紀歐美先進國家淵源既久、豐饒可觀的藝術資源，我們不免衍生「外國月亮比較圓」的複雜心緒。尤其對於現今面臨全球化競爭趨勢的台灣本土設計家來說，難道月亮一定要跑去異國他方才能夠發光發熱？職是之故，倘若創作者無法掌握住自己故鄉母土的文化靈魂，那麼他（她）還算是真正的月亮嗎？

百餘年來，隨著近代西方美術工藝知識傳入，不惟對傳統繪畫理論產生相當程度的衝擊，同時也使得畫面布局空間概念逐漸成為設計領域裡一門重要美學課題。

針對中西繪畫的空間視景差異，美學家宗白華表示：「中畫因係鳥瞰的遠景，其仰眺俯視與物象之距離相等，故多愛寫長立方軸以攬自上至下的全

⑧——宗白華，1981，〈論中西畫法之淵源與基礎〉，《美學的散步》，台北：洪範。

景。數層的明暗虛實構成全幅的氣韻與節奏。西畫因係對立的平視，故多用近立方形的橫幅以幻現自近而遠的真景。」⑧

相較於西方世界以黃金分割為造型基礎的美學觀，中國傳統書畫佐以皓月、山水、流雲為題的「立軸」或「長卷」形式為讓畫中景物打破一般焦點透視法局限，其構圖往往不遵循西方繪畫講究的黃金比例，用以表達畫者的主觀情趣，使之步步有景，景隨人移，形成一種隨著視覺流動而延伸開展的散點透視觀。

假若把現代矩形開本的書頁版面視為一張空白畫幅，台灣早期封面畫家不乏多有表現傳統立軸長卷圖式的明月意象，一如繪製川端康成短篇小說集《水月》封面的畫家薛清茂（1937- ），這位出身台南師範美術科的設計者嘗以歐洲印象派

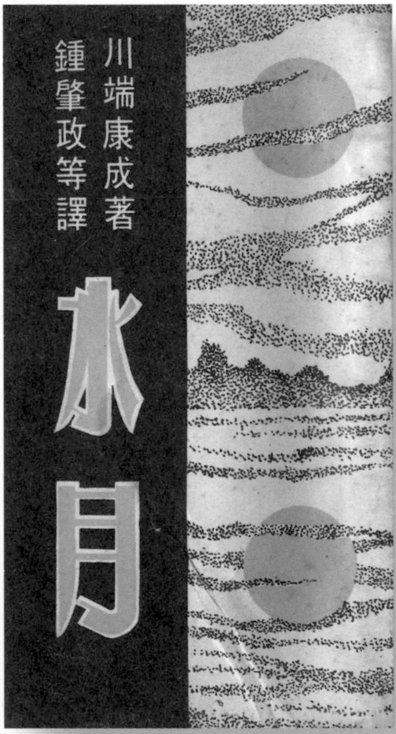

《水月》（小說）｜川端康成著、鍾肇政等譯｜1971｜文皇出版社｜封面設計：薛清茂｜

點描法勾勒遠山流水，饒富興味地烘托出「雲端月」與「水中月」彼此相映成輝的縹緲意境。

自川端康成於一九六八年獲諾貝爾文學獎後，台灣書市一時大量湧現各種版本的名著譯作，但論書衣設計之美，所有眾多版本設計皆不及文皇版《水月》裝幀風雅有致的東方朦朧美。

類似兼融東西方古典美學的設計構圖猶可見於畫家梁雲坡為王祿松散文集《飛向海湄》繪製封面所示：「馱一輪大琉璃的滿月，拍著海藍的翅膀，豁琅琅的飛掠過春天的雲頭。」⑨而在姜貴長篇小說《曲巷幽幽》當中，設計家彭漫手繪封面的蜿蜒窄巷緩緩而升，兩旁陽台窗緣及閣樓天線參差錯落，彼此構成了一幅現代城鄉小鎮風情畫卷。

於此，儘管有些設計手法乍看之下也許並不新穎，但一位出色的封面繪者卻往往能將這熟悉形式用得別出心裁。

俗云：「讀書百遍，其義可見。」通過傳統古典繪畫形態體現而出的書籍

⑨——王祿松，1974，《飛向海湄》，台北：水芙蓉出版社，頁1。

設計之美，宛如隱士般在歲月變遷中始終保有自身獨特的姿態，在典雅幽靜當中，自有它風華難掩、濃濃蘊涵的深遂韻味。

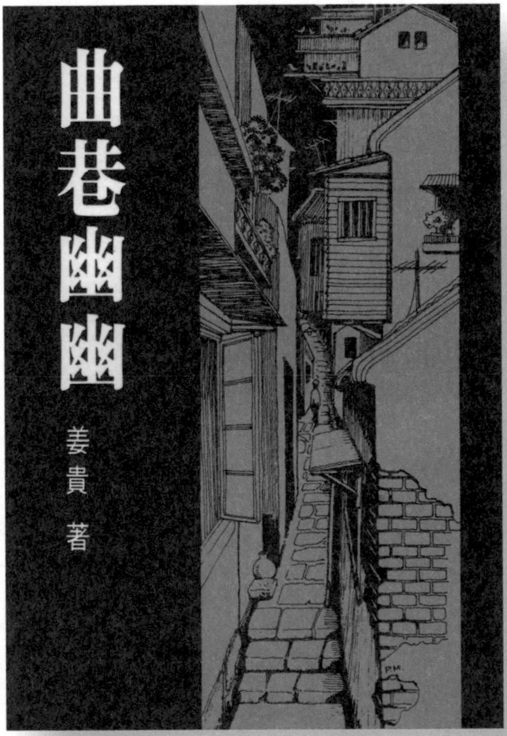

《曲巷幽幽》（小說）｜姜貴著｜1979｜天華出版事業｜封面設計：彭漫

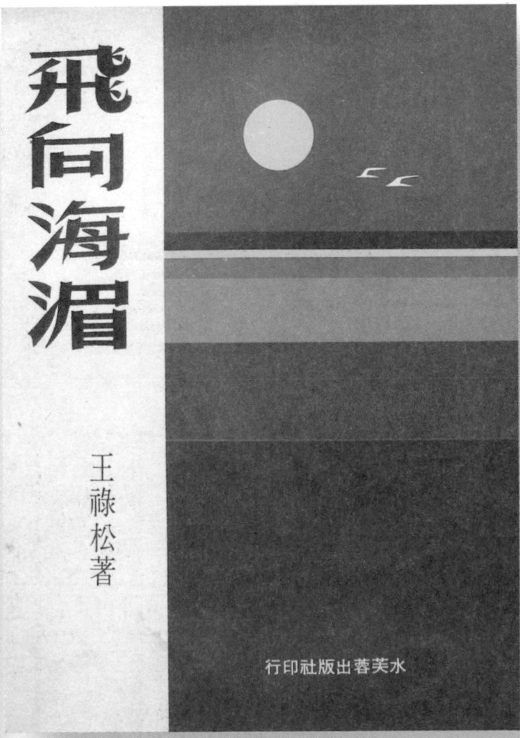

《飛向海湄》（散文）｜王祿松著｜1974｜水芙蓉出版社｜封面設計：梁雲坡

圖騰・印象・古典中國風

戰後國府播遷來台之初，本地美術設計專業人才尚未普及，島內資訊管道極其封閉。人們日常所能看到的圖文資訊僅為少數罕見出版品。並且由於新聞局針對政治圖像標語嚴厲施行管制，即使向海外訂外文雜誌也要經過審核關卡，若被認為不適合的書刊內容，審查人員往往便直接予以塗抹撕除。從事美術設計工作者若欲取得圖案素材，大多只得往「故宮畫冊」裡尋，惟其印刷檔次較高、圖像語彙亦最為「政治正確」。

自五〇年代以迄八〇年代這段期間，台灣文藝書刊封面設計泰半不脫中國古典樣式或民族圖騰的形式轉借。誠如早年出身宜蘭地方望族的楊英風幾度浸淫於殷商古器物之中領略出平面造型原則，他在

《幼獅》（第18卷第一期）｜1963｜幼獅月刊社｜
封面設計：楊英風

《幼獅》月刊（第十八卷第一期）擔綱設計的封面主題原取自民間石雕工匠所作石獅塑像，並結合古代金石篆刻圖紋而成為深具復古風格的裝幀作品。

記憶的破碎片段和解體的歷史敘事，不時召喚著原鄉故土的失落靈魂。宛若古代圓形完璧的圖紋式樣屢屢出現於《新文藝選集》、《吃西瓜的方法》等書冊封面，刻畫著當下回歸古典中國的文化情懷。

圖騰，乃為人類文化中最原始的視覺範型，它依賴各種圖像和符號形成一種民族信仰意識形態，且更孕育了往後社會分工之下所有古典藝術的構成基礎。

隨著時光陷落的憂患年代到來，有些圖騰的出現其實是一種指向過去美好歲月悼亡的存在姿態。

《新文藝選集》（小說）｜王璞編｜1966｜新中國出版社｜封面設計：梁雲坡

《吃西瓜的方法》（詩集）｜羅青著｜1972｜幼獅文化事業公司｜封面設計：楊國台

多少滄桑台北人。

出生於內外兵燹頻仍之世、大半生蓬轉飄泊，小說家白先勇自幼即已飽嘗幾度流徙與世情冷暖的人生況味，當年已逾而立之齡的他，正待向青春歲月告別而寫下《台北人》十四個短篇。

一九七〇年八月，白先勇掛牌成立「晨鐘出版社」，並於翌年發行小說集《台北人》，初版藍色菱形封面為郭震唐設計。爾後「向日葵」文叢名稱改換「晨鐘」，乃再委請友人奚淞重新設計，而繪以一隻展翼翱翔的鳳凰作為新版封面，除了兼容現代文學情境的古典旨趣外，其間又何嘗不啻影射作者當年離台赴美——以風華穠麗之姿飛向域外尋覓的圖騰寓意？

最初由晨鐘出版社發行的《現代文學》雜誌，因

《台北人》（晨鐘文叢）｜白先勇著｜1973｜晨鐘出版社｜
封面設計：奚淞｜書影提供：舊香居

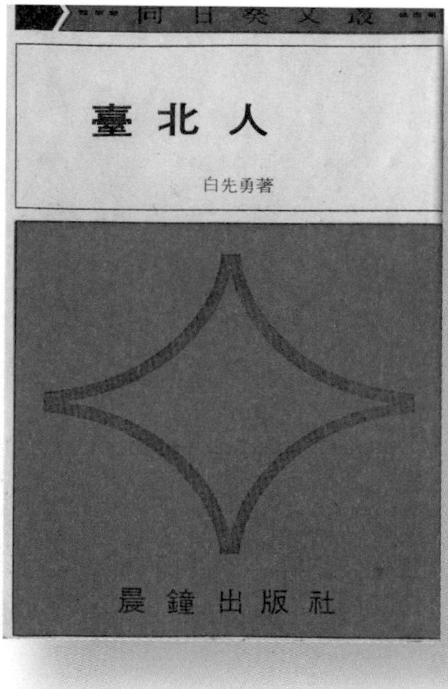

《台北人》（向日葵文叢）｜白先勇著｜1971｜晨鐘出版社｜
封面設計：奚淞｜書影提供：舊香居

《台北人》（小說）｜白先勇著｜1983.12｜爾雅出版社｜封面設計：黃永洪

經營狀況不佳，遂於一九七三年九月出完五十一期後便告停刊。出版社本身也在不久後掛出了熄燈號，期間共出版文學書籍一百餘種。

對於出版業者來說，為了能讓一本長銷書自求生存，便無法避免須將封面設計納入市場考量之列。倘若讀者反應不佳，每隔一段期間就得要改換封面以促進銷路。《台北人》從「晨鐘」至「爾雅」時代歷經多次重版發行，不同時期的版本裝幀變貌，分別在各世代年齡層讀者心中留下了不同印象。目前在市面上較為罕見的，當屬建築家黃永洪以蘇州庭園門廊瓶洞框景手法構成的設計攝影封面：畫面中，凝望台北老照片裡的流金歲月，眼前的門廊瓶洞彷彿一道時空鏡像，映照著觀看者本身亟欲入內窺探、但在現實世界裡並不存有的想像空間。

圖像造型的產生，看似簡單，實際上是一個繁複無邊的雜揉過程，它淵源於個人的生命記憶，潛存於民族文化難以言喻的深層意象中，折射著社會文化錯綜迷離的衍進關係，並經由眾人審美經驗轉化為集體意識的民族認同。歷史文化的消亡興替，總有一種新興思潮取代舊者。在獨尊西方科學思維的觀念下，每一段由歷史學家們操刀切割的時間區塊分別被賦予不同的時代精神，而所謂真實的歷史卻每每夾存於時代斷層當中許多糾雜不清的灰色地帶。

當年甫從歷史系畢業，青年詩人陳芳明在行將步入六〇年代尾聲前夕，透過輔大母校年刊《新境界》刊物，手繪設計中國古代甲骨拓印紋的封面圖樣，展露出他早期對於古典中國文化的孺慕與想像。

爾後隨著一九七一年「龍族詩社」成立，新世代詩人高舉「中國」大旗，直至一九七七年「鄉土文學論戰」爆發、八〇年代「反中國」本土論述浮現為止，「回歸中國傳統」與「台灣本土意識」兩者仍可謂並行不悖、互為消長。

昔日曾以左翼知識分子自詡的陳芳明，學生時代常透過朋友關係借閱詩集，往往一冊詩集到

《新境界》（第四期）｜1969｜輔大學生代聯會｜封面設計：陳芳明

手，即已輾轉傳閱經過了四、五個人。如此得之不易，便益發彌覺珍貴。當時如若得見一冊紀弦《摘星的少年》、余光中《舟子的悲歌》等絕版詩集，更是封面封底反覆摩挲端詳許久。「詩的內容也許樸素平淡」，陳芳明說：「但體會到他們早期那種浪漫的精神，總是讓我低迴不已」[10]，其愛詩之情切動容，日後遂使前輩詩人余光中以孤本詩集《藍色的羽毛》相贈。

興許由於客居異地的鄉愁情懷與現實政治壓抑之故，七〇年代期間客居台灣求學的華人僑生，談起承繼中國傳統文化的民族情感，似乎猶比同時期本地青年學子來得更為昂然激越，一如當年意氣風發的馬華青年溫瑞安曾宣稱：「我們活在現代，活在無根的現在，讓我們痛苦的站起來，走回傳統，走

《藍色的羽毛》（詩集）｜余光中著｜1957｜藍星詩社
封面設計：佚名

回傳統和古典去……我們必須人人奮發為國家文化做點事，才能自強，而且把僑民的生活與所受的煎熬都改善過來。江山萬里，仰天長嘯，才是人生一快。」⑪

面對心中「古典中國」與「武俠中國」有著萬般憧憬，溫瑞安據以號召方娥真、黃昏星、周清嘯、廖雁平等馬華同儕而設立了名重一時的「神州詩社」（1976-1980），並還當了學生社團眾人領銜的「帶頭大哥」。

在文化精神上，神州詩社認同國府當局宣示中華民族意識的大中國情結，嚮往著想像中未曾被近現代外來文化所沾染、一種純淨原始卻並不存在於真實世界裡的古老中國。

溫瑞安與「神州詩社」同人們早年嘗熱中以「武俠」書寫入文，一九七七年在台出版的溫瑞安短篇小說《鑿痕》、散文集《狂旗》與方娥真詩集《娥眉賦》等著作封面皆由「神州」成員曲鳳還（本名王美媛）手繪設計。無論是《鑿痕》以墨色條痕勾勒出有如甲骨石碑紋樣構圖的古樸粗獷，抑或《狂旗》裡速寫荒原古城一角的歲月斑剝，還是《娥眉賦》採用雲鉤渦紋方圓造

⑩—陳嘉農（陳芳明），1975，〈穿過歷史與文學的長廊〉，《書評書目》，台北：洪建全教育文化基金會。

⑪—溫瑞安，1977，《龍哭千里》，台北：言心出版社，頁39。

型取鮮紅色調的宮廷樣式，皆可隱約窺見神州人深層意識裡的精神圖騰，追尋著那條與「古典中國」母體緊密相連的符號臍帶。

透過同人組織集體行動，「神州」成員們自發性地力行抄書、印書、賣書、習武，乃至自編刊物、籌辦講演座談等活動，其召喚民族意識的文化情操當可無疑，卻在政治層次上干犯了國府戒嚴當局對於民間「聚眾結社」、「開讀書會」的種種大忌，而該團體熱中貫徹各種儀式規章的精神信仰，譬如每日晨起唱「國歌」或「社歌」，或在中秋節慶掛國旗拜祭等行徑，更引發台灣社會對於「異教徒」行徑的戒慎恐懼，甚至被鄰近視為異類。

而後，隨著一九八〇年溫瑞安、方娥真二人因政治公案俱遭遣送出境，畫下了「神州夢醒」

《鑿痕》（小說）｜溫瑞安著｜1977｜四季出版社｜
封面設計：曲鳳還（王美媛）

的歷史句點，詩社本身也在迅速土崩瓦解之後成了歷史長河中的一道乍逝星晨。憶及「坦蕩神州」這個專屬於年少輕狂的文壇逸事，恍如現代版「葉公好龍」的寓言神話，儘管執迷者「雕文盡以為龍」，然而一旦殷切窺得真龍之廬山面目，其結局或許卻是「棄而還走、失其魂魄」的種種不堪。

直到解嚴前夕、彼時八〇年代台灣本土意識尚未全面抬頭以前，無論是出版界的黨公營民間事業單位或是文藝圈的「龍族詩社」、「神州詩社」，所謂大中華思想仍屬當時台灣在地相對於歐美西方文化的普遍主流，以「中國風格」為題材進行的各式版畫創作與封面設計作品所在多有。其中，特別在專業設計領域裡最具有承先啟後的歷史位置、同時也最負盛名者，理當應屬創立於一九七一年首度在台北市

《狂旗》（散文）｜溫瑞安著｜1977｜楓城出版社｜
封面設計：曲鳳還（王美媛）｜書影提供：舊香居

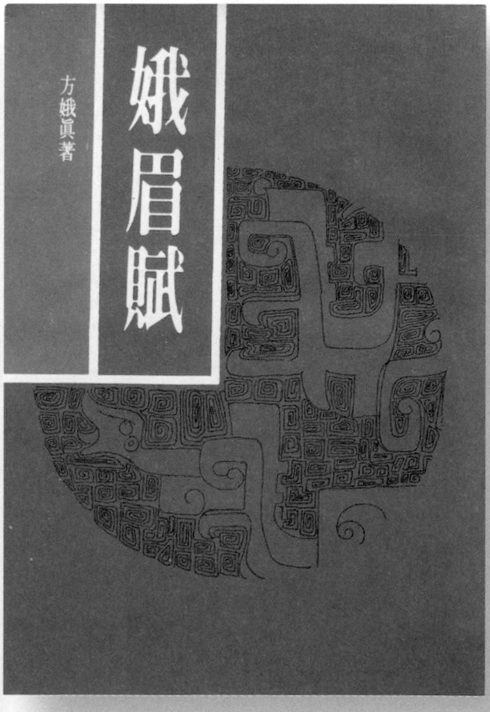

《娥眉賦》（詩集）｜方娥真著｜1977｜四季出版社｜
封面設計：曲鳳還（王美媛）

武昌街精工畫廊舉辦觀念設計展的「變形蟲設計協會」。

「回歸於最基本、最原始的構成要素；一切視覺環境、現代藝術，皆須注入時代的新觀念或獨特的思想，而後給予變形的生命。」這是當年首展期間由吳進生、霍鵬程、楊國台、陳翰平、謝義鎗等五位國立台灣藝術專科學校（今台灣藝術大學）美術工藝科畢業班成員提出的〈變形蟲宣言〉。

某些作品之所以成為經典，在於它們的設計者常喜歡出其不意把新酒裝到舊瓶裡。

「一切的創作活動必先從反常做起，而反常是叛逆的第一步」，楊國台表示：「藝術，乃始於智性，繼而發展成為感性，最後生產出具象作品……不論是藝術或設計，應以感覺異象來表現反映時代為第一要務。」⑫作為「變形蟲」創始元老，楊國台⑬在創作方面似乎比起其他成員更明顯熱中於「甘為書作嫁衣裳」，不惟早期大漢出版社、長河出版社多種叢刊書系設計皆為出自楊氏手筆，對於平面造型與用色亦頗有獨到之處，設計語彙大多充滿東方古典趣味與民間鄉土色彩。

---

⑫—楊國台，1981，〈始於理性，發展成感性〉，《亞洲設計名家》，圖案出版社，頁156-157。

⑬—楊國台（1947- ），祖籍廣東蕉嶺，自幼生長在台南安平鄉鎮。一九六九年自國立藝專美工科畢業後隨即進入國華廣告公司工作，一九七一年加入「變形蟲設計協會」並參與第一屆設計展，先後曾任《廣告時代》雜誌社副社長、企劃製作處處長、漢聲建設副總經理。

《白衣方振眉》（小說）｜溫瑞安著｜1978｜長河出版社｜封面設計：楊國台｜書影提供：舊香居

《白玉苦瓜》（詩集）｜余光中著｜1974｜大地出版社｜封面設計：楊國台

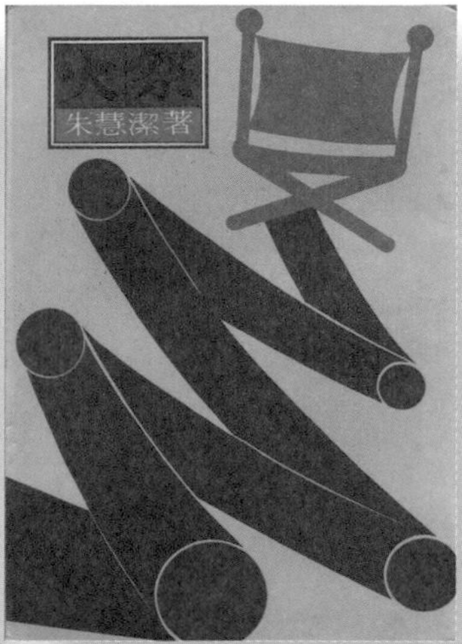

《火祭》（小說）｜朱慧潔著｜1978｜長河出版社｜封面設計：楊國台

《長鋏短歌》（散文）｜王璇著｜1976｜長河出版社｜封面設計：楊國台

《關雲長新傳》（小說）｜曲鳳還等著｜1978｜長河出版社｜封面設計：楊國台

過去在那台灣社會經濟還沒有全面工業化、美術設計界又未與國際接軌的年代，許多新興產業崛起，整體大環境雖不成熟卻到處充滿了機會，只要有創作實力與熱忱，從事設計工作者通常便能一路朝往順境發展。

此後，從藝術反叛到設計啟蒙的數十年間，隨著霍鵬程、楊國台等創會初期諸位闖蕩江湖的先鋒旗手各自淡出設計界，昔日一時獨領風騷的「變形蟲」也早已淹沒於當今全球化競爭激烈的設計洪流當中了。

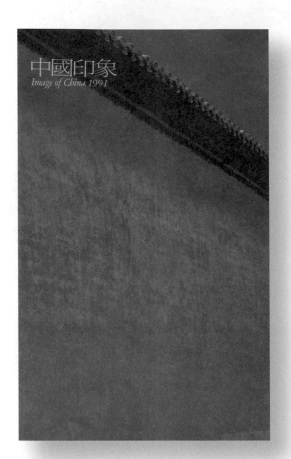

《中國印象》（筆記手札）｜霍鵬程編｜1991｜設計家文化出版公司｜封面設計：霍榮齡

現代派詩人與畫家的共謀——「五月」、「東方」畫會先鋒們

論及台灣現代詩與現代繪畫革新運動，兩者之間可謂休戚相關、互為表裡，舉凡「藍星詩社」之於「五月畫會」⑭、「創世紀詩社」之於「東方畫會」⑮，皆為有脈絡可循的「聯合戰線」。適逢此刻，不同創作領域的詩人、小說家與畫家彼此交會激盪、盛況空前。

回首二十世紀初，正值中西文化衝撞交融的關鍵期，經歷了「五四」新文化運動洗禮，文化界鼓吹「全盤西化」的狂飆風潮到了二、三〇年代達到鼎盛。以美術學校為例，新興「西洋畫」門類可說是當時全中國青年的藝術寵兒，學西洋畫的人數幾乎是學國畫者的十倍。一九三二年，中國最早倡議現代藝術的美術團體「決瀾社」於上海成立，一群留法的青年藝術家們高呼：「讓我們起來吧！用狂飆一般的熱情，鐵一般的理智，來創造我們色、線、形交錯的世界吧！」⑯標誌著中國現代繪畫運動開展的里程碑。

約莫同一時期在二〇年代法國藝術界，畢卡索、米羅、馬蒂斯、夏卡爾等

⑭—「五月畫會」（Fifth Moon Group），最初由師大美術系校友劉國松、郭豫倫、郭東榮、李芳枝等人籌組，尤其強調回歸民族特質、俾提升傳統水墨內涵以因應西方抽象繪畫。之所以命名「五月」，據說得自巴黎五月沙龍（Salon de Mai）的靈感。

⑮—「東方畫會」，由李仲生畫室學生發起成立，名稱始於一九五六年十一月，當時向官方申請未獲核准，會員們決定先以「畫展」形式展開活動，至一九五七年正式成立畫會。創始會員包括：李元佳（一九九四年病逝英國）、歐陽文苑、吳昊（本名吳世祿）、夏陽（本名夏祖湘）、霍剛（本名霍學剛）、陳道明、蕭勤、蕭明賢（本名蕭龍）。文學家何凡（本名夏承楹）撰文推薦，封為「八大響馬」。後期加入李錫奇、朱為白等人。

⑯—〈決瀾社宣言〉，《藝術旬刊》一卷五期，一九三二年十月。

知名畫家陸續投入書籍裝幀手工藝創作，他們抱著「書可以做成各種各樣」的信念，圍繞自身主題進行創想，與當代詩人、文學家們一同繪製、雕版、印刷、裝訂、製作出具有獨創藝術性格的限量版圖書，或被放在畫廊當成版畫作品出售。這段期間稱之為「書坊潮」，乃是歐洲書籍史上最美妙輝煌的年代。

相對而言，中國大陸在連年戰亂陰影下，現代藝術驀然綻放的花朵並未能持續成長，藝術家一時激憤掀起的前衛浪潮，很快便被中日戰爭及國共內戰的革命洪流所淹沒。而在中共建國後，現代藝術在大陸畫壇更幾近絕跡。此時，從廣州隨軍來台的李仲生，延續著昔日「決瀾社」同道引燃的藝術火苗，獨自揭開了戰後台灣現代繪畫運動的歷史序幕。

自從現代主義藝術在西方出現以後，藝術圖像便逐漸擺脫了古典的束縛，而趨於一種形象的解放。

至於戰後初期的台灣，當時畫壇主流大多仍將現代藝術視為破壞傳統秩序的洪水猛獸，再加上國府當局對於中共藝文政策與美學論述的無端恐懼，種種隔閡，使得「現代藝術」成了一門不可言談的禁忌。當年這些具有革新思想的現代派青年畫家既不為保守的師範學院「國粹派」所喜，而由老一輩台籍畫家所掌握的「省展」、「台陽展」系統同樣也無法容納他們。

《五月畫集》（論述）｜馮鍾睿、韓湘寧等著｜1964｜國立台灣藝術館｜封面設計：韓湘寧

《蛙鳴集》（詩集）｜杜國清著｜1963｜現代文學雜誌社｜封面設計：劉國松

1961年夏，定居台灣的徐復觀為文質疑現代抽象畫對自然形相的破壞，並歸結出：「他們是無路可走，而只有為共黨世界開路」，此話頓時引起軒然大波，遂使籠罩於「白色恐怖」陰影下的台灣現代畫壇人人自危。當時年方三十的劉國松代表現代畫派出面應戰，與徐氏就現代繪畫本質及其政治意涵分項力辯。正反兩方各有支持人馬，唇槍舌劍，你來我往，論戰持續了將近一年。

值此倡議東西方兩大繪畫傳統融會貫通的劉國松，甫替二十二歲的青年詩人杜國清手繪設計了他生平第一部詩歌作品《蛙鳴集》封面，據聞當年劉氏開創「現代水墨」融入大色塊平塗以及揉拓剪貼等表現手法，即是受到民間手抄紙有著不固定纖維紋路的靈感所啟發，而今觀諸劉氏筆下《蛙鳴集》封面形象不啻顯見其注重畫面構成的抽象趣味，以及嫻熟運用純粹形色造型的大膽與透徹。

一九五五年，「中法文化協會」在台舉辦「法國現代名畫展」，由於展出畫家之一的畢卡索為共產黨員，其作品遂遭取締。彼時台灣文化界保守派人士之間甚至謠傳著：「西方現代藝術是共產黨的藝術。」除此之外，早期台灣現代版畫先驅陳庭詩偏好以甘蔗板鏤刻拓印的諸多抽象畫作通常不乏大塊拓印黑色，有時還再加上中間一塊圓狀紅色，因此也常被有心人士認為象徵日本帝國主義，所以當時這些畫家們都會注意畫圓形色塊時要儘量畫一點破裂缺角，而不要畫得太圓。

針對現代藝術的攻訐，不惟繪畫界如此，且更少不了當代文壇人士的口誅筆伐，比如蘇雪林便曾在〈新詩壇象徵派創始者李金髮〉文中直把現代詩比作「盜匪」，而作家言曦亦以「醉漢的夢囈」非難現代詩的晦澀難懂。

在那新、舊兩派思潮針鋒對峙的年代，大專美術教育僅來自台灣省師範學院、台北市師範學院，以及軍系政工幹校等三處，其目的主要在於養成學校教員與軍隊幹部。就大環境來說，當時台灣根本還沒有人能稱得上是「專業畫家」，更別說是「專業設計家」了。在此貧乏困苦的環境下，面對當時台灣官方意識形態及傳統保守勢力的言論圍剿，熱中追求現代藝術的有志之士只得彼此相互結盟、競相砥礪！

尤其到了一九五七年此一台灣現代美術史上的轉捩點，此時由何鐵華、李仲生倡議「新藝術運動」大抵已呈停歇之勢，就在這年的五月和十一月，推展六〇年代現代繪畫運動的兩個重要團體：「五月畫會」與「東方畫會」分別正式成立並公開舉辦首展活動。

藝術家彼此取暖應和的跨界支援現象屢見於現代主義者之間，他們並不是孤單地進行著獨自的革命戰爭。

約莫自五〇年代以降，在超現實主義藝術宣言被正式翻譯為中文介紹到台灣之前，其繪畫作品即已先行觸發了現代派詩人運用文字重現視覺意象的創作靈感，從他們看待現代抽象繪

《青鳥集》（詩集）｜蓉子著｜1953｜中興文學出版社｜
封面設計：潘壘｜書影提供：陳文發

《摘星的少年》（詩集）｜紀弦著｜1954｜現代詩社｜
封面設計：潘壘｜書影提供：文訊雜誌

畫有如唇齒互依的美學偏好當中，亦可窺見詩文圖像思維交錯渲染的構成痕跡。

早年畢業於蘇州美專、與東方畫會關係密切的詩人紀弦曾謂：他在一九三六年四月赴日留學期間，「直接間接地接觸世界詩壇與新興繪畫……因而眼界大開，於是大畫特畫立體派與構成派的油畫，也寫了不少超現實派的詩。」⑰於此，當他結束了短暫的日本行程，同年六月紀弦回返中國。此後，由上海輾轉來台，登高一呼籌組了新詩「現代派」，並整理大陸時期舊作出版了《摘星的少年》、《飲者詩鈔》等自選集。其中《摘星的少年》詩集首版封面由文友潘壘設計，採三色套印的少年剪影映照於山巒前的群星繚繞，構圖充滿童年幻夢般的趣味。

在信仰與大教堂都已坍塌的年代，人類企及著星星的高度，想把自己的名字刻在拱頂石，或彩色玻璃上。

戰後（1949）與紀弦同樣由上海來台的小說家潘壘⑱，十四歲即搭乘國際難民列車從老家越南前往雲南昆明，在硝煙戰火下努力學國語、上美術班。

⑰—紀弦，1991.12.23-24，〈在人生的夏天〉，《中央日報》副刊版。

⑱—潘壘（1927-），原名潘承德，廣東合浦人，其創作文類以小說為主，另亦有劇本、散文等作品。一九五九年以描寫越戰的長篇小說《紅河戀》（又名《靜靜的紅河》）一舉成名，之後「寫而優則編導」，於六〇年代初從「中影製片廠」轉赴「邵氏電影公司」，成了老影迷口中的「大兵導演」。

對日抗戰期間毅然投身青年軍，從上等兵當到了中尉。來台以後，旋即耗盡纏頭之資創辦《寶島文藝》雜誌，歷經十二期而停刊。彼時儘管已決意朝文學之路發展，但對美術仍未忘情，一有空就和畫家席德進、廖未林等人一同高談闊論，免費為文友們的新書設計封面，為報刊畫插圖，自得其樂。

為了賺取謀生之資，最初陳庭詩隨軍來台以筆名「耳氏」發表寫實木刻，繼中年過後全心投入現代版畫創作的他，偶爾也替人設計一些書刊封面，根據藝文記者楊蔚的採訪記述：「他曾給小說家郭良蕙和姜貴分別設計過兩個封面，但是書商印刷出來，卻揑造為另外一個畫家的手筆。」⑲少年不幸失聰的他，由於聾啞的身體缺陷，常因此受人欺騙。於是有一天在盛怒之下，便把一些設計的封面作品扯得粉碎。

往年這些備受艱困的文人與畫家筆下看似不經意的簡單塗鴉，卻每每夾帶著意想不到的樸拙旨趣，這類作品通常都有點拒絕被模仿的意味。

回顧西方現代主義運動興起之初，最能體現這種現代精神者是前衛詩人，他們表現出來的旺盛精力罕見其匹。而相對在戰後台灣現代詩人當中，亦不

⑲—楊蔚，1980，《向現代開拓》，台北：時報文化，頁7。

自繪以灰白色塊勾勒「蛾」的線條構圖明淨典雅，內頁設計則以鉛印版式完成了四首開創性的「圖象詩」。

詩作《蛾之死》主要表現為追求自由飛舞的蛾從無邊黑暗的蛹巢中羽化後，初見光明時四處紛飛衝撞的激昂面貌，直到它被「釘死在空虛的白牆上自可以夢見愛的腦門」、「生命就此終結」為止，象徵著當時人們徘徊於內心激越與現實苦悶之間的衝擊與隔閡。

置身於前衛創作改革浪潮中，這群現代畫家與詩人相濡以沫的同儕情誼，不惟展露在諸位詩人文友於「東方」、「五月」畫會每展必到的熱忱，其後透過每隔十年發行的「年代詩選」，畫家們更創造出一種特有的、以抽象繪畫封面搭配內頁詩人寫真畫像的裝幀文化。

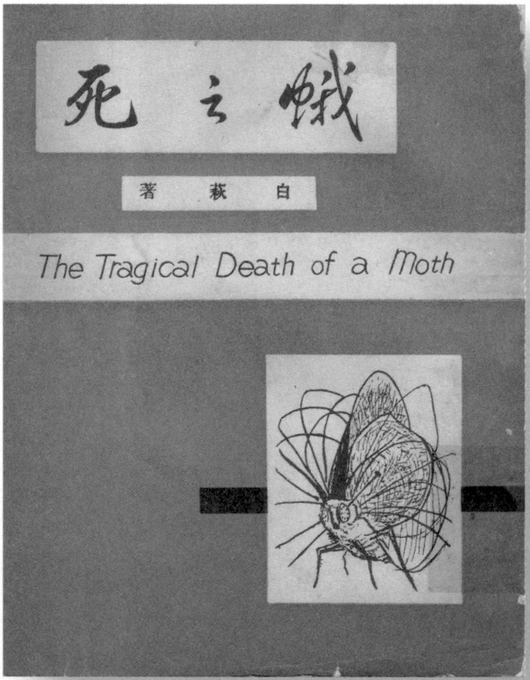

《蛾之死》（詩集）｜白萩著｜1958｜藍星詩社｜封面設計：白萩

一九六一年，「創世紀」詩社首開風氣之先，籌畫編纂《六十年代詩選》，內容收錄方思、白萩、林亨泰等二十六位詩人作品。為此，主編詩人張默和瘂弦特地在高雄左營軍區招待所「四海一家」住了一整個月，於酷暑氣候下揮汗編寫。

「為了追求完美，」當年共同參與《六十年代詩選》編務的大業書店負責人陳暉說道：「從開本大小，每面排多少行多少字，標題應用幾號字，應佔幾行？作家照片大小的決定等，無不會商考慮再三。」⑳最後陳暉還特別商請「五月畫會」大將馮鍾睿跨刀義務為每位詩人素描畫像並設計封面。

就像是中年過後相約成俗的老同學聚會，以《六十年代詩選》為起始誌記，台灣現代派詩人們藉此悼念著過去那個曾經擁有、並宣告自己依然活躍的那個「最美好的時代」（the best of times）。

當年曾被覃子豪比喻為「恍如大熱天的清早被人迎面潑了一盆清水那般舒暢」㉑，馮鍾睿筆下所繪《六十年代詩選》封面設計，主要參酌捷克畫家庫普卡㉒以垂直線條排列如音樂韻律的幾何風格，運用深紫咖啡色六個相等垂

---

⑳—陳暉，1986，〈作家—書店〉，《南部文壇》，高雄：大業書店。

㉑—張默，1994，〈我最喜歡的封面〉，《文訊》革新第60期，台北：文訊雜誌社。

㉒—庫普卡（Frantisek Kupka, 1871-1957），生於波希米亞，現代抽象藝術先鋒之一，先後在布拉格、維也納及巴黎的美術學院學習，一八九五年定居巴黎。早期作品曾受點彩派及野獸派畫風影響，造型簡練，色彩鮮明。庫普卡是一位神秘主義者，他對通靈論十分著迷，同時有著異常敏銳的音樂感受力，認為繪畫的形和色，與音樂的要素一樣，可以在人的心靈深處喚起強烈情感。

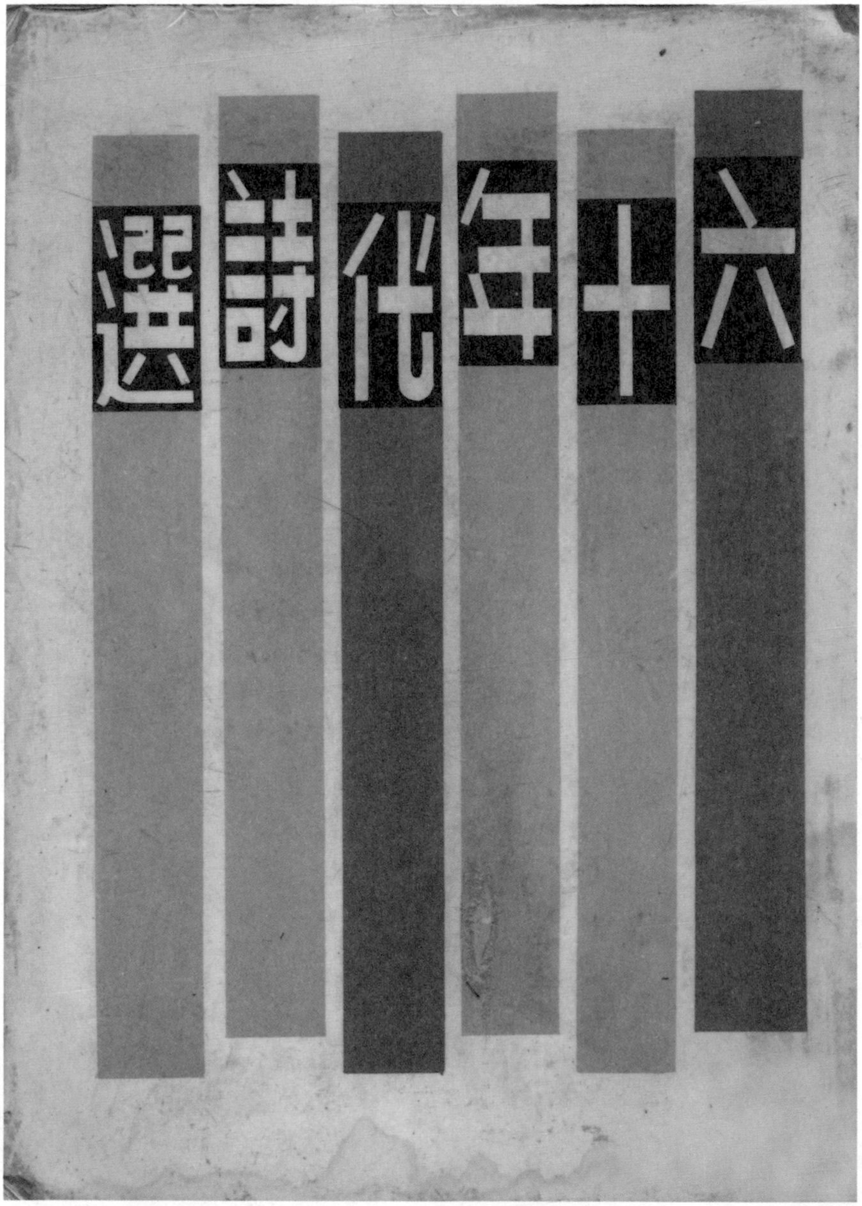

《六十年代詩選》（詩集）｜張默、瘂弦主編｜1961｜大業書店｜封面設計：馮鍾睿

直色塊作排比，版面書名字體則一律黑底反白，呈現出淡雅平和的樸拙效果，歷久彌新。

每個不同時代的閱讀習氣，就像是一股受到集體氛圍驅使的催眠潮，有時往往書籍內容愈加晦澀，反倒愈引來眾多讀者一窺究竟的念頭，甚而衍生某種不可理解的愉悅感。然而，即便對一時難解之詞章強作解狀，或作出各種移情誤讀而耽溺其中，卻也都未嘗不是解放現實想像力的另一種渠道。

《七十年代詩選》（詩集）｜張默、瘂弦主編｜1967｜大業書店｜封面設計：顧重光

《八十年代詩選》（詩集）｜紀弦、張默等編｜1976｜濂美出版社｜封面設計：楚戈

「五月」旗手劉國松與「紅葉文叢」

戰後五〇年代國府「反共肅清」政策帶來的種種壓抑，不惟促使本省知識青年為避免「惹是生非」而忌諱提筆為文，也讓本土畫家們心底蒙上了一層陰影，乃至放棄了耕耘和開拓，而不敢再直接面對眼前的社會現實。

因此，六〇年代台灣現代繪畫運動期間，有志獻身於藝術革命的畫家們，通常若非身為黨國忠烈之後，要不就是所謂的「軍中畫家」。其中，主要包括「五月畫會」的劉國松（烈士遺族）、馮鍾睿（政工幹校）、胡奇中（出身海軍）、顧福生（顧祝同上將之子）、莊喆（前故宮副院長莊嚴的哲嗣），以及「東方畫會」的秦松（傳統書畫世家）、吳昊（出身空軍）、李錫奇（出生金門、八二三砲戰的親歷者）等。如是，高舉現代藝術大旗、抗衡傳統保守勢力的歷史責任，便自然落在這群青年藝術家身上了。

劉國松，十八歲（1949）即隨南京遺族學校隻身來台。這位在師大美術系老師們眼中被視為「叛徒」、思想有問題的年輕畫家，早年受廖繼春的賞識而引介到成大建築系擔任郭柏川的美術助教，一面教書一面創作，繼而創立了引領現代藝術風潮的「五月畫會」，從此開始走出自己的路。

二十八歲那年（1959），劉國松開始參與尉天驄主編《筆匯》月刊編撰工作，首度將歐洲現代美術風格引入該刊物裝幀設計之中，先後與詩人余光中、楚戈、鄭愁予，及音樂家許常惠、史惟亮、評論家姚一葦等人相識相惜、互通聲氣。

面臨山雨欲來的「傳統」與「反傳統」之爭，這位「五月畫會」的頭號旗手疾聲高呼：「我們既不是生長在古代的中國，也不是生長在現代的西方」、「模仿新的，不能代替模仿舊的；抄襲西洋的，不能代替抄襲中國的」，秉持著大破大立、捨我其誰之信念的他，甚至發出「民國以來的美術史只是一片空白」㉓的狂言，接連在《文星》雜誌招展著文字上的銳氣。

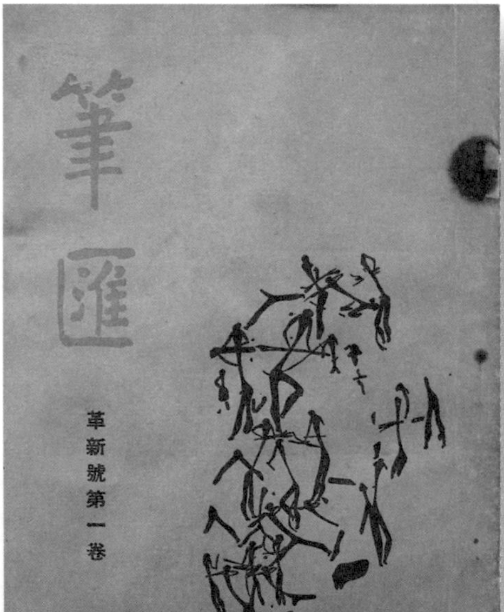

《筆匯》（革新號第一卷）｜1959｜筆匯月刊社｜
封面設計：劉國松

「五月」現代派晚生的鋒芒大露，未久便招來傳統國粹派人士的大忌，惹得當年（1961）國學大老徐復觀在香港《華僑日報》發表〈現代藝術的歸趨〉一文嚴厲批評現代繪畫的非理性與虛無主義，並指其未來：「……無路可走，只有為共產黨開路」。此一「紅帽子」祭出，畫壇人人自危，身處於風頭浪尖的劉國松遂挺身而出，投書《聯合報》回應〈為什麼把現代藝術劃給敵人〉予以駁斥。

從原本單純理念擴散而為意識形態對立的這場論戰，由於劉國松的毅然反擊，且順勢搭了當時美國正欲透過抽象表現藝術與蘇聯社會寫實主義相抗衡的國際潮流，乃促使現代繪畫運動逐漸取得了論述的正當性。

暫且擱置他對現代水墨畫的若干創見，當年在所有同時期畫家之中，劉國松可說是頗能掌握現代書系規劃概念的少數者，他是真正地把「封面裝幀」當成「設計」來看待，而不像其他大多數畫家同儕，僅把它視為另一種延伸形式的繪畫或插畫創作（雖然裝幀設計本身也有創作成分在內）。

六〇年代「五月畫會」引領風騷期間，劉國松始終與王夢鷗、何欣、尉天

㉓—劉國松，1965，〈過去．現代．傳統〉，《中國現代畫的路》，台北：文星書店。

驄、許國衡、葉笛、郭楓等從《筆匯》月刊以至《文學季刊》時期的作家群們保持著密切往來。自一九七一年起，這幫有著革命情感的文藝同道更集結成了甫創立於台南的新風出版社「紅葉文叢」基本作家。至於書籍封面的整體裝幀設計，便交付給其中唯一的藝術家劉國松。

從首刊王夢鷗的《文藝美學》、《郭楓詩選》，及尉天驄的《文學札記》等，「紅葉文叢」原本預定出版二十四輯，由於社務經營問題，因而在發行第十三輯何欣主編的《中國現代小說選》之後便告熄燈。

「紅葉文叢」取法現代藝術結合多媒材的原創觀念，以矩形構圖切割作為全書系封面固定版型，再將套印的現代水墨畫（painting）、作者照片（picture）等各種異質圖像元素綜合並置於框面模矩中，營造出如同電影蒙太奇的視窗效果。

該書系裝幀最大特色，除了全以精裝本與皮面豪華本等典藏形式發行以外，它同時也締造了現代台灣文學書籍首度將作者照片刊印為封面人物的設計典範。

追溯近代作家透過影像照片現身於書籍封面的演化歷程，無疑是件饒富深趣的事。

早先在四〇年代上海「良友圖書公司」、「晨光出版公司」發行文學叢書系列即已首開先例，陸續刊出徐志摩、老舍等作家照片為封面主題。及至戰後五〇年代初期，台灣書市開始出現了「文星叢刊」羅列作者近照與簡介，然而卻也僅是低調地置於封底或折頁間。

觀諸「紅葉文叢」書系，無論是《文藝美學》王夢鷗的卓然聳立、《文學札記》尉天驄的回首凝望、《九月的眸光》郭楓的憑欄自持，或是《巨蟹集》七等生的沉思故我，甚至是《現代獨幕

《九月的眸光》（散文）｜郭楓著｜1971｜新風出版社｜封面設計：劉國松

《文藝美學》（論述）｜王夢鷗著｜1971｜新風出版社｜封面設計：劉國松

《文學札記》（論述）｜尉天驄著｜1971｜新風出版社｜封面設計：劉國松

劇選》許國衡的正襟面觀，瀏覽當年這些刊印在封面的作者留影，總是讓人興許感懷以往這個直把「溫文儒雅」認真看成一回事的淳樸時代！

當今由於商業設計思維極致擴展的結果，書刊封面人物照片幾乎成了一種號召市場買氣的消費對象，淪為紙頁裡的沙龍照及大頭貼，連帶使得以往只求儀容素雅的作家們也不得不跟著扭捏作態起來。

封面照片上的作者身影，總是賦予讀者一種近似夢囈的美好想像，讓人將文字書寫與面貌臉孔合為一體。因此，有些讀者似乎便不太能接受（甚至訝異）年華老去的作者本人與當初封面照片之間的現實落差。然而，當歲月荏苒、人書俱老之際，封面刊印作者照片最重要的存在意義，卻是替作者本人永遠停格在他（她）自認為最優雅煥發的動人姿態，同時透過文字及影像，追悼著當下無可挽回的青春記憶。

《巨蟹集》（小說）｜七等生著｜1972｜新風出版社｜封面設計：劉國松

《現代獨幕劇選》（劇本）｜薩洛揚等著、許國衡譯｜1972｜新風出版社｜封面設計：劉國松

《心靈的側影》（論述）｜李魁賢著｜1972｜新風出版社｜封面設計：劉國松

「東方」狂流秦松「火祭場」底下的熾熱靈魂

同處六〇年代台灣現代繪畫運動熱潮期間，相較於「五月畫會」以西方抽象繪畫及超現實風格為出發點，致力追求絕對純粹形式的現代藝術，由李仲生門下「八大響馬」㉔結盟而成的「東方畫會」諸子們則傾向倡議「西枝東根」的思維，強調創作本身除開放自由性格外，更必須考慮傳統文化的民族特質，主張在東方精神中拓展國際觀與現代性。

其中與劉國松同為十八歲（1949）以流亡學生身分隨軍來台的秦松，入籍台灣省師範美術學校就讀後，隨即投在李仲生門下習畫，是為早期「東方畫會」的旗手大將。兩人俱在風起雲湧的現代畫壇各擁一片天，當時並稱「二松」。

為了從保守鬱悶的畫壇困境中突圍，矢志「為國爭光」的現代派青年畫家們無不積極朝國際展覽一途尋求出路。據此，年方二十八歲（1959）的秦松以版畫作品〈太陽節〉受邀參展巴西聖保羅雙年展並獲得雙年展榮譽獎，之後國際展覽不斷，成為早期台灣少數獲得國際藝壇矚目的青年畫家。

㉔—首屆參展「東方畫會」的八位成員，包括：李元佳、吳昊（吳世祿）、夏陽、陳道明、歐陽文苑、霍剛（霍學剛）、蕭勤、蕭明賢等。此係何凡（夏承楹）於一九五七年十一月五、六日兩天，於東方畫會首展前，在聯合副刊專欄「玻璃墊上」以〈「響馬」畫展〉為題，為大眾報導介紹東方畫會。「響馬」一詞，為北方稱呼強盜的別稱，他們在行動前習慣先放響箭以示警，何凡以戲謔之口吻，將東方畫會八位創始者稱之為「八大響馬」，形容其闖蕩的性格、叛逆姿態突起於畫壇。

在此之前，秦松已然在台灣版畫界聲譽鵲起、躊躇滿志，其版畫作品曾讓學生時代的謝里法屢屢無法忘懷：「美而廉餐廳樓上的展覽室，是五〇年代初台北唯一民間開設的展覽會場，自從進大學美術系我就經常來此看畫展，秦松的木刻版畫展我就是在這裡看到的。」㉕

當年聲望正隆的秦松，正可謂「年少成名、意氣風發」，但在朋友眼中，卻也總是「說話直接、自視甚高」。

一九五六年，羊令野、葉泥主編《南北笛》季刊創刊，首度協請由秦松擔任裝幀設計，及至一九五八年停刊為止，共出三十一期的《南北笛》詩刊封面每期皆以秦松的一幅版畫作套色變換。

身兼現代詩人及書畫家才幹的秦松堪稱詩、書、畫三絕，其詩文創作主要分布在一九五七至一九六八年間的《現代詩》、《創世紀》、《野火》、《南北笛》、《葡萄園》、《今日新詩》及《縱横》詩頁，並於一九六七年集結為第一本詩畫作品《原始之黑》。

㉕—謝里法，1988，〈從將軍的年代到松族的黃昏——台灣「現代畫」的旗手秦松〉，《台灣文藝》，一一二期，台北：台灣文藝雜誌社。

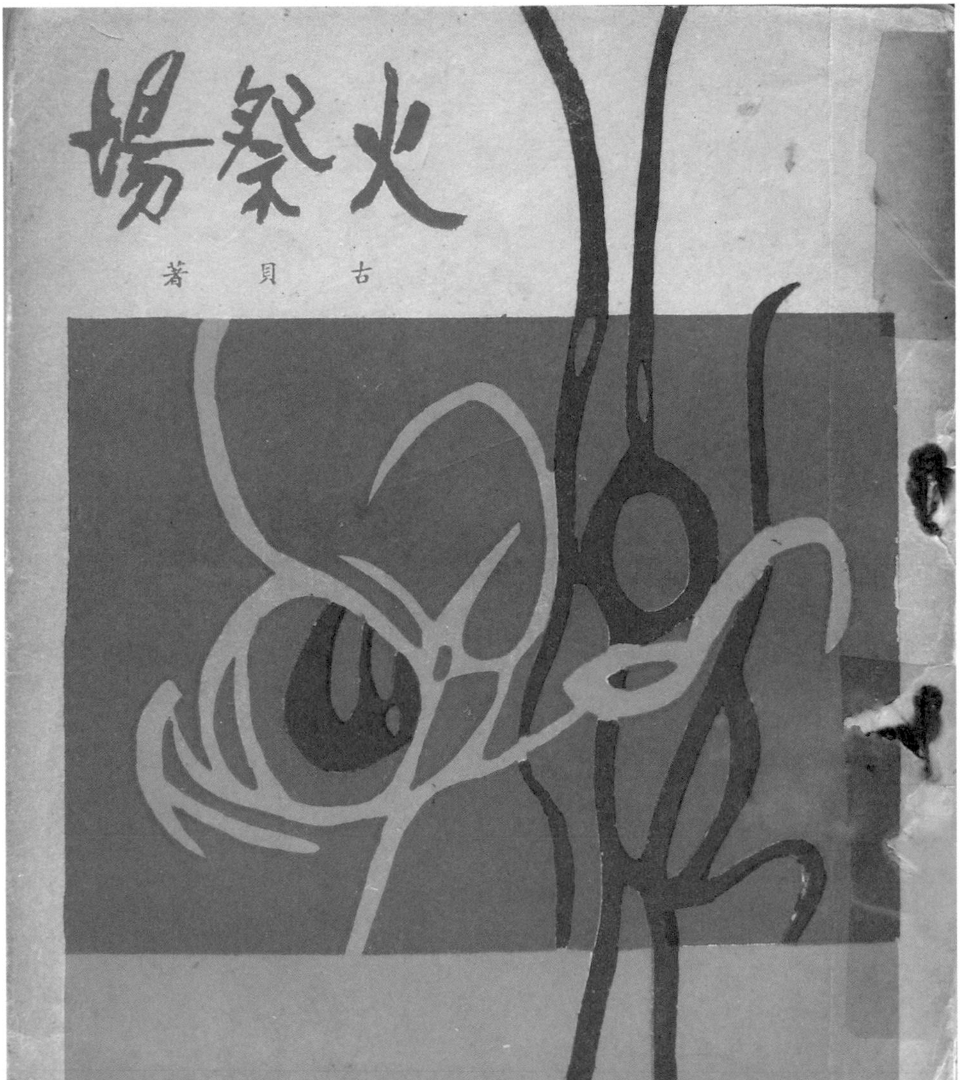

《火祭場》（詩集）｜古貝著｜1963｜藍星詩社｜封面設計：秦松

此外，秦松也是當年「作家咖啡屋」㉖的室內設計者，與畫家龍思良在台北市武昌街設計的「文藝沙龍」（1965）、郭承豐在台北市峨眉街設計的「天才咖啡屋」（1970）同為六、七〇年代台灣政治戒嚴時期的民間「地下文化中心」。

生性狂放不羈、向來不肯跟世俗妥協的秦松，擁有相當早熟且外顯綻放的多方才華，其裝幀設計不僅是另一種版畫作品的呈現，更是真切反映其內在性情的心靈圖像。其中尤讓我感到驚豔的，是他替台灣詩人古貝（1938- ）設計繪製的第一本個人詩集《火祭場》。封面中猶如火焰般激情舞動的肢體線條，既融合了傳統草書連綿迴繞的放縱癲狂，以及古代原始部落生命獻祭的荒蠻氣息，參雜地閃動著紅、黃交錯的熾熱光芒，一種源自生命本體的靈魂騷動和軀體狂歡，彷彿都出自內心深處給震驚了。

相對於《火祭場》極其奔放的封面線條，秦松替王潤華《患病的太陽》與淡瑩《千萬遍陽關》這對文壇夫妻檔所作詩集首版設計走的是另一種冷靜絕俗的「極簡風」。該圖原為秦松題曰「日中之日」的一組版畫創作，畫面主要以「〇」與「一」作為符號化的幾何造型元素，分別代表陰陽、動靜、方

㉖一九六八年六月，洛夫和詩人梅新曾和幾位作家及畫家們於台北西門町合開的一處藝文交流空間，名曰：「作家咖啡屋」，除了賣咖啡外，也定期舉辦畫展及詩歌朗誦會，每週邀請一、兩位著名作家或演講，或與文友們閒聊文學，此地甚至還吸引外國觀光客慕名而來。後來因不善經營之故，未到三年便停止營業。

圓、有無等象徵意涵，利用非繪畫性的拓印技法，表現為具有傳統書法碑拓質感以及東方禪境思想的抽象圖騰。

正當秦松悠然馳騁於詩畫領域，其聲名如日中天、亟待大鳴大放之際，一道駭然而降的「秦松事件」卻徹底改變了他的後半生。

話說一九六〇年三月二十五日美術節當天，國立歷史博物館舉辦大型現代美術畫展，並邀請了一百四十五位主張現代藝術的畫家，計畫成立「中國現代藝術中心」。這天，同時也是秦松榮獲頒獎的日子，會場並展出他的多幅抽象畫作。然而，到場觀展的政戰軍系畫家梁中銘、梁又銘兄弟，併同王王孫與

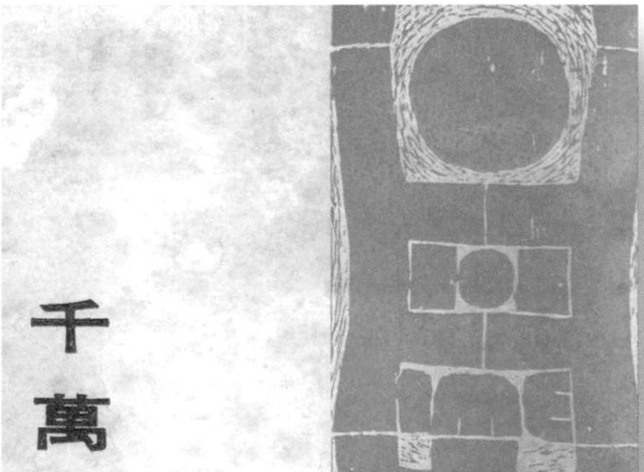

《千萬遍陽關》（詩集）｜淡瑩著｜1966｜星座詩社｜封面設計：秦松

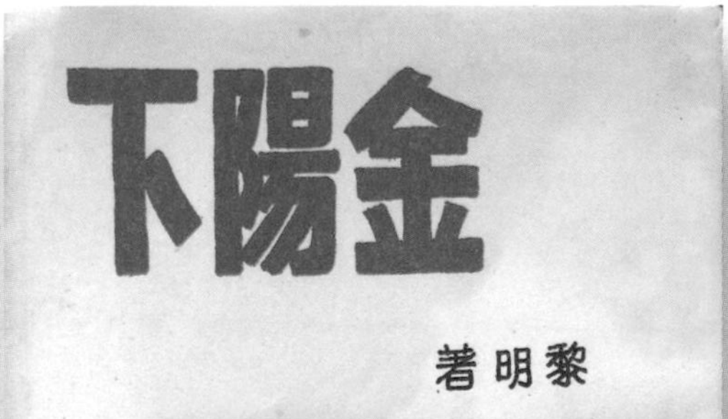

《金陽下》（詩集）｜黎明著｜1965｜中國青年詩人聯誼會｜封面設計：秦松

數名政戰學生及媒體記者等一行人，卻聲稱在其中一幅題曰「春燈」的抽象畫作上發現暗藏有一個倒寫的「蔣」字，並指控檢舉為汙辱元首。事件的結果是，該幅畫隨即被取下查扣，頒獎取消，秦松本人則須在日後接受調查，連帶使得籌備中的「中國現代藝術中心」遭受波及而流產。藝術生涯遭遇此一重大打擊的秦松，於一九六九年由美國國務院邀請赴美考察訪問後便滯美不歸。

過去直把現代文藝當作「敵情研究」的五、六〇年代期間，相對於軍令紀律的明確易懂，現代詩與現代畫本身的抽象晦澀總讓治安機關與情治人員始終保持高度警惕。他們主要憂心的並不是這些看不懂的詩畫無法明確發揮「反共抗俄」的政宣作用，而是時時懷疑這些充滿隱喻象徵的詩句及繪畫線條，是否隱藏有某種包藏禍心的玄機和暗碼，甚至有否可能透露出顛覆國家的反叛信息？

《患病的太陽》（詩集）｜王潤華著｜1966｜星座詩社｜
封面設計：秦松

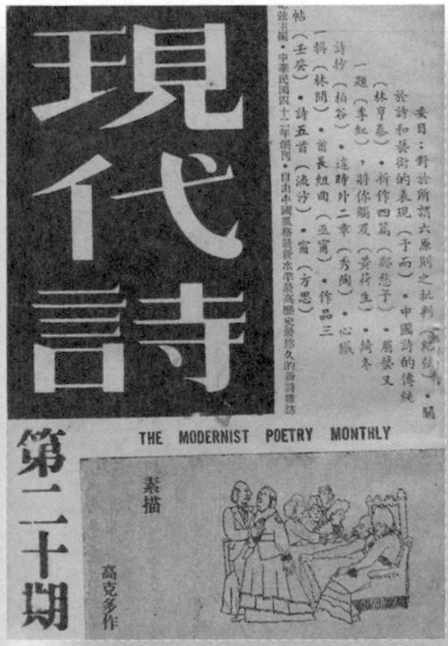

1953年，紀弦獨資創辦《現代詩》季刊發行。1956年由紀弦發起的「現代派」宣告成立，同年出版《現代詩》第十三期，封面即刊出「現代派六大信條」。其中宣稱「新詩乃是橫的移植」、「知性之強調」及「追求詩的純粹性」等原則，皆與現代抽象繪畫「風格派」（De Stijl）所主張簡化藝術形式的純粹理性精神遙相呼應。

《現代詩》季刊由封面設計到內文編排，整體皆蘊含了現代建築設計「模矩」（modular）概念。乍看之下，薄薄一本不足百頁的《現代詩》季刊份量不多、版面純淨，內外主要以水平和垂直線條構成數種不同比例的矩形區塊，在用色方面則多用紅、黃、藍三原色或黑、白、灰來表示色彩的純淨，另佐以簡單圖繪或木刻表現豐富的意象作編排。圖文雖少，其構圖對比平衡等種種細微處卻極為利索，堪稱戰後台灣現代主義平面設計美學的箇中經典。

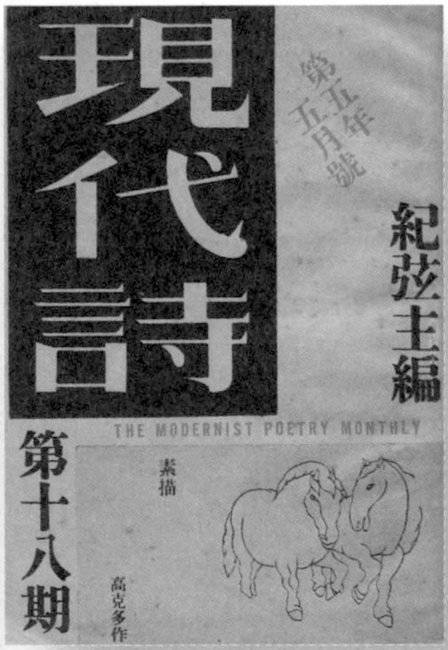

洲前衛藝術的先鋒。其美學思想滲入繪畫、雕塑、建築、工藝、設計等諸多領域，尤其對現代建築和設計產生了深遠影響。

在政治美學的意識形態上，荷蘭「風格派」宣揚一種烏托邦式的宇宙生命和諧，追求生活和社會的純潔有序，其倡議「新造形主義」觀念迥異於同時期義大利「未來主義」㉗以及俄國「構成主義」㉘強調銳角造形穿刺破壞的動態感以及各種斜向線條切割的不安定構圖，而是利用平衡的抽象造型與中性色彩來傳達秩序與和平的理念。

歷經戰事紛擾、終其一生未曾到過亞洲的蒙德里安，在他生命中最後四年移居美國紐約。他的抽象畫被許多美國藝術家模仿學習，收藏家競相收藏他的作品。在台灣，透過六〇年代《文星雜誌》及《筆匯》的傳播流通，歐陸現代藝術降臨的朝陽雨露便輾轉由此滋潤了島內藝文土壤。

以蒙德里安為代表，其核心思維在於鼓吹藝術創作的「抽象」和「簡化」，它反對個性，排除一切表現成分而致力探索人類共通的純粹精神性。對於當時意圖取徑西方現代主義以創造「國際風格」的台灣藝術家來說，這

㉗—未來主義（Futurism），一九〇九年源自義大利的文藝運動，最初由義大利詩人馬利內蒂（Filippo Tommaso Marinetti, 1878-1944）在《費加羅日報》上發表「未來主義宣言」，號召掃蕩一切傳統藝術，重新創造出能與機器時代的生活節奏相合拍的全新藝術形式。未來主義者迷戀運動和速度，熱情謳歌現代機器、科技甚至戰爭和暴力，主張以具動感的線條、形狀和色彩，表現騷動和喧囂的現代生活。

㉘—構成主義（Constructivisme），興起於俄國的藝術運動，隨之蔓延整個歐洲與美國，大約開始於一九一七年受到馬克思主義刺激之下的俄國革命之後，持續到一九二二年左右。該名稱源於一九二二年史汀寶（Stenberg, V）等藝術家在莫斯科詩人咖啡廳聯展時展出目錄所用字眼。構成主義者認為：所有藝術家應該「進入工廠，在那裡才有真實的生命」。

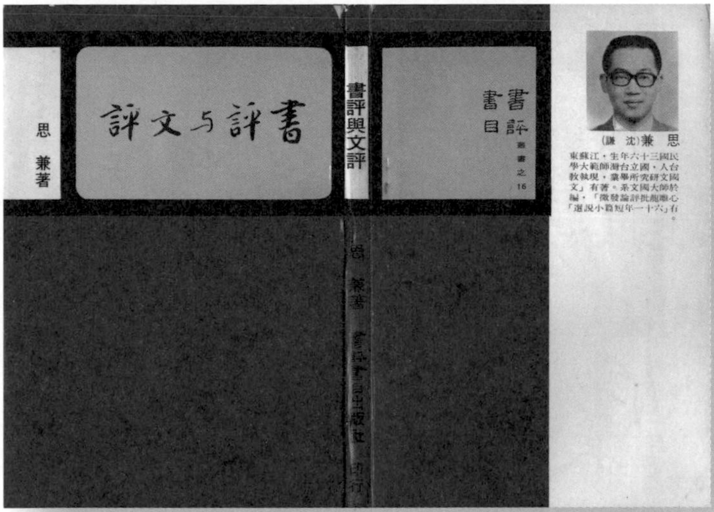

《書評與文評》（論述）｜思兼（沈謙）著｜1975｜書評書目出版社｜封面設計：王菊楚

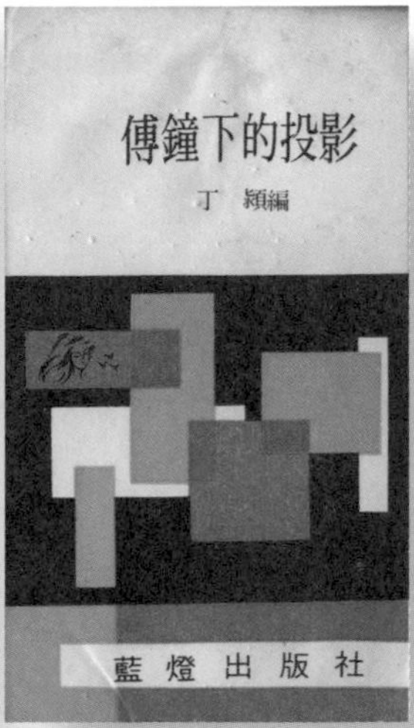

《傳鐘下的投影》（散文）｜丁穎編｜1971｜藍燈出版社｜封面設計：佚名

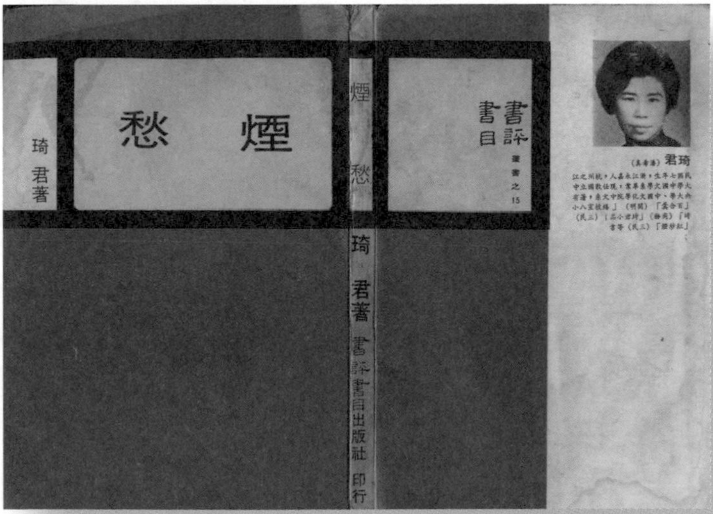

《煙愁》（散文）｜琦君著｜1975｜書評書目出版社｜封面設計：王菊楚

《筆匯》（革新號第一卷）｜1959｜筆匯月刊社｜封面設計：劉國松

被認為是一種不受時代、地域、民族侷限的藝術形式，沿這方向走，即可擺脫民族意識形態的困局，進而創造出迎合國際市場取向的藝術作品。

戰後台灣藝文界取法「風格派」繪畫平面設計之先例，最初可參見尉天驄與許國衡在一九五九年間由王集叢、王藍、陳紀瑩等人手中接辦的革新號《筆滙》雜誌系列封面。

《筆滙》內容版型以三十二開本的月刊形式來編排，每期連同封面共五十四頁，正好是兩張白報紙的份量，據說這是當時最節約的省錢作法。首期「革新號」封面採用粗黑線條作水平垂直分割，並將畫面右下方矩形區塊空白處配置勞勃・杜菲（Raoul Dufy, 1877-1953）的素描畫「拉大提琴的人」。此後沿用歐洲現代畫家作品為封面的慣例一直持續到第二年（1960），這些都是出自「五月畫會」旗手劉國松的手筆。

七〇年代中期，洪建全教育文化基金會發行「書評書目叢書」系列，封面設計皆可顯見「風格派」的美學痕跡。此外約莫同一時期，陳信元編選「懷鄉四書」系列（《思我故鄉》、《說我過去》、《憶我戀情》、《懷我故

《思我故鄉》（散文）｜陳信元編選｜1979｜故鄉出版社｜封面設計：任克成

《說我過去》（散文）｜陳信元編選｜1979｜故鄉出版社｜封面設計：任克成

《懷我故人》（散文）｜陳信元編選｜1979｜故鄉出版社｜封面設計：任克成

《憶我戀情》（散文）｜陳信元編選｜1979｜故鄉出版社｜封面設計：任克成

《銀杏的仰望》（詩集）｜向陽著｜1979再版｜故鄉出版社｜封面設計：夏宇、任克成

《玩具手槍》（小說）｜王文興著｜1970｜志文出版社｜封面設計：傅運籌

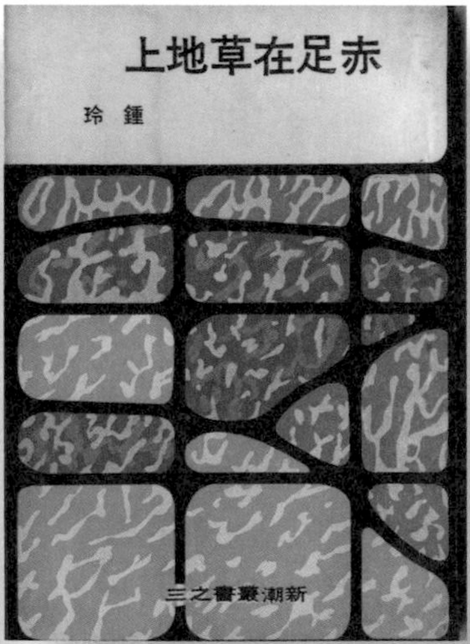

《赤足在草地上》（散文）｜鍾玲著｜1970｜志文出版社｜封面設計：傅運籌

人》），每輯封面均配以一幅木刻版畫，則為當時歷經風起雲湧的台灣鄉土文化運動後，沿用西方樣式而攙入本土造型元素的裝幀變貌。

彼時台灣出版界熱中挪用蒙德里安樣式作為書籍封面的氾濫現象，就連詩人向陽於一九七七年以自費方式掛名「故鄉出版社」發表個人第一部詩集《銀杏的仰望》也不例外，當時他原本央請夏宇採用牛皮紙手繪設計再版封面，不料出版社以市場風格為由，竟把原封面插圖硬生生縮小套在風格如一的矩形色塊框架裡，而成了現今這幅樣貌。

畫面中，那些格子到底是通往美的容器或是一種形式鎖鍊？

大抵由於時代環境氛圍或個人心理因素所致，有些視覺圖像畫面背後的權力體制往往於無形中影響著特定美學樣式的取捨存歿，並且例常性地規訓著觀看者的「視界」，讓他因此能夠「看見」什麼以及「看不見」什麼。

從過去到現在，舉凡六〇年代《筆匯》月刊，乃至七〇年代「書評書目」叢書、志文出版社「新潮叢書」以及其他坊間個人詩歌散文結集等，參照蒙

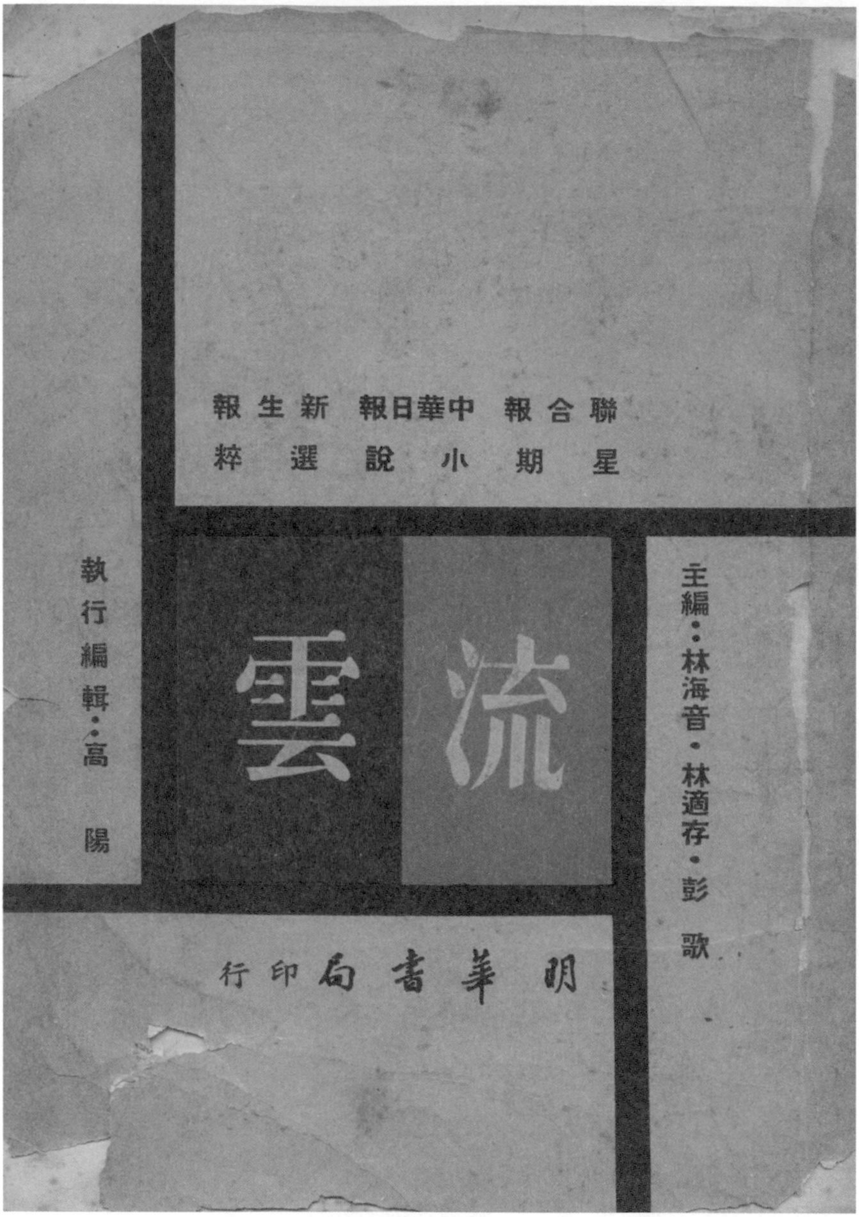

《流雲》（小說）｜林海音、林適存、彭歌主編｜1960｜明華書局｜封面設計：廖未林

1960年，由三大報（聯合報、中華日報、新生報）副刊主筆林海音、林適存、彭歌等合編短篇小說輯《流雲》一書為例，設計家廖未林筆下的封面書名「流雲」二字各用不同深淺的紅色塊面置於畫面正中作反白對比，運用粗黑水平垂直線條切割為矩形區塊的構圖手法，兀似承自歐洲「風格派」遺絮，但在切割比例與位置的變化上，卻又彷彿另闢蹊徑自創一格。他僅僅使用原本秩序井然的垂直水平線條元素，而能將之重新組構出前所未見的動態旋轉方向感，可說是既摹仿自風格派，同時又超越了風格派。

德里安「風格派」形式幽靈屢屢現身於台灣早期書刊封面的移植現象，似已見證了本土設計者老早避不開「全盤西化」的歷史宿命。然而，無論從「古典」到「現代」，抑或由「西方」至「東方」，其間之關聯並非是一種絕然的對立或取代，而是知識體系隨著時間發展而衍生的一種分工，彼此之間既為互補且相互辨證。

對一位設計創作者來說，「你跟誰都不像」可說是一種最大的恭維。所謂「模仿」與「創造」兩者有時並非截然二分，而更重要之處卻在於借鑑者的吸收消化程度多寡。

俗話說：「戲法人人會變，巧妙各有不同。」同為廖未林繪製的朱介凡小說集《擺江》以及王集叢劇本創作《回春曲》封面中，設計者將原有水平垂直分割線條更換了比例、位置，陰刻反白書名在不

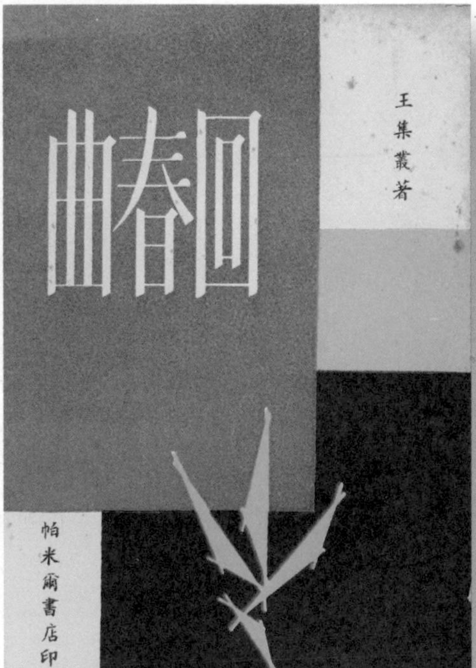

《回春曲》（劇本）｜王集叢著｜1959｜帕米爾書店｜封面設計：廖未林｜書影提供：舊香居

同方向與顏色深淺的長方形區塊襯托下，不僅融入了簡潔鮮明的現代感，另於色塊邊緣加入幾筆即興勾勒的山水小圖，更讓整個畫面看起來像是從現代抽象畫裡走出來的一幅古代風俗畫卷。

源自二十世紀西方現代藝術風潮的美學樣式，經由台灣本地美術工作者接受、模仿、挪借與轉化而蔚然盛行於一時。當歐陸藝術界既有的抽象原型（proto-type）到了台灣設計家廖未林手中，憑藉其深厚的美術涵養與繪畫功力，非但充分消化傳統美學的文化遺產，並且不斷地進行著水平垂直矩形色塊的造型實驗，最後終於淬煉成為本身特有、早期台灣中文出版界的設計典範，創造出超越時代侷限的永恆美感。

《擺江》（小說）｜朱介凡著｜1961｜新興書局｜封面設計：廖未林｜書影提供：舊香居

《上等兵》（小說）｜潘壘著｜1957｜明華書局｜封面設計：廖未林

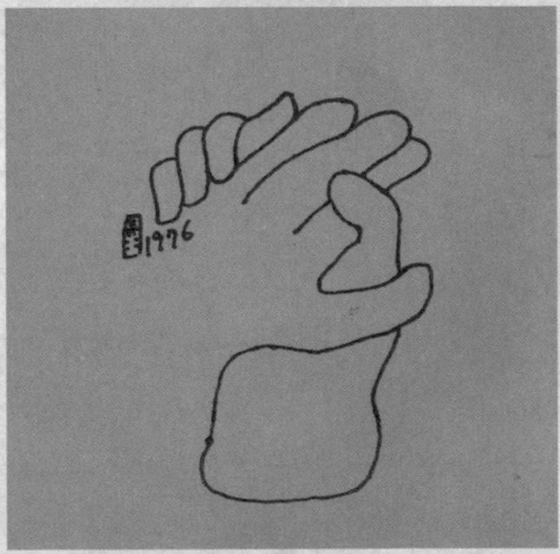

CHAPTER 4

身影凝像

書物身體形態學之章

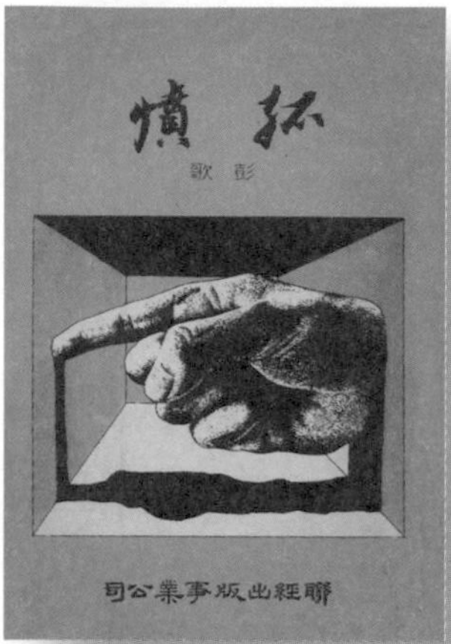
孤憤
彭歌
聯經出版事業公司

鄉土文學討論集
尉天驄主編

知識人的偏執
許南村著

文星
57

黑色的愛
郭良蕙著
新亞出版社有限公司出版

手掌集
辛笛

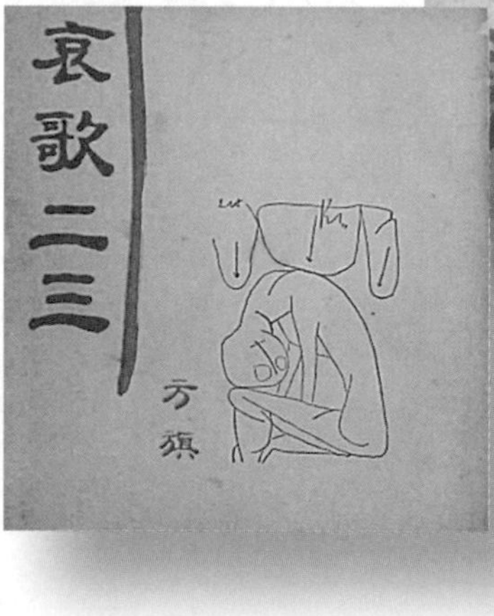
哀歌二三
方旗

鵝媽媽出嫁
楊逵著

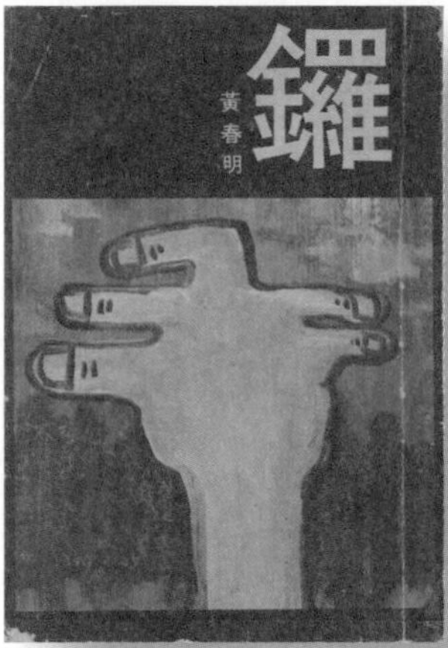
鑼
黃春明

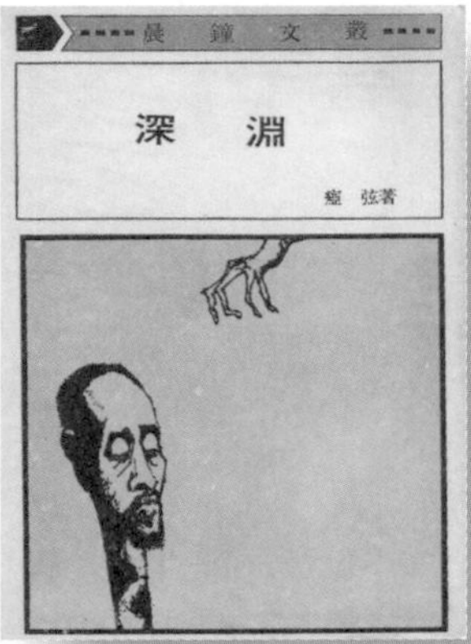
晨鐘文叢
深淵
瘂弦著

鍾理和全集
卷2
原鄉人

設計家
7
DESG
541219

康橋踏尋徐志摩的踪徑

鄉土組曲
台灣民謠精選
黃春明 撰文

這世界上最為複雜而美妙的造化物，莫過於人的身體。在中國古代神話傳說中，人類肉身嘗被用作宇宙萬物的延伸指涉。根據先秦古籍《山海經》記載：那追逐日影以致道渴而死的巨人夸父，在他倒地棄世之後，其身軀化作了山脈，血汗匯成了溪流，他的手杖發芽長成了滿山桃林。

西方人自古咸信，完美的人體黃金比例，即是衡量宇宙尺度與終極美的標準，觀看十五世紀義大利文藝復興時代全才藝術家達文西（Leonardo da Vinci,1452-1519）參酌古羅馬建築師維特魯威（Vitruvius）生平研究學說以一張墨彩畫紙圖繪於一四九二年的「人體比例素描圖」（The Vitruvian Man）不啻道盡了關乎科學知識與藝術想像的非凡結合。

書冊封面如臉，塑造視覺系的繽紛景致恍若麗人現身，便是一種引誘。而裝幀紙料本身卻似那看不清面貌的戀人身軀，即為一種肢體撫觸的故舊溫存。

臉譜與衣裝，同為書籍封面引人炫目的隱喻象徵，其間最大不同處，在於「衣裝」外表能夠依照不同情況需要隨供替換，而「臉譜」卻是作為身體的延伸且更接近一種根植於內在性格的本質習氣。

《笠》（第8期）｜黃騰輝發行｜1965｜笠詩刊社｜封面設計：白萩｜書影提供：舊香居

紀實與再現之軀

作為實體存在的紙本書，與其所蘊含的印刷文字之間有著密不可分的關係。透過文字書寫與非文字裝幀的媒介，書籍得以成為傳遞並再現作者意念的物質載體，甚至是作者本人化作另一種冊頁型態的分身。

所謂「裝幀樣式」即藉由隱喻的具象化（embodiment）過程，透過可見的身體感官，向讀者展現原本抽象的設計概念。據此，日本裝幀設計家杉浦康平參酌了中國古代醫學，提出以身為度的「圖像宇宙論」，將書籍封面比作擁有各種表情的臉譜，認為「臉」凝聚了個人的生命力表徵，反映著看不見的身體內臟功能。

由人的身體內涵推衍至整體外在世界的美學觀，進而領略詮釋為視讀、觸翻、聞香、聆聽、品味等書籍五感的設計意識，出身建築教育的杉浦康平矢志拓展傳統裝幀工藝領域，製作出豪華而美麗的書。

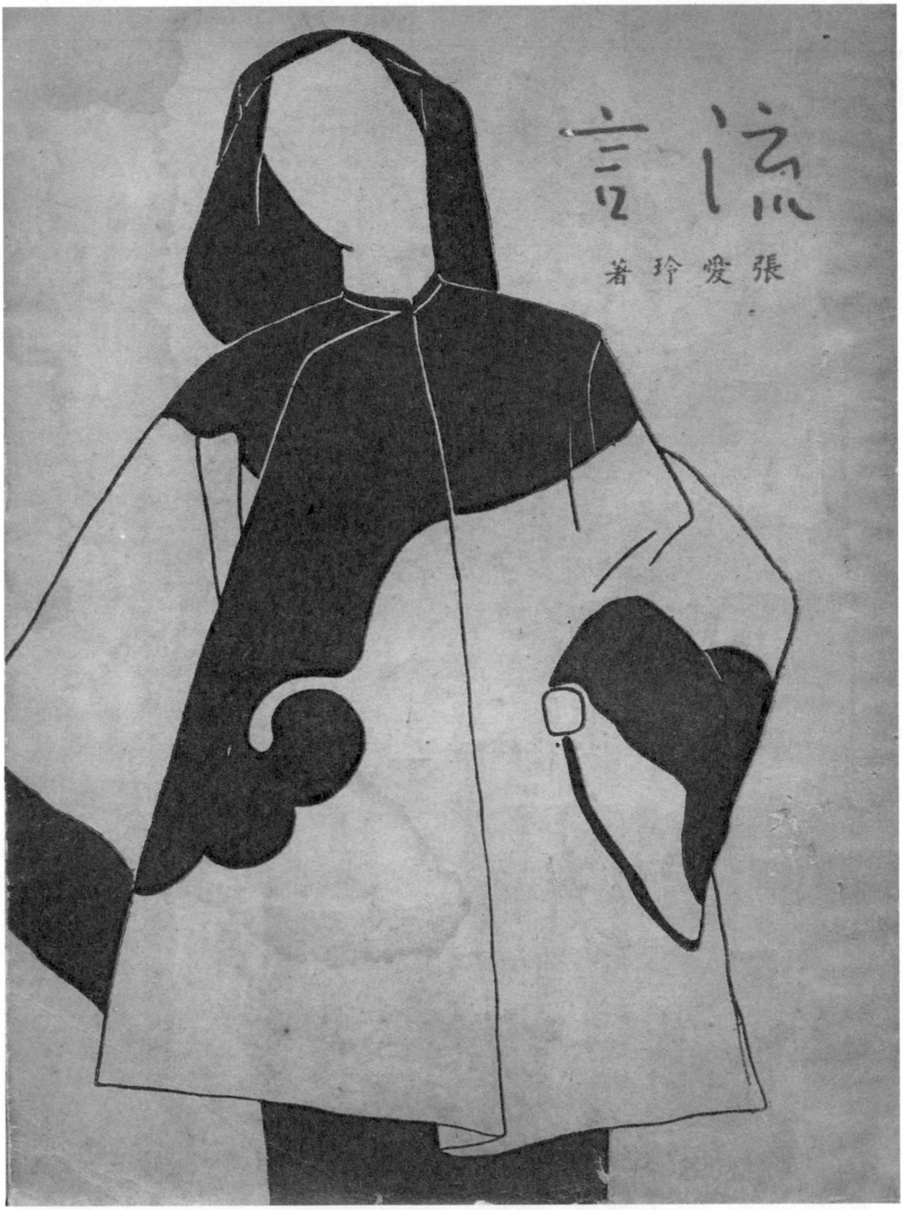

《流言》（散文）｜張愛玲著｜1944｜上海中國科學公司｜封面插畫：張愛玲｜
封面設計：炎櫻｜書影提供：舊香居

早在四〇年代中國近代文學小說家張愛玲於上海文壇走紅之際，向以奇裝炫人特立獨行的她似已染上了一生都難以治癒的戀衣情結。端看初版《流言》封面人物一身合領右衽的衣袍裝扮，袖口寬大、衣長至膝，帶有種擬古式的時尚感。那張面無五官的主角臉孔，有議論者以為是張愛玲刻意藏起真面目的自畫像，我倒覺得像極了美術館裡缺少手臂的維納斯，昭示著以人間殘軀寄寓美麗哀愁的一縷靈魂。

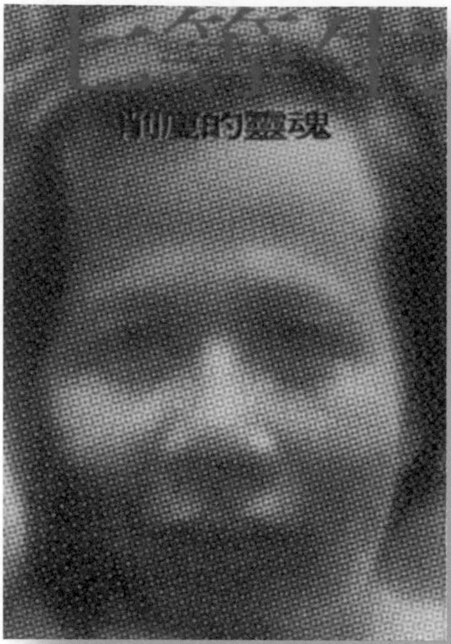

源自十九世紀法國印象派畫家秀拉（George Pierre Seurat, 1859-1891）「點描派」（pointillism）光影錯視手法，七等生小說集《削瘦的靈魂》封面設計由黃華成挪用轉借的攝影圖像，呈現出作者孤獨削瘦的身影靈魂，一種混沌曖昧不明的表情形象彷彿遊刃於現實和超現實之間。

這位長居通霄海邊、極少在台北文藝活動中露臉的筆耕者，早年一度從師範學校體制的象牙塔中遁逃，幾經沉潛後復出，畢生不斷以寫作來塑造、療癒完整的自我。他那不避諱乖謬怪旦、夾帶哲學思維的字句讀來談不上輕鬆，卻總讓意圖省思的知音者感覺彌足深刻。

《削瘦的靈魂》（小說）｜七等生著｜1976｜遠行出版社｜封面設計：黃華成

《玻璃人》（詩集）｜胡品清著｜1978｜學人出版社｜封面設計：陳其茂

《告密者》（小說）｜李喬著｜1986｜自立晚報｜封面設計：李男

世界上最孤獨的職業，據說是燈塔看守人與作家。對於從事文字生涯的寫作人而言，儘管文字思想最終不可避免地要走向訴說和對話，但它們大多總要先在隱蔽與孤獨中醞釀成長。因其孤獨遺世，所以卓然昂立。

作者與讀者之間的距離，端賴有形裝幀的書籍物相來維繫。就讀者立場來看，「觀其冊頁字句，想見作者其人」，乃為人之常情。可就身為作者異地而論，往往並不總是甘願從作品背後現身，一如當年錢鍾書調侃戲言：「假如你吃了個鴨蛋覺得不錯，何必認識那下蛋的母鴨呢？」

雖說現實與想像之間總有距離，但在一般情況下，作家的話語該是百分之百地通透與真誠，文章詞句皆為親身的體驗感受，就像胡品清在詩集《玻璃人》序言裡自云：「我非常透明，像一個玻璃人，苟有瑕疵，也如白珪之玷，人皆見之。」[①] 雖然大多數的人都同意書中故事內容可以是虛構的，然而在有此概念的同時，讀者卻也往往無法將作者與其作品割裂。

為了讓人放棄對作者意圖的追尋或倚賴，當代法國思想家羅蘭巴特（Roland Barthes, 1915-1980）宣稱「作者已死」，不啻標誌著寫作之人隱身

①——胡品清，1978，《透明人》，台中：學人文化，頁4。

在書籍文字背後的時代已經過去，但處於如今的新興消費社會底下，作者除了透過文字媒介傾吐自我以外，甚至還得被迫在大眾媒體面前選擇以何種姿態現身（come out）。

在意義創造的過程中，書籍內容被讀者拉出了一些想像元素，而又回過頭去鑲嵌作者面貌。這時，既渴望透過文字媒介傾吐自我卻抗拒現身被他者觀望的作者本人，如同建築家胡寶林在早期詩集《去國》一書封面所揭露：拒斥以真面目示眾而用雙手摀臉的「不在場」（absence）形象。

「作品是寫作計畫的死亡面具」，班雅明（Walter Benjamin, 1892-1940）說道。這是否意味著一旦作品完成，其內在生命力便已定型死去？

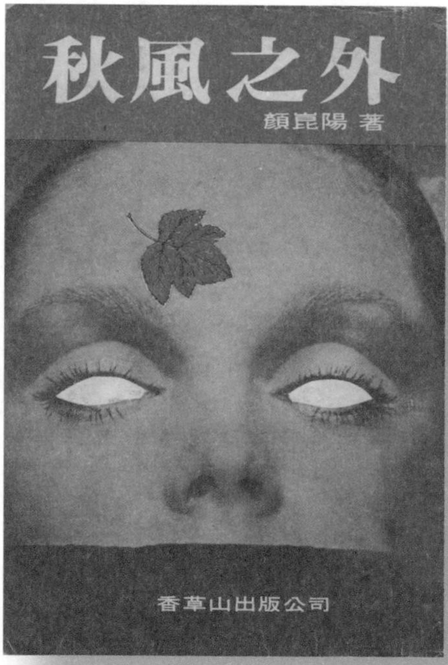

《秋風之外》（散文）｜顏崑陽著｜1976｜香草山出版公司｜封面設計：陳朝寶

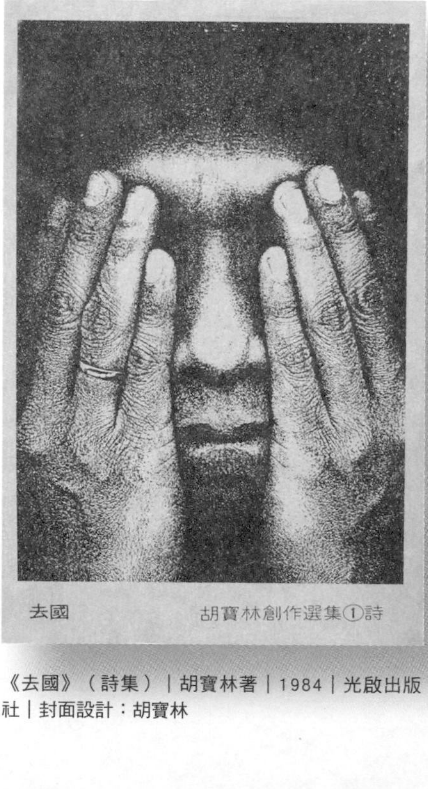

《去國》（詩集）｜胡寶林著｜1984｜光啟出版社｜封面設計：胡寶林

置身於現代資本主義經濟體系當中，我們其實都是沒有面孔、沒有名字的人，不停地被迫往前推移。

就像畫家陳朝寶筆下封面人物將臉孔眼珠塗抹留白而呈現某種超現實的莫名詭異，彷彿就像是失去了所有表情與眼神的一張面具，日復一日，生活被無力感所淹沒，意識邊界被沮喪沖決。伴隨著當前現代主義設計主流盛行的極簡美學傾向，亦使得過去手繪時代著重個人美學意識的筆觸風格和鮮明色彩語彙逐漸消失，取而代之的是最簡潔和中性的外表。最終，惟有市場價值的集體意識凌駕一切。

談到書，也包括人，眼前我們瀏覽目不暇給的那些書封設計究竟反映了創作者所欲表達的真實面貌抑或只是不斷複製著偽裝臉孔？

《醒之邊緣》（詩集）｜葉維廉著｜1971｜環宇出版社｜封面設計：郭承豐

環顧自身所處的台灣社會，由於全球化已經使世界變得更小，今天我們實在已經很難從現代作品裡完全區隔（辨識）出什麼是真正純粹的台灣，而哪些又是受到國外影響？每個人皆已或多或少無可避免地承載著異國文化的精神面容。

每一本書籍面貌在我們記憶中浮現或隱沒，正如同自我意識的嶄露和潛藏。但有些人，往往還沒看清臉孔，就消失了，書也一樣。他們存在的意義，只有自己知道。

書物的裝幀形貌，恆常牽連著一個時代的身體觀。「身體是我們和世界聯結的唯一方式，」法國現象學家梅洛龐蒂（Maurice

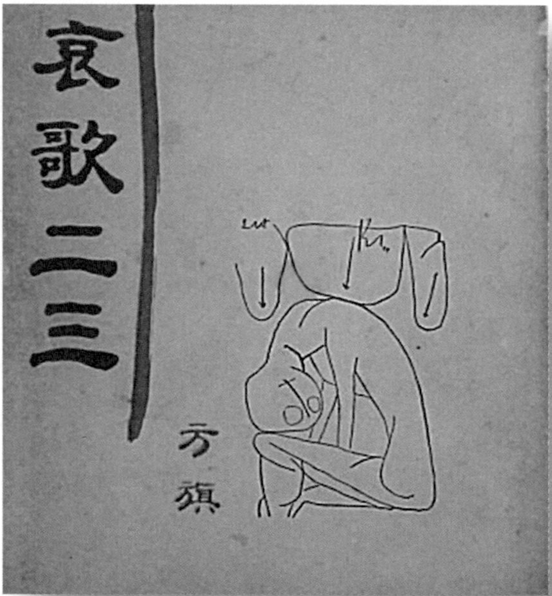

《哀歌二三》（詩集）｜方旗著｜1966｜作者自印｜
封面設計：方旗

曾經一度綻放光芒後隨即徹底消失在大眾面前的那人，往往最能留給後世讀者無限的想像空間。這就是六〇年代的方旗，一位隱世的傳奇詩人。過去曾以自費出版詩集《哀歌二三》、卻從未在任何媒體發表過作品的他，沒有人清楚他的來歷，也沒有人知道當初他告別文壇赴美留學之後做了些什麼？超過半世紀歲月的時光流逝，迄今已早成絕版夢幻逸品在他三十歲那年首度結集彙編的這部《哀歌二三》，從封面設計、內頁編排和插圖全由作者一手包辦，內文編排採直式齊尾的形式，宛如山脈橫走。其中，無論是語言文字或圖畫線條的傾吐，詩人都將掏空自己，把身體讓渡給繆司的靈魂。

Merleau-Ponty, 1908-1961）表示：「身體不斷地使可見景象保持活力，內在地賦予它生命與供給它養料……當我們以這種方式以身體和世界建立聯繫時，我們將重新發現我們自己。」②

提及詩人作家之軀，古今中外文學傳統每每皆以多愁善感的病態美形容之。對此，法國詩人戈蒂埃（Théophile Gautier, 1811-1872）曾謂：「我不能接受體重超過九十九磅的抒情詩人。」文人的體弱多病，或由於感受過於纖細之故，常離不了「自覺」（serlf-consciousness）的苦責。身體上的瘦弱，總予人一種身心有病的聯想，也和敏感的詩人性格密不可分。

刻板印象中，他們總是懷著一副有才氣又不幸染病的凡俗肉身。

受到浪漫主義影響，藝文界普遍崇尚頹廢憂鬱的人格特質，往往與時代風氣有所關連。回溯十九世紀歐陸，正值肺結核的肆虐時期，許多文人作家都曾染病，並視其為一種燃燒熱情象徵的愛情病。「死於結核病的人確實被視為具有浪漫性格」③，美國當代思想家蘇珊・桑塔格如是說道。

②—Merleau-Ponty, M，2001，c1945，*phenomenologie de la perception*，（知覺現象學，姜志輝譯），北京：商務印書館，頁261-265。

③—Sontag, S，2000，c1977，*Illness as Metaphor and AIDS and Its Metaphors*，（疾病的隱喻，刁筱華譯），台北：大田，頁41。

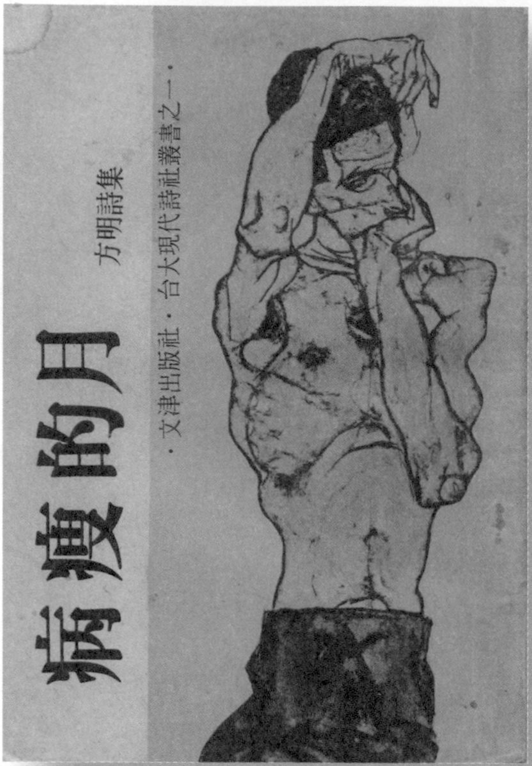

《病瘦的月》（詩集）｜方明著｜1977｜文津出版社｜封面設計：詹宏志

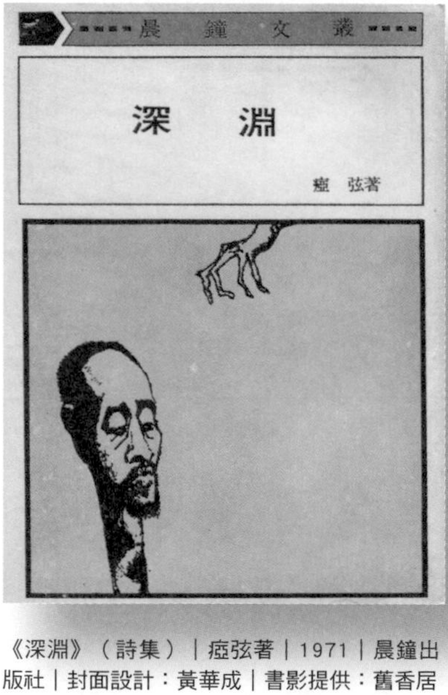

《深淵》（詩集）｜瘂弦著｜1971｜晨鐘出版社｜封面設計：黃華成｜書影提供：舊香居

《瘂弦詩抄》（詩集）｜瘂弦著｜1959｜香港國際圖書公司｜封面設計：瘂弦

當我死後
焚我的詩冊於狂飆
然後誦讀成悽悽的輓歌
那裏有我髫年的嬌憨
和一次小小戀愛時
那種羞赧④

混雜了各種徬徨、空虛、疏離、頹廢、沉淪、自戀的糾合情感，方明詩集《病瘦的月》由當年「台大詩社」才子詹宏志採用二十世紀初因感染流行性感冒而英年早逝的維也納現代藝術家席勒（Egon Schiele,1890-1918）名畫「纏紅腰布的裸男」配置設計之封面主角呈現全身瘦骨嶙峋樣態，讓人不禁聯想詩人從肉體以至心理的殘缺，橫向封面形式對比於內頁直向排版之間亦形成了某種視覺錯亂感。此番醉月當空感嘆於生命虛無的孤絕氣氛，以及興起遁世隱居之想，與戰後五、六〇年代台灣盛行的抽象表現主義幾乎如出一轍。就像《瘂弦詩抄》一書封面呈現的憂鬱男人塑像，灰白臉色和瘦弱身軀，伴隨著心理表徵的憂鬱氣質（melancholy），反映出一種世紀末幻想的晦澀和孤寂。

④—方明，1977，《病瘦的月》，台北：文津出版社，頁87-88。

這份蒼白灰暗的時代憂鬱，約莫到了七〇年代逐漸散去，復因台灣當局遭遇一連串國際政治的外交挫敗以及國內社會經濟的驟然轉型，遂使島內知識分子開始萌生一股關懷鄉土、回歸現實的認同意識。

據此，早年曾與作家陳映真在台北三峽小鎮度過童年歲月、爾後投李梅樹門下習藝的鄉土寫實畫家吳耀忠（1930-1987）嘗言道：「對於台灣的抽象派，生活只成了一塊自欺欺人的色調與線條，個人融化成為不可辨識的、盲目的意識，從他的社會、民族和世界剝離了，人徹底地失去了。」⑤

於是乎，透過報紙副刊與文學刊物的媒介，作家與詩人們分別以詩、小說、散文闡述關懷斯土斯民的理念，促成了鄉土文學運動的發軔。而在美術界領域，則隨著美國懷鄉寫實主義（Nostalgic Realism）畫法傳入，畫家們也開始陸續走訪下鄉進行各類民俗題材的寫生描繪，帶動了所謂「鄉土寫實」的畫風潮流。彰顯樸實堅毅的勞動者形象，便漸成了另一股畫壇新潮。

往昔一同懷抱著社會主義理想、悲憫於底層勞動人民的吳耀忠與陳映真，由於爆發了「民主台灣同盟事件」⑥，致使兩人同遭下獄。這段長達七年

⑤—許南村，1978，〈人與歷史——畫家吳耀忠訪問記〉，《雄獅美術》九十期，台北：雄獅美術社。

⑥—一九六七年，本名陳永善的作家陳映真，與高中教師李作成、台灣藝術專科學校助教吳耀忠、台灣大學學生邱廷亮及陳述禮等人，共同籌組具有社會主義色彩的異議團體「民主台灣聯盟」，該組織的主要成員大多對共產中國抱持期待，時常研讀馬克思、列寧、魯迅等左翼思想書籍。該組織於一九六八年遭到檢舉，政府當局於七月展開逮捕，受到牽連者共三十六人。軍法處以「懲治叛亂條例」中「預備顛覆政府」罪名，將陳映真、李作成、吳耀忠、陳述禮等人判處十年徒刑，陳映和判刑八年，邱廷亮、林華洲各六年。其中陳映真、李作成、吳耀忠等人於一九七五年七月獲減刑三分之一，與陳映真同時出獄。

⑦—蔣勳，1987，〈吳耀忠〉，《雄獅美術》，一九四期，台北：雄獅美術社。

的政治監牢不僅讓吳耀忠精神上受到嚴重打擊，使之原本開朗的性格在出獄後成了自棄不振，甚至自此困窘於理想幻滅與酒精燃燒的纏絞，最後抑鬱而終。

「耀忠似乎受傷很重，不能再調適他與社會的關係」，回想起過去曾與吳耀忠共處的時日，當年執掌《雄獅美術》月刊編務的蔣勳止不住感嘆：「他住民生社區的時候，我常去陪他，有時看他喝酒不斷，就硬拖他到外面走走。走在街上的耀忠常常有莫名的驚恐，對來往的車輛、偶然擦身而過的路人，甚至自己的影子，都神經質的悚懼著。」⑦

就在因蔣介石去世而特赦出獄的那年（1975）十月，「遠景」出版社接連發行陳映真的《將軍族》與《第一件差事》兩本小說集。其中，《將軍族》上市未及半載，即於隔年（1976）年初遭警總查禁⑧。然而，小說封面由吳耀忠以其胞弟耀進做為模特兒描繪的「少年補鞋匠」卻逐漸在彼時青年一代知識分子手中輾轉流傳，並開啟了一則由社會底層勞動人民形象詮釋本土文學意涵的時代傳奇。

⑧——陳映真的《將軍族》被查禁的原因，有一說是因為裡面描寫了共產黨用以象徵毛主席的向日葵，還有一說則是因為小說內容描寫了一個青年為了不讓鴿子停下來，向空中揮舞著紅色的旗幟。而在眾說紛紜下，卻也始終沒有一種確切的定論。

《將軍族》（小說）｜陳映真著｜1975｜遠景出版社｜封面設計：吳耀忠｜書影提供：林彥廷

《琑琅山房隨筆》（散文）｜吳新榮著｜1981｜遠景出版社｜封面設計：吳耀忠

《鄉土文學討論集》（論述）｜尉天驄編｜1978｜遠景出版社｜封面設計：吳耀忠

《第一件差事》（小說）｜陳映真著｜1975｜遠景出版社｜封面設計：吳耀忠

《台灣文藝與我》（論述）｜吳濁流著｜1977｜遠景出版社｜封面設計：吳耀忠

之後，經由摯友陳映真的引介，吳耀忠陸續接下了出版社委託的書籍封面繪圖素描，主要包括遠景《諾貝爾文學獎全集》、《世界文學獎全集》、《光復前台灣文學全集》和《仙人掌雜誌》系列封面，還有陳映真（筆名許南村）的論述集《知識人的偏執》、《孤兒的歷史·歷史的孤兒》與短篇小說集《夜行貨車》，以及吳濁流、吳新榮、鍾理和、尉天驄、王拓、王曉波等藝文界朋友的各類著述等，封面設計皆以吳耀忠筆下一系列寫實人物繪畫為主題，其間蘊藏著人性最深沉的人道關懷。

畫面中，他經常以都市小人物如漁民、搬運工、油漆工、鐵路工、建築工人、採石工人、路邊小販、工廠作業員等為描繪對象，卻刻意將人物臉孔模糊化，表情既沒有呈現痛苦呻吟狀，也不見有明顯的激情吶喊或反抗，隱約透露出底層人民任勞任怨卻默默無名的社會情景，無形中也在粗獷的線條裡歌頌他們堅韌的生命力。

《夜行貨車》（小說）｜陳映真著｜1979｜遠景出版社｜封面設計：吳耀忠

《知識人的偏執》（論述）｜許南村著｜1976｜遠行出版社｜封面設計：吳耀忠

《原鄉人》（小說）｜鍾理和著｜1976｜遠行出版社｜封面設計：吳耀忠

《一桿秤仔》（小說）｜鍾肇政、葉石濤主編｜1979｜遠景出版社｜封面設計：吳耀忠

《街巷鼓聲》（論述）｜王拓著｜1977｜遠景出版社｜封面設計：吳耀忠

《作家的條件》（論述）｜葉石濤著｜1981｜遠景出版社｜封面設計：吳耀忠

《孤兒的歷史・歷史的孤兒》（論述）｜陳映真著｜1984｜遠景出版社｜封面設計：吳耀忠

當時正是台灣資本主義開始蓬勃成長的年代，隨著現代工業急遽發展、新興都市、加工出口區的設立，大批鄉村民眾紛紛流往都市尋找工作機會，資本主義的貧富不均也造成許多社會問題。對此，他特別以畫筆揭露出台灣日趨走向現代化工商社會繁華的另一面，將貧困、悲慘、辛勞以及面露疲憊的勞動人民鮮活地描繪了下來。

對於吳耀忠而言，從事書籍封面繪圖工作自當不僅僅是為了謀求生計所需，諸如此類面向普羅大眾市場傳達的繪畫形式，同時也和他早期學生時代所接受的社會主義左派思想相契合。在他認為，所謂藝術與繪畫並不只存在少數資產階級的手中，而是生活在世界上的每個人都能夠享有的。因此，透過印刷出版媒介使得原本少數的繪畫作品得以大量傳播，進而在大眾讀者群當中發揮更廣泛的影響力，這可說是一件相當有意義的事情。參與封面設計，無疑讓他具體實現了此一願望。

生前繪畫作品傳世不多的吳耀忠，在他有限的年歲裡，屢屢盡心盡力替「遠景」書系留下了前所未有的大量插畫圖繪，友人施善繼對此頗感不平地說：「他為遠景出版社提供畫作當封面，為諾貝爾全集獲獎者速寫畫像，遠

⑨—施善繼，2007，〈鄉土文學論戰三十年〉，「人間網」（http://www.ren-jian.com/index.asp）。

景只給稿費，製完版，畫作從來也沒一幅還過。」[9]

身兼詩人、藝評家與畫家的好友蔣勳認為，吳耀忠的封面繪畫作品繼承了古典宗教情緒與信仰中歌頌土地的農民傳統，與十九世紀投身社會革命運動的法國寫實主義畫家庫爾貝（Gustave Courbet, 1819-1877）有著精神上的神似，而那純樸親切的風土人物素描，則是源自米勒（Jean-François Millet, 1814-1875）一脈嫡傳。

而我，卻總是油然想起一生貧困孤獨、同以寫生圖繪揭露社會現實而被迫入獄的另位法國畫家杜米埃（Honoré Daumier, 1808-1879）。

《文星》雜誌封面人物，串聯起一部西方文化史

十九世紀晚期法國畫家塞尚（Paul Cézanne, 1839-1906）曾說：「人物畫是繪畫藝術中最高境界。」過去在文藝為政治服務的年代，從事宣傳性的人物畫創作往往能給畫家帶來榮譽地位。

同樣地，基於當今閱讀市場的時尚潮流所趨，書刊封面採名人肖像無疑也成了一種彰顯知識品味的文化符號。換言之，在某種程度上於公共場合刻意夾帶、展讀著印有傅柯（Michel Foucoult）、德希達（Jacques Derrida）、桑塔格等容貌字眼之書，和穿戴著亞曼尼、香奈兒等名牌商品招搖過街的心態其實並無二致。

用名人作封面，可說是一門手段最為高明又毋須讓人花腦筋思考的「視覺催眠術」。

當攝影技術普及之後，由於圖像資訊的高度可複製以及易於修飾性，不僅

《文星雜誌》（第95期）｜1965｜文星書店｜封面設計：龍思良

《文星雜誌》（第76期）｜1964｜文星書店｜封面設計：龍思良

《文星雜誌》（第55期）｜1962｜文星書店｜封面設計：龍思良

《文星雜誌》（第65期）｜1963｜文星書店｜
封面設計：龍思良

《文星雜誌》（第21期）｜1959｜文星書店｜
封面設計：龍思良

《文星雜誌》（第57期）｜1962｜文星書店｜
封面設計：龍思良

《文星雜誌》（第88期）｜1965｜文星書店｜
封面設計：龍思良

使得書封面的作者照片在圖書市場上成為一種訴諸品牌認同的符碼崇拜，無形中更讓編輯與讀者們產生一種錯覺：某些書冊彷彿只要印上名人圖像就能提高本身的文化品味（taste）與知性層次（class）。

從五〇年代的海明威、六〇年代的沙特、七〇年代的傅柯，乃至八〇年代的蘇珊・桑塔格。在台灣，每個時代或者時期總有些人物給歷史留下了鮮明外貌，他（她）們的文字思想體現了所謂「時代精神」（Zeitgeist），而他（她）們呈現在公眾面前的表情姿態則化作一張張具有身體感的「時代面容」。

台灣出版界時興以西方文化名人作封面，當以一九五七年十一月創刊的《文星》雜誌為濫觴之始，一系列攝影或手繪人物圖誌，包括創刊號的海明威，乃至往後陸續引介的羅素、史懷哲、卡薩爾斯、愛因斯坦、畢卡索、史特拉文斯基、佛羅斯特等封面人物，宛如封存的歷史塑像，串聯起現代西方人文自由主義傳入島內的一頁文化史。

「我們那一代很多大學生都是看《文星雜誌》長大的。」當年仍在台大就讀的醫科學生林衡哲回憶：「儘管課業繁重，每個月到了雜誌快出刊時，我

各個不同時期的《文星雜誌》刊名設計字體變化。

就開始充滿期待，非得先把最新一期的《文星》看完，才有心情去準備醫學院的功課。」⑩

據以「文星書店」為陣地，掀起台灣六〇年代「中西文化論戰」的主筆者李敖，甫一上任主編職位，即毅然採用象徵著自由主義標竿的胡適作封面人物（文星五十五期）。彼時李敖公然點名批判傳統體制威權，思想前衛、針砭時弊，終至干犯國府當局之大諱，遂於一九六二年勒令《文星》停刊⑪。

作為戒嚴時期台灣讀者汲取西方自由思想的重要窗口，曾被余光中形容為「一股清風吹在死水上」的《文星》雜誌所引領之西潮雨露，並未因政治壓迫而稍有停歇。隨著一九六三年底仿效英國「企鵝」、日本「岩波」文庫本的首輯《文星叢刊》問世，更開啟了日後以「書系」規劃的叢書出版潮。

此時，與衡陽路上「文星書店」隔鄰而居，原本以「長榮書店」招牌經營舊書生意起家的張清吉在一九六六年創辦了「志文出版社」，並於翌年（1967）刊行由林衡哲翻譯的《羅素回憶集》，是為催生且定名為「新潮文庫」的頭號作品。該書一經推出，風聞「三個月即賣出五千部」⑫，緊接著

---

⑩—林衡哲，2007，〈我的青春紀事2：台大醫科七年的回顧——我的醫學與人文之旅〉，《台大校友雙月刊》第五十四期。

⑪—一九六二年十二月二十五日，《文星》第九十九期尚待排印之時，台北市警員直接到印刷廠沒收了待印稿件。兩天後，市長高玉樹下達《文星》雜誌停刊一年的行政命令。一九六六年十二月，《文星》停刊一年期滿，蕭孟能依法申請復刊，未獲批准。《文星》從此銷聲匿跡了二十年，直至一九八六年九月《文星》雜誌方得再度復刊。

⑫—林衡哲，2007，〈我的青春紀事2：台大醫科七年的回顧——我的醫學與人文之旅〉，《台大校友雙月刊》第五十四期。

打鐵趁熱，持續推出第二號的《羅素傳》，上市後果然再度洛陽紙貴，自此便為「新潮文庫」奠定了良好根基。

這段期間，西方思想及文化仍源源不絕地湧入台灣，尤其對當代青年知識分子產生了莫大影響。

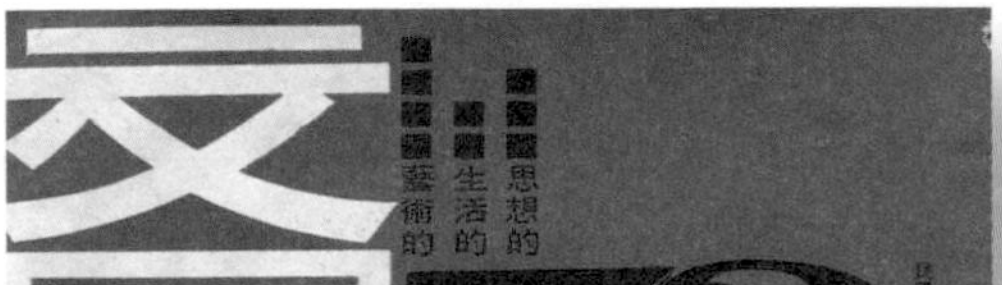

《文星雜誌》（第73期）｜1963｜文星書店｜封面設計：龍思良

《文星雜誌》（第77期）｜1964｜文星書店｜封面設計：龍思良

時代容顏之一——還魂・周夢蝶

有些人，在他一輩子生命中似乎從未年輕過。相對地，或許當其心境超脫歲月時空的紅塵羈絆之際，像是一顆永不隕落的星辰般，其實也就無所謂的「老」了。

畢生以孤獨為緣界的詩人周夢蝶，自三十八歲那年（1959）落腳於武昌街騎樓一帶鬻書而靜默沉吟凡二十一載，對照其〈孤獨國〉詩作所云：「這裡沒有嬲騷的市聲」，只聽聞「時間嚼著時間的反芻微響」，便如是化作一縷始終未曾年輕、所謂「過去佇足不去，未來不來」的不老詩魂。

七〇年代期間，周夢蝶與武昌街書攤早被詩壇人士視為象徵台北文化的一道「城市風景」。眼見陌然而過的喧囂人跡，落寞的書攤一角雖為「寒冷如酒」，詩人卻是物我交融，且無處莫不「封藏著詩和美」。偶然間福至心靈，書攤旁不時常有許多慕名而至的文藝青年男女徘徊造訪，恍若「虛空也懂手談，邀來滿天忘言的繁星」⑬。

⑬——周夢蝶，1959，〈孤獨國〉，《孤獨國》，台北：藍星詩社。

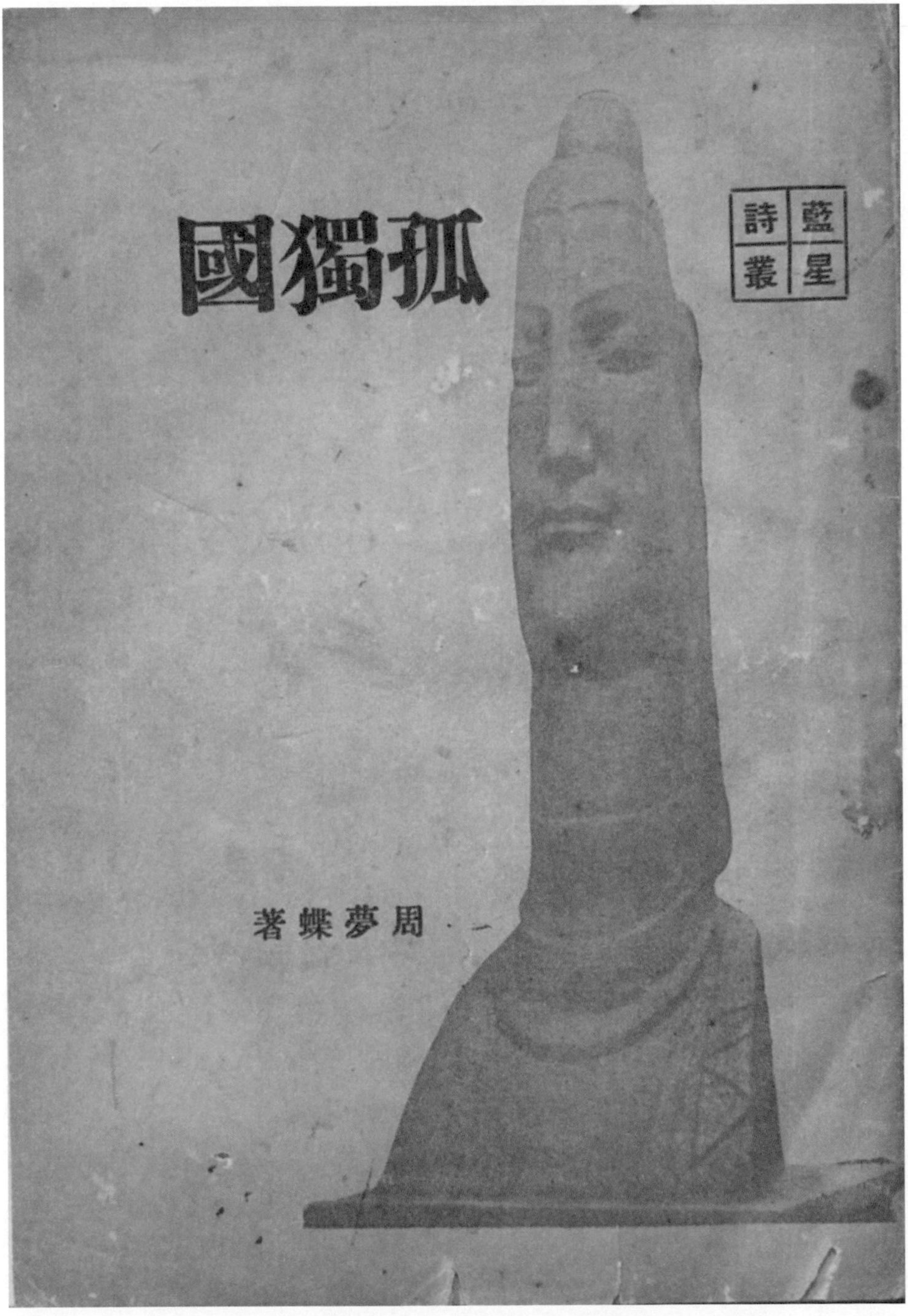

《孤獨國》（詩集）｜周夢蝶著｜1959｜藍星詩社｜封面設計：楊英風｜書影提供：舊香居

即便歷經多年的歲月流轉，詩人羅智成仍依稀記得高中時代初次從周夢蝶的書肆冷攤上買回方莘《膜拜》時的那份自得。「因為我是第一次只憑個人的感覺與判斷，來購買一本陌生的新詩集，」羅智成說：「那時，我對任何詩作風格都傾心接納的年紀。」⑭

當年這位跟隨青年軍渡海來台——三十五歲（1955）自軍中退役後陸續作過書店店員、小學教師，甚至包括守墓工作的「街頭詩人」，初於詩壇名聲漸開、詩風自成一格，彼時《現代文學》第三十九期便欲以之為專輯及封面人物。

在羅青的記憶裡，當時周夢蝶屢屢推辭說：「封面隨你去，作品我沒有。」待書出之後，只見龍思良繪製的封面畫像而無詩文作品，畫像猶似漢拓般的黑色調。某日羅青再度行經武昌街，見他身裹黑衣面壁靜坐，遂指書戲曰：「先生一團漆黑，誠時下所謂的封面人物是也。」周夢蝶笑而應曰：「封面雖是漆黑，裡面可真空白。」⑮

余光中說他總是逃不開帶有自虐而宿命的悲觀情結，一身瘦骨嶙峋的周夢

⑭—羅智成，1991，〈我最懷念的一本詩集〉，《中國時報》1991.06.14。

⑮—羅青，1976，《羅青散文集》，台北：洪範，頁97。

《膜拜》（詩集）｜方莘著｜1936｜現代文化社｜
封面設計：韓湘寧

蝶長年不改一襲深色長袍，其身裹圍巾、雙手抱胸垂目枯坐的孤峭之姿，在畫家席德進筆下猶如隨處盤地生根、清貧自在的「今之古人」。領導版《還魂草》詩集封面即以夢蝶老人此番畫像為底，在白色背景襯托下，身旁兼有幾隻潑墨似的蝴蝶蹁躚飛舞，或淡或濃，一股素雅氣息油然而生。

他在他那缺了腿的椅上，盤膝垂目
他在數他的念珠：他的詩
他並不孤獨
他是飲陽光的雙子葉植物
在酸酸澀澀的石板上植夢⑯

觀諸女詩人洛冰拾掇之詞，得知其身雖不入僧佛之道，內心卻時時惦掛著「動靜一如」的禪意境地。對比於當下幾為群魔亂舞、滿街浮躁的台灣社會，這位閉目端坐以求清靜的夢蝶老人簡直更像是《孤獨國》詩集封面由楊英風製作的雕塑作品所呈現：一尊不惹塵埃的入世佛身。

自一九五二年加入「藍星詩社」起，橫亙半世紀以上的詩壇歲月，周夢蝶

⑯—周夢蝶，1978，《還魂草》，台北：領導出版社，頁199。

迄今僅只出版過四部個人詩集。初期的《孤獨國》、《還魂草》不消說早已成了拍賣市場上有行無市的「書海奇珍」，即便是晚近發行未久的《約會》及《十三朵白菊花》，一般書店也得有緣方得遇見。

開卷展讀冊頁裡的字句段落，偶然在那彼此心有靈犀猶似聲氣互通的感受當下，乃為一種絕對孤獨狀態的愉悅。每每撫卷過後，回味餘音繞梁之餘，乍然想念起詩人戴望舒以〈白蝴蝶〉一詩將書頁比作蝶翼之喻：「翻開，是寂寞，合上，也是寂寞。」然而，即便往後加倍費心地思索追憶，抑或透過書話文字予以重溫再現，卻都始終無法替代昔日置身其中的瞬間感染。

《還魂草》（詩集）｜周夢蝶著｜1981｜領導出版社｜
封面設計：楊紀迪

時代容顏之二——陳達・思想起

在過去沒能趕上的那些年代，總有些讓人感到疼惜的人，即使他們步履蹣跚、臉上皺紋滿布，但卻始終是既快樂又感傷。

來自家鄉恆春、綽號「紅目達仔」的陳達，身邊總是一把月琴如影相伴，其生命步調宛如流星般乍現殞落，在歷史畫下了令人唏噓惋惜的驚嘆號。他那非常非常道地屬於台灣本土的福佬民歌，聽得當時台北藝文界領略到了前所未聞的泥土氣息。

一九六七年，史惟亮與許常惠帶領「民歌採集隊」到了恆春，在咚咚作響的月琴聲下，素人老翁的滄桑歌喉深切感動了甫自歐洲學成歸國的這兩位音樂家。史惟亮不禁譽其為「現代中國的遊唱詩人」，許常惠則是在採集日記裡寫著：「我在離開台北五百公里的恆春荒山僻野中，為一個貧窮襤褸的老人流淚了。」

「思啊，想啊，枝……」這一陣陣高亢嘶啞帶有濃厚鼻音的鄉野曲調，在中美斷交之夜於嘉義體育館的雲門舞作〈薪傳〉首演中，見證了扣人心弦的歷史時刻。

於是乎，從恆春老街廟口到台大對面的「稻草人咖啡廳」，從「唐山過台灣」的傳統謠曲到「蔣經國」的現代史詩。陳達數次受商人之請，經常由家鄉北上至電視台或咖啡廳擔任演唱。

這段期間，曾多次代表電視台採訪陳達的攝影家張照堂對此表示：「請不要以『好奇』的眼光來看陳達，不要『憐憫』，更不要假藉『回歸鄉土』的時髦藉口，請你自動自發，以喜愛民間純樸美好的事物的心來接近陳達，在曉得他的風趣與他的苦難之後，重新再來聽一次他的歌。」⑰

當時在攝影師眼中「喜歡聊天，但是不喜歡拍照」的陳達，最終仍不免成了鏡頭與畫筆底下的一則素人傳奇，不僅包括史惟亮編纂《民族樂手——陳達和他的歌》與黃春明擔綱文字撰寫的《鄉土組曲》皆以之為封面人物，就連改刊後的首期《民俗曲藝》封面亦以姚孟嘉繪製陳達肖像——題曰「月琴」的一幅作品，作為該刊物精神象徵。

⑰—張照堂，2006，〈陳達歲月〉，「哆拉老師的又一天」（http://www.wretch.cc/blog/chaotang/5083352）。

《民俗曲藝》（改刊第一期）｜1980｜民俗曲藝雜誌社｜封面設計：姚孟嘉

在他晚年命隕之後，儘管不斷有民間學者提出「不夠珍視本土人才」等後見之明的云云論調。然而，我心底卻止不住地狐疑：假如當初陳達不犯腦中風痼疾，假若他不橫遭車禍而有幸活到了我們這時代，那麼，在台灣長久以來總是不問長期扎根耕耘、只求曇花一現的收割現象下，背負著「民族樂手」沉重招牌的他，難保就不會被當下文化媒體消費得更徹底？

陳達一生幾乎都在貧苦中度過，直到臨終前，老家恆春鎮公所紀錄欄中寫的是：「陳達，無妻無子，一級貧民」。

我想，相較於那些假「台灣」之名以遂行己利的檯面人物，陳達所帶來給台灣社會的，實在是遠大於這個台灣社會所能給他的。

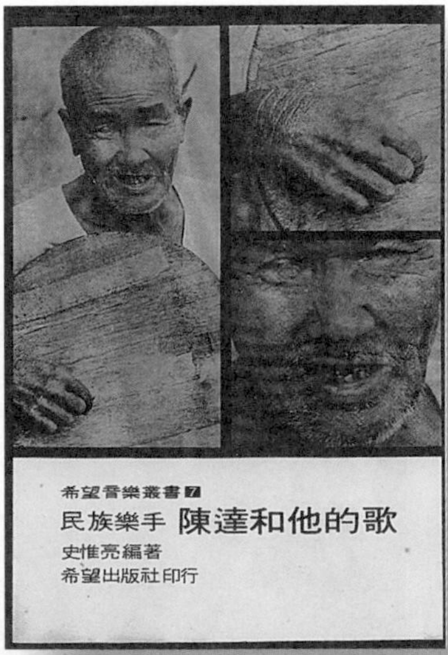

《民族樂手—陳達和他的歌》（歌譜）｜史惟亮編著｜1971｜希望出版社｜封面攝影：張照堂

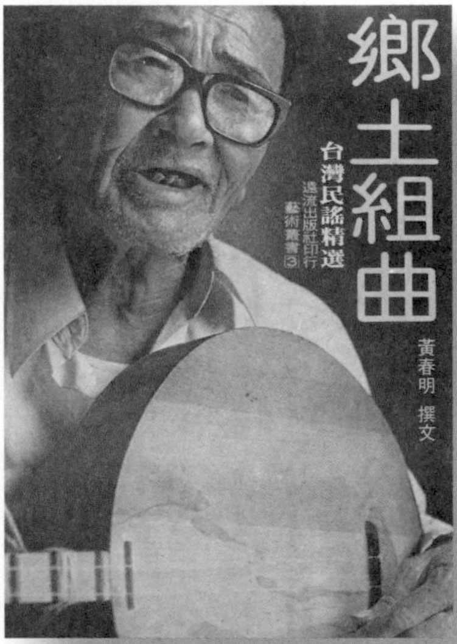

《鄉土組曲》（歌譜）｜黃春明撰文｜1976｜遠流出版社｜封面攝影：梁正居

時代容顏之三——永遠的送報伕・楊逵

詭譎的年代，糾纏著島嶼時空的悲情歷史，總有著許多不可解的矛盾。

端望小說集《鵝媽媽出嫁》各種版本封面圖像，勞動者楊逵的孤獨身影不約而同地顯得如此堅毅執著。源自日治時期農民運動的人道社會主義，以及晚年身體力行頌揚勞動生活的一身勁骨，無論從事台灣文學的筆耕志業或是拓墾在鄉野農園的荒煙蔓草間，他心中惦掛的那把鋤頭彷彿未曾停歇。

在這片島嶼土地上，他曾經生長、求學、遊戲、閱讀、勞動、揮汗、書寫與受苦。然而，當人們開始意識到這塊深埋於歷史塵土的人間瑰寶之際，老人卻已驟然逝去，留下的是尚待釐清解密的諸般困惑，以及

《楊逵畫像》（傳記）｜林梵著｜1978｜筆架山出版社｜封面攝影：謝春德

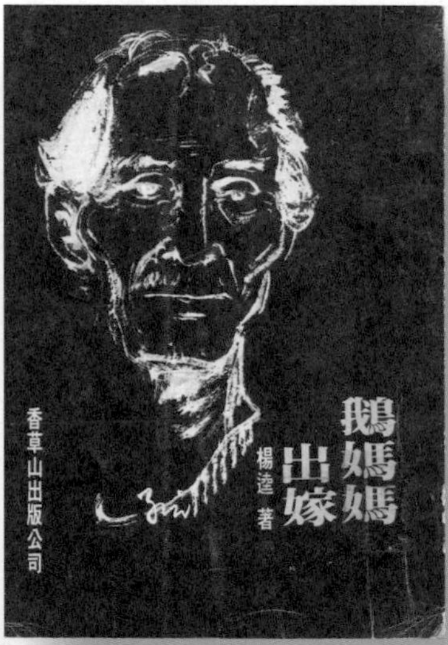

《鵝媽媽出嫁》（小說）｜楊逵著｜1976｜香草山出版社｜封面版畫：陳朝寶｜書影提供：舊香居

身後不斷被塑造累積的神話重量。

一九四九年元月上海《大公報》上，一紙六百多字「和平宣言」觸犯國府當局的敏感神經，換來十二年牢獄之災，以及整個家族世代揮之不去的白色陰影。若民間俗云：「富（窮）不過三代」，那麼易題而論，當年受難者家族遭政治迫害所承擔的鬱悶與苦痛，究竟需要經過幾代人才能得到完全的撫慰淨化。

「儘管我以前非常年輕時，不願意承認，一個巨大的身影為什麼一直在我前面？雖然他只有一百五十八公分，可是對我來說非常的巨大，尤其是在文學的脈絡上。」⑱

在孫女楊翠眼中，這位「瘦削、弱小、黝黑」，甚至外表「絕對看不出是個作家」的不起眼矮小老人，曾在二十八歲那年（1934）以日文小說〈新聞配達夫〉（漢譯〈送報伕〉）入選東京《文學評論》第二獎，是為台灣青年在日本文壇發表的第一人。

⑱——楊翠、利格拉樂・阿烏，2006，〈番（翻）婆・囈（異）語——漫談原住民女性文學〉，《風格的光譜——十場台灣當代文學的心靈饗宴》，台南：國家台灣文學館，頁50。

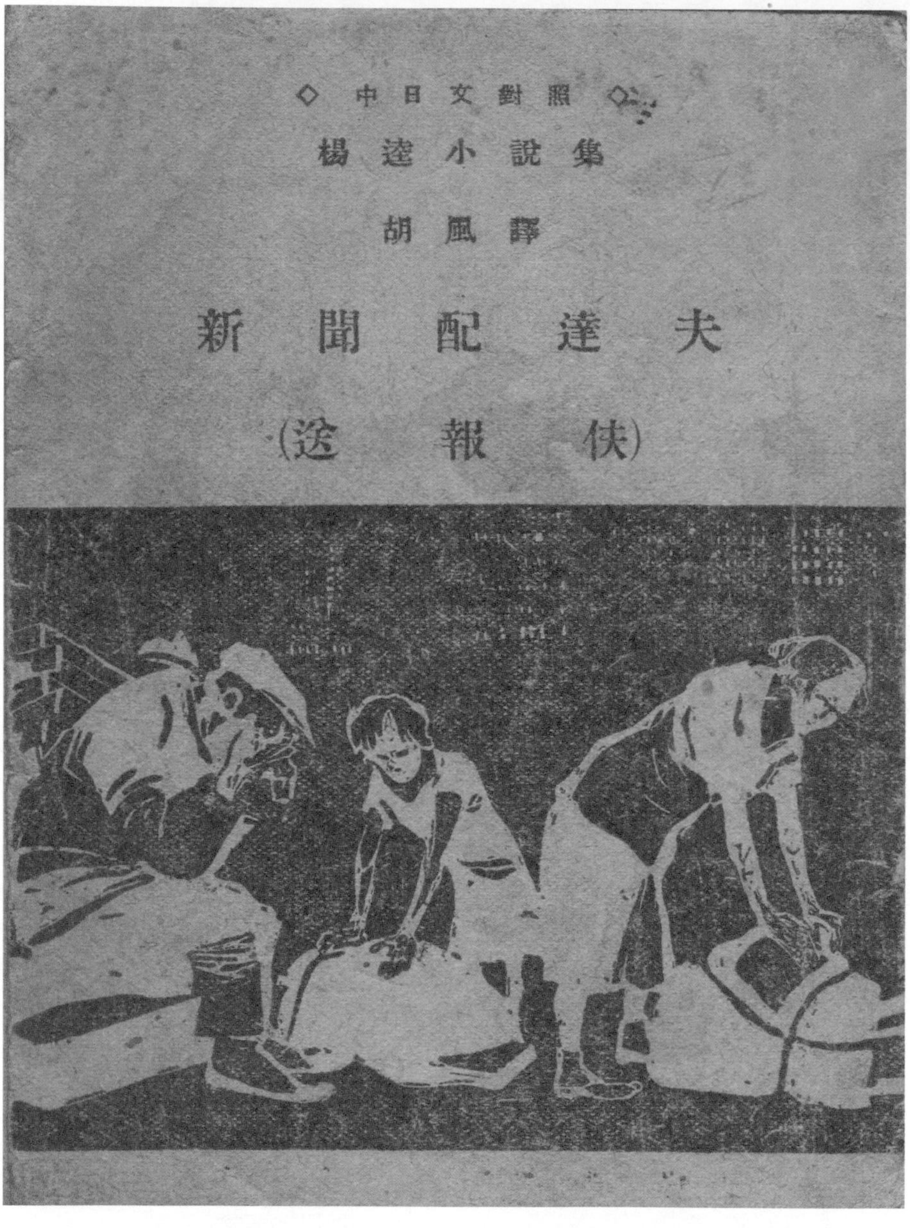

《新聞配達夫》（小說）｜楊逵著、胡風譯｜1946｜台灣評論社｜封面版畫：黃榮燦｜書影提供：舊香居

一生入獄不下十數次的楊逵，於一九六一年自綠島獲釋回台，並向銀行貸款五萬元在台中郊區購買荒地，帶領家人開墾創建了「東海花園」。

一九七四年，日文中譯短篇小說〈鵝媽媽出嫁〉、〈送報伕〉分別重刊於《中外文學》、《台灣文藝》，戰後重新出土的楊逵作品漸為文壇所重，原本沉寂的東海花園也隨之熱絡起來。花園內，除了老人和小孫女，更多的是來自各方前往造訪的文友們，一時之間高朋滿座、訪客不斷。

一次次往返景仰猶如涓滴細水的匯流百川，如神話般的巨大身影於焉生成。

在張良澤的協助下，《鵝媽媽出嫁》中文版於一九七五年首度結集成書，但因楊逵簽訂合約一時不慎，致使其無報酬把著作權永久歸出版社所有。

《鵝媽媽出嫁》（小說）｜楊逵著｜1975｜華谷書局｜封面攝影：謝春德｜書影提供：舊香居

《鵝媽媽出嫁》（小說）｜楊逵著｜1979｜民眾日報社｜封面攝影：謝春德

翌年（1976）五月間，位在台北羅斯福路的「香草山」出版公司為了讓《鵝媽媽出嫁》再度面世，書店業務人幾度往返「東海花園」。封面設計為了省錢，全由發行人陳朝寶一手包辦。他以寫意的國畫底子，為《鵝媽媽出嫁》畫了楊逵的人像當封面，線條質地雖然略顯粗糙，卻露出老人家堅毅的神態。

從五〇年代的沉屈受難，至七〇年代重新出土後的備受尊崇。在截然黑暗與光明之間，歷經劫難餘生的楊逵老人因緣際會地成了籠罩著「光暈」的歷史傳奇，持續吸引著周邊無數有形與無形的景仰之光。

明亮而耀眼的光芒，總逼人無法直視歷史的真切全貌。正如一幅亮眼的封面作品雖攫取了大多數目光，但從其背後映照出看似可有可無的夾頁陰影處，方為窺見現實文本中深刻人性之所在。

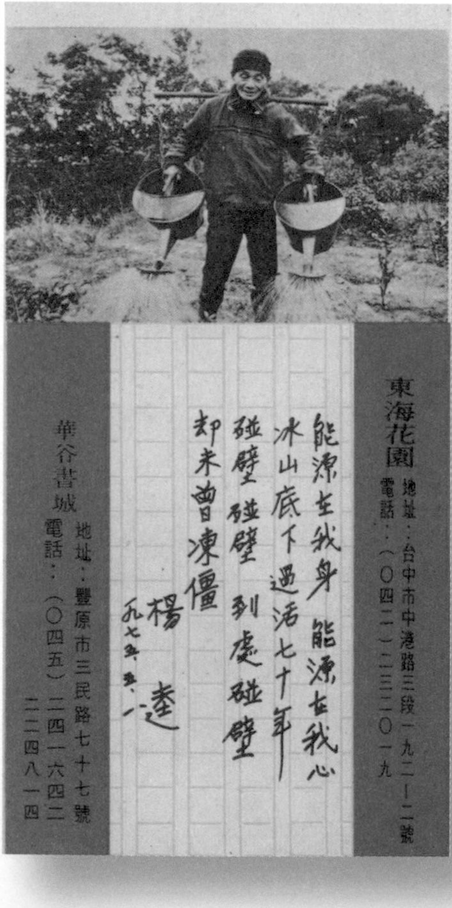

台中「華谷書城」書籤｜1975

撫觸摩挲妳的書冊我的手

有關「閱讀」事件之所以深刻動人，除視覺經驗上的圖文瀏覽外，更是一場觸覺與聽覺感官的完美共謀。

翻開一本書，雙手捧讀翻拂著，經過指尖的摩挲而發出窸窣聲響，微聞那印刷油墨深深地嵌進紙張纖維而散發出的特殊氣味，耽溺於一種極其私密的觸撫感受。在早些年代的舊版書有著鉛字印刷留下的獨特壓痕，更可以在紙頁上撫觸到淡淡的浮突，那是老一輩讀書人指尖的最初記憶。

阿根廷小說家波赫士（Jorge Luis Borges, 1899-1986）向來以博覽群書見稱，晚年失明後仍繼續買書的他，雖已完全不能閱讀，卻仍覺得這些書本有著「親切的吸引力」。

筆尖劃過紙頁的聲音，似夜蠶噬桑。紙頁翻飛飄散出若隱若現的馨香，則有如蝶舞花叢。如此布滿了記憶和溫暖的閱讀經驗，可說是當下乃至未來的數位出版時代，紙本印刷書永遠值得存在的最大理由，同時也是網路書店始終無法取代傳統實體書店的關鍵性差異。

撫觸一本書的質感，有布帛皮革般厚實，有絲絹箋帖般纖細，亦有錫箔玻璃般光潤。

書冊封面如臉，塑造視覺系的繽紛景致恍若麗人現身，便是一種引誘。而裝幀紙料本身卻似那看不清面貌的戀人身軀，即為一種肢體撫觸的故舊溫存。

書本的觸覺記憶，端賴於指掌撫讀的知覺感官。世上至輕至柔之物如紙，其邊緣仍不失鈍鋒之利，偶也會讓閱讀者在快速翻動間不慎被紙頁劃傷了手。

傳統肖像畫家們認為：手，乃為臉部以外的「第二表情」，同時也是人身上觸覺最發達的部位。據聞十九世紀英國浪漫主義詩人濟慈（John Keats, 1795-1821）的感官極為敏銳，甚至敏銳到可以

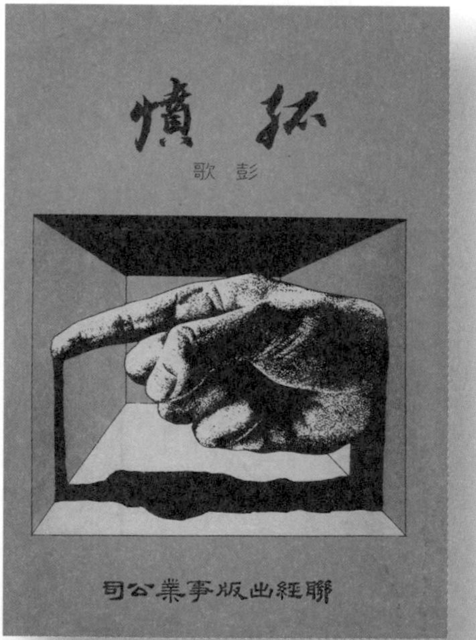

《孤憤》（散文）｜彭歌著｜1976｜聯經出版社｜封面設計：佚名

用他自己的雙手探觸到痛苦本身。

領受著孤憤苦難之手，可說是人類身體對於當代社會最為質樸有力的批判語言，尤其在那過去著重「文以載道」的年代。一九四五年二戰結束時，懷有強烈「祖國意識」的吳濁流眼見台灣光復後的國民政府如此腐敗，內心飽嘗悲憤之餘，遂以小說之筆揭露當時來台接收的大陸官員以及「半山」投機者貪污腐化的行徑。

甫於戰後開始起草、至一九四八年完成出版的短篇小說合輯《ポッタム科長》（中譯《波茨坦科長》）封面右下角簽有「潤作」兩字，為台籍畫家金潤作⑲之手筆。透過食指尖撥弄著一只戴官帽的布袋戲尪仔頭，畫家描繪出一幅在殖民統治者的手掌底下任人擺布、毫無自主的尷尬窘況，諷刺台灣人想做官巴結上位者的形象入木三分。

當年吳濁流以日文寫成的幾部文學作品如《胡志明》、《ポッタム科長》、《夜明け前の台灣》等，因國府當局於戰後頒布禁止日文的命令，致使發行未久即已絕版，其初版的封面設計便成了台灣文學史與美術史偶然交匯的歷史絕響。

⑲—金潤作（1922-1983），日治時期台灣前輩畫家，早年曾受顏水龍提攜，亦曾受其影響而從事工藝美術設計。一九三九年考入大阪美術專科學院。光復以後，金潤作在台灣省美展當中大放異彩，並以三十四歲的年紀榮膺省展評審委員，後與幾位年輕新銳畫家自組「青雲畫會」。由於「理念不合」之故，金潤作先後退出當年台灣畫壇主流的省展與台陽展等，走著一條主流之外的孤獨路徑。最後以六十一歲的生命，倒臥在畫架旁辭世。

《ポッタム科長》（小說）｜吳濁流著｜1948｜學友書局｜封面設計：金潤作

戰後初期民族主義的認同危機，到了五、六〇年代後漸趨平寂。由於現代都市文明的急遽擴張，復又面臨了傳統農村文化遭遇生存困境的轉型期。

彼時就在台灣農村傳統風貌日漸消失之際，小說家黃春明嘗試從鄉閭俚俗的小人物身上尋得一處「什麼都不欠缺的完整世界」[20]，總是為他鄉土傳奇筆下主人翁的一舉一動所著迷，企圖透過小說文本重建一種永恆的「地方感」。

早期「遠景」出版社發行舊版黃春明小說集，封面油畫皆為作者手繪。一九七四年「遠景叢刊」發行第一號作品《鑼》初版封面，黃春明畫的是一隻扭曲變形彷彿控訴現實般的蒼白之手，呼應著他在序文中言：「有一次路過這個小鎮，我在菜市場的角落，看到這麼一隻手：一隻極像象形文字『手』字的手。」[21]這是一個小男童正蹲在地上，把自己的手當搖鼓、不停地搖動乞錢的故事楔子。

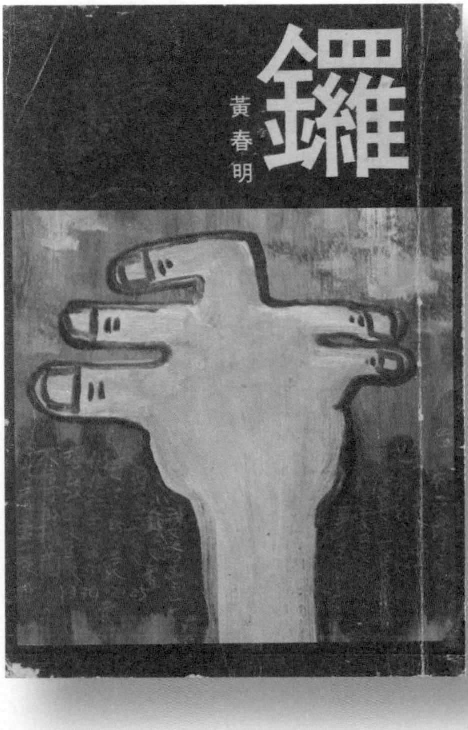

《鑼》（小說）｜黃春明著｜1974｜遠景出版社｜封面設計：黃春明

[20]—黃春明，1974，〈自序〉，《鑼》，台北：遠景。
[21]—黃春明，1974，〈自序〉，《鑼》，台北：遠景。

美國當代藝術教育家伯恩・霍加思（Burne Hogarth）宣稱：「在世界上全部美術作品中，那些最富於藝術感染力、最生動逼真的視覺效果全都集中表現在手上。」㉒廣義來說，人類所有藝術創作可說幾乎都是「手的延伸」，包括詩、繪畫、音樂與文學。而在現今著重機械量產的工商時代，「handmade」一字更意味著「手工生產」無可取代的人文價值。

現代詩人辛笛於一九四八年出版《手掌集》一書封面由美術家曹辛之設計，圖片取材自英國女版畫家Gertrude Hermes㉓繪製、題曰：「花卉」（Flowers）的一幅版畫作品。一隻精妙絕倫的拈花手，沿著如歲月刻蝕般的手掌紋路脈脈流淌，兀似自掌中綻放著在微風吟詠的花語詩情。

原先流落於英倫島上舊書鋪的「花卉」木刻畫，早在一九四七年蕭乾編選《英國版畫集》之前，即已「獨具慧眼」購回上海私藏作為封面使用。爾後此幅圖版樣式輾轉流傳，行經上海、香港至台灣。一九七八年台北洪範書店出版柳無忌《西洋文學研究》，封面圖像同樣難以捨棄近代美術史上最富魅力的這隻拈花手。

㉒—Hogarth, B.,1997、c1977，*Drawing Dynamic Hands*，（動態素描——手部結構，鐘國仕譯），廣西美術出版社。

㉓—裘屈羅・赫米斯（Gertrude Hermes,1901-1983），英國畫家、雕刻家、木刻家、版畫複製家和書籍插圖畫家。一九二二年，赫米斯首次進行木刻的創作，一九二四年開始從事雕塑藝術。一九二六年，赫米斯與Blair Hughes-Stanton結婚，夫妻二人共同為《朝聖者之路》（Cresset 出版社，1926出版）設計插圖。一九二八年赫米斯給巴黎世界事務大會繪製壁畫。隨後，她接受了為許多作品包括企鵝出版社的插圖經典創作木刻插圖的委託。自一九二〇年代起，赫米斯就憑其異常精美、繁複的作品成為最傑出的木刻家。她的許多雕塑和平板印刷品以動物和兒童為主題，深受Brancusi和Gaudier Brzeska的影響。所有的作品均雅致精妙，意蘊深遠。

夾帶著英國木刻風味的手掌造型，亦在陳其茂繪製《藝文與人生》封面版畫作品呈現為另一種華麗斑斕的裝飾面貌。

日俄戰爭期間，曾在中國東北刺殺日本首相伊藤博文（1841-1909）的朝鮮人安重根（1879-1910），生前寫下了「一日不讀書，口中生荊棘」這幅帶有「超現實主義」圖像意味的書人警句。在中國民間傳統當中，則有將「手」與「眼」作結合的千手千眼觀音（梵語Avalokitesvara），即每隻手掌上都生有一隻眼睛的「掌中之眼」，象徵智慧和善巧的結合，並作為一種慈悲的信仰印記。

從攝影家謝春德的書評集《第三隻眼》到詩人畫家杜十三的《八十五年詩選》，封面俱採「掌中之眼」的構圖設計，揚泛著一股跨越想像的超現實精神。書寫的「手」，加以凝望的「眼」，自身肢體局部的錯位結合，彷彿切片般浮游漂移的存在，某種程度上意味著對社會現實價值的戲謔和嘲弄。

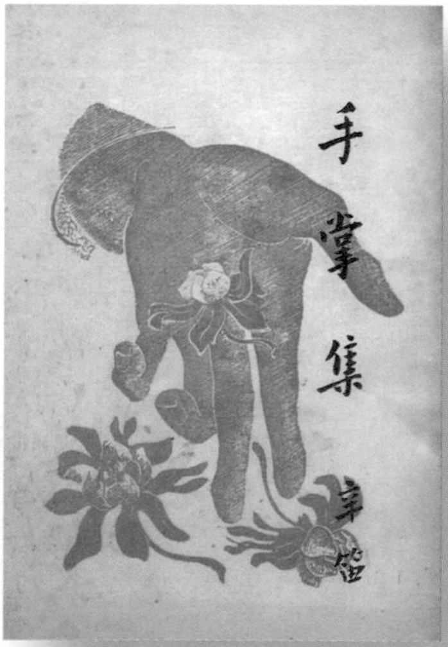

《手掌集》（詩集）｜辛笛著｜1948｜上海星群出版公司｜封面版畫：Gertrude Hermes｜書影提供：舊香居

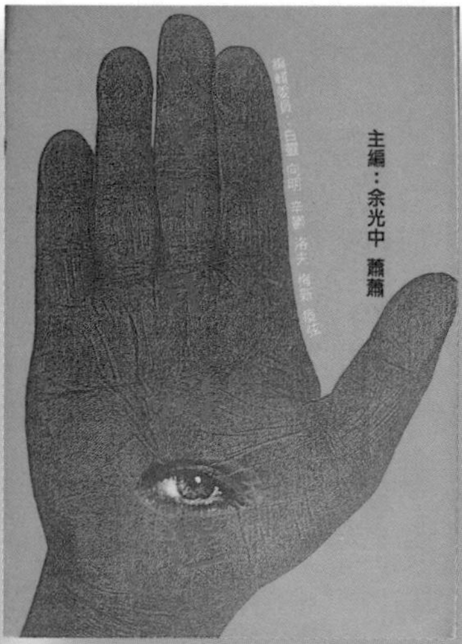

《八十五年詩選》（詩集）｜余光中、蕭蕭主編｜1997｜現代詩季刊社｜封面設計：杜十三

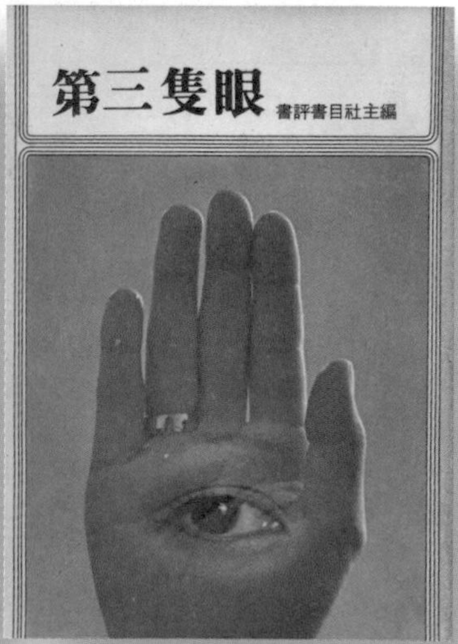

《第三隻眼》（評論）｜田夏仁等著｜1976｜書評書目出版社｜封面設計：謝春德

記憶的錯位、體驗的破碎如夢似幻，正是在這意義上，設計者或許有意要把「肉眼」變成如同「全景敞視」般地操控筆墨的「掌中之眼」來面對作品。

手部動作的模仿比畫，可謂人類最原始的肢體語言。古代僧侶們自由自在地將兩手交錯組合，運用十根手指結成仰觀世界的各種「印相」，是謂「掌中見乾坤」。端看諸神祇的手指造型，便可知其所代表的智慧與功用。

透過觸摸與撫慰，手的姿態作為一種認識現實世界、維繫內在情感的重要媒介，畫面上的手勢動作猶如一種由肢體表達的文字形象，可使人「望文生義」。

日本近代文藝評論家上田敏（1874-1916）曾表示：「五根手指中，無名指最美。」對此，豐子愷領略其身體隱喻的美學趣味，有感而作〈手指〉一文以抒己見。

《相逢疑似夢》（小說）｜禹其民著｜1965｜文化圖書公司｜封面設計：廖未林

《泡沫》（小說）｜于吉著｜1962｜大業書店｜封面設計：廖未林

《藝文與人生》（散文）｜魏子雲著｜1979｜學人文化事業公司｜封面設計：陳其茂

「在一隻手中，『大拇指』的模樣最笨拙，作苦工卻不辭勞……它的用途很多：流血時要它捺住，吃果子要它剝皮，進門要它揿鈴。現在我們要辨一份刊物，做起事來，就會發覺，如果要止住流血、享用果實、與別人溝通，到最後還得用自己的手。」㉔一九七五年在香港創刊的《大拇指》周報依據豐子愷〈手指〉文中表述作此宣言自勉。版面刊頭一隻豎起的「拇指公」乃出自漫畫家阿虫（嚴以敬）之手筆。

直至一九八七年停刊為止，《大拇指》周報刊行期間陸續辦過數次小說徵文及小說展，由第一期至第八十二期共發表小說五十九篇。一九七八年，也斯、范俊風選輯其中的十八篇，由「遠景出版社」在台發行《大拇指小說選》，彼時香港文學創作風貌大致囊括其中矣。

《大拇指小說選》（小說）｜也斯、范俊風合編｜1978｜遠景出版社｜
封面設計：阿虫（嚴以敬）

㉔——《大拇指》周報發刊詞，1975年10月24日第一版。

詩經有云：「死生契闊，與子成說；執子之手，與子偕老」，手牽手的肢體碰觸，乃為世間男女至情至聖的心念體現。台語「牽手」一詞，即指陳不離不棄的終身伴侶。手心手背一上一下，在十指交握當中，表述著人類情感最細緻也最深刻的身體語言。

擅用各種具體有力的語言意象以表彰男女婚戀情感者如言情小說，或許就像宋代詞人晏幾道一闋〈鷓鴣天〉所感懷：「從別後，憶相逢，幾回魂夢與君同。今宵剩把銀釭照，猶恐相逢是夢中。」其糾結變貌亦如女作家曹又方小說集《纏綿》描寫現代都市愛情與婚姻的熱愛、懷疑、挫敗乃至無奈。類此比喻公子多情、女性薄命，併同分分合合、命運乖違的公式套曲，讀的多了，也就感到有關感情元素的濫用實在太過虛假。

回顧近代歐洲藝術史各種「超現實主義」（Surrealism）流派當中，有所謂「自由派」（automatism）自由畫法，創作

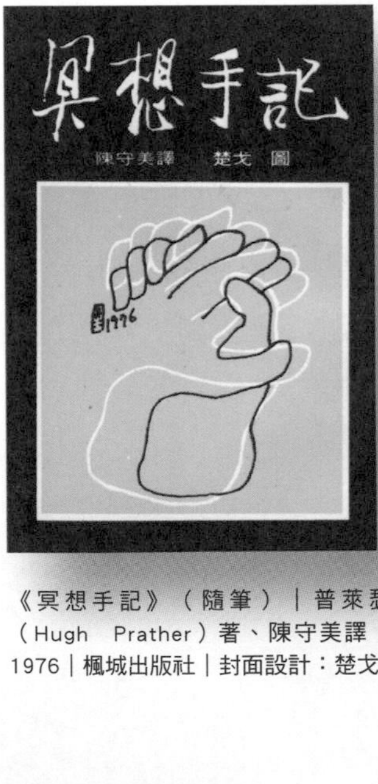

《冥想手記》（隨筆）｜普萊瑟（Hugh Prather）著、陳守美譯｜1976｜楓城出版社｜封面設計：楚戈

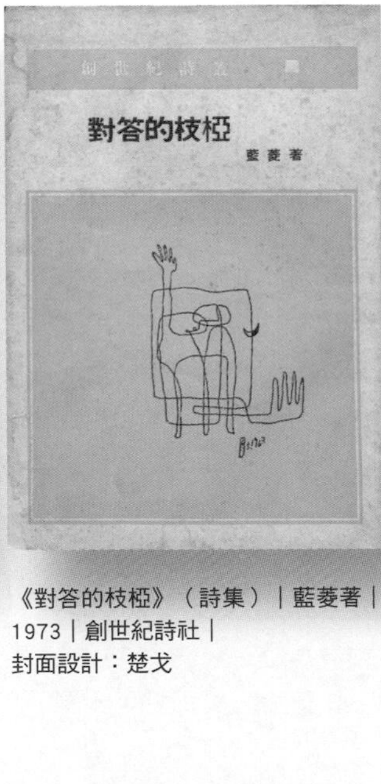

《對答的枝椏》（詩集）｜藍菱著｜1973｜創世紀詩社｜封面設計：楚戈

《纏綿》（小說）｜曹又方著｜1977｜大漢出版社｜封面設計：楊國台｜

者只是將手置於畫紙上，任隨手繪塗鴉的潛意識遊走。

此般塗鴉手繪可說是設計者原創概念的初衷體現，不僅能及時捕捉內心瞬間的思想火花，並且能和作者的創意同步。所謂「意隨筆走、意到筆到」，手繪作品的魅力，正是在於它具有某種「不確定性」與「偶然性」。

當年十九歲（1949）隨軍來台的青年詩人楚戈（袁德星），在桃園駐軍期間偶然於圖書館借到一冊日本版的保羅．克利（Paul Klee,1879-1940）畫集，書中那帶有超現實風味的抽象線條深深吸引著他，讓他終日沉醉其中、愛不釋手。

「我放任我的手與筆在筆記本上漫步，盲目瞎畫的時間多，眼睛從司令台上移回時，我有意識把它續接成似是而非的造形，」遙想昔日每逢軍中長官訓話、底下卻總是假裝認真聽講而用線筆專心練塗鴉的楚戈說：「有的像雲，有的像蒼狗，有的有點像鳥、像魚、像怪獸，大部分是我無意識『不知所止』的亂畫，一旦接成有點像又不怎麼像的形，心中就產生了意外的喜悅。」㉕

㉕—楚戈，2006，〈現代詩插畫記〉，《聯合報》副刊，2006.06.05。

爾後，楚戈不僅為自己詩作畫插圖，也常為其他詩人作品畫插圖，可說是戰後台灣最早出道的現代詩集插畫家。

詩人楚戈筆下自由遊走的速寫線條，猶如悠閒迂迴的詩意足跡。相較於攝影家阮義忠早年那一手熟稔鋼筆線條的細緻筆觸，卻似在紙面上刻畫出命運軌跡的掌紋輪廓，紋路當中細細窄窄的縫隙，像是以纖薄質料包裹住的生命玄想。

自六〇年代晚期以降，堪稱戰後台灣第一代專業插畫設計人才輩出的萌芽階段，譬如包括有曾被詩人梅新譽為「南台灣甘蔗園冒出來的怪才」的詩畫創作設計家李男，以及從《幼獅文藝》插畫繪者起家而後轉戰攝影領域的阮義忠。

中學時代的李男，在小說家李冰賞識下即已被網羅至《高縣青年》刊物畫插圖，十八歲時（1969）聯合畫友們籌組「草田風工作室」，並以一首新詩「二又二分之一的神話」在文壇揚名起步。待高中畢業後入軍校，與連隊輔導長羅青相識而任《草根詩刊》主編，他不時利用軍中閒暇參與詩刊編輯，

㉖—李男，1975，〈旅人的話——之二〉，《旅人之歌》，頁185-186。

除了寫作外，並負責多期版面設計及插圖繪製。後來因個人志趣與家計之故，遂逐漸由文壇轉戰至美術設計界。

「左手是上帝賜與人們和兒童交通的秘密，」李男說：「以左手繪圖，常可得到幼童般天真的圖形與線條……我常忘了在樹上畫藤蔓，光滑的樹身看來總是沒有生活過的痕跡，如果加上藤蔓，想必會更真實，更有歷盡滄桑的感受。」[26]特別在他早期手繪《三輪車繼續前進》、《楊喚詩簡集》等封面作品裡常見朦朧幻境意味的面容輪廓，細緻線條有如藤蔓般糾結交錯，彷彿遁入時空錯置的迷離氛圍，刻畫著現實世界的虛偽與壓抑。

其中《楊喚詩簡集》一書尤為傳神地刻畫了楊喚（1930-1954）早年兼擅詩畫創作的生動形象。據說他在寫詩的同時，腦中想像畫面即已因應而生，其作詩的態勢彷彿畫家在白紙上構圖。老友葉泥說他「鋼板字寫得好，畫得更好」、「常以畫一些抒情畫來作消遣」，而且他

《三輪車繼續前進》（小說）｜李男著｜1977｜德馨室出版社｜封面設計：李男

《楊喚詩簡集》（詩集）｜楊喚著｜1969｜普天出版社｜封面設計：李男

多犧牲午睡時間來畫詩刊封面，但他本人經常卻是「隨畫隨撕，從不稀罕留一張」㉗。

阮義忠，自幼生長於宜蘭縣頭城鎮一處木匠人家，童年歲月幾乎皆在菜園農忙中度過。烈陽、暴雨、驚雷的折磨，曾讓他一度「視農夫為可恥印記，對土地滿懷怨恨」。於是，他用蹺課彌補個人失去的自由時間，以致頭城中學初二時被勒令退學，後被親戚轉帶到冬山中學就讀。在外地求學期間，阮義忠養成了閱讀文藝作品和世界名著的習慣，課餘時間開始畫武俠漫畫，以及一幅幅毫無汗水與泥土成分的鋼筆抽象畫。

十八歲那年（1967）大專聯考落榜後，阮義忠前往台北求職。在詩人瘂弦的賞識下擔綱《幼獅文藝》美編，任職期間他為雜誌小說畫插圖，並替上百冊書刊擔綱封面設計。

當時，詩人羅青對於阮義忠的插畫評價極高，認為他那「獨出己意」的筆法不僅在精神上能與文字配合，在造型上「並沒有淪為文字的解說」，是台灣近年來「唯一能夠經由插畫而發展出自己獨立藝術語言的人」㉘。

㉗—葉泥，1976，〈楊喚的生平〉，《楊喚詩簡集》，台北：普天，頁8-10。

㉘—羅青，1976，《羅青散文集》，台北：洪範，頁169。

畫面上，他的線條扭曲之後拉得很長很長，介於抽象與具象之間的疏離感，宛若一圈圈蜿蜒的小蛇，也像那葉脈般細緻密實的土地紋理。因之，前衛的畫風筆觸，讓青年阮義忠逐漸在插畫和設計界闖出名號。

《幼獅文藝》去職後服役三年，阮義忠在軍中開始寫詩及小說。退伍後，在《漢聲雜誌》英文版擔任攝影設計，他便擱下畫筆而拾起了鏡頭，從抽象前衛的插畫新秀毅然邁向人文紀實的攝影大家。而這，則又是另一番後話了。

《這一代中國知識份子的見解》（論述）｜大學叢刊編委會編｜1970｜環宇出版社

《康橋踏尋徐志摩的蹤徑》（散文）｜奧非歐、飛揚等著｜1970｜環宇出版社｜封面設計：阮義忠

《風格之誕生》（散文）｜瘂弦主編｜1970｜幼獅文藝社｜封面設計：阮義忠

當肉身禁臠——管窺封面設計的性別意識

探討純粹幾何造型本身隱含的性別意象，往往伴隨著不同社會文化建構的審美價值而異。比方在既定的刻板觀念裡：男性是菱角分明的陽剛直線，女性則是含蓄細膩的柔婉曲線；男性多半偏好有如雄獅凝重的鞏固結構，而女性總是如鳥凌空順著波浪飛翔。

「永恆的女性引領我們飛升！」這是十八世紀德國文學巨匠歌德（Johann Wolfgang von Goethe, 1749-1832）寫在長篇詩劇《浮士德》（*Faust*）末尾的一句名言。反映在當下男性集體意識構成的頌揚聲中，人們總認為美好的女子如同永恆女神，象徵著絕美的理想境界，她們會引導男人遠離塵世間的各種誘惑，乃是激發詩人靈感的文藝繆斯。

回顧過去在藏書文化領域當中，歷來女性主角每每相對少見。對此，生平雅好蒐書藏書的班雅明（Walter Benjamin, 1892-1940）曾在《單行道》（One-Way Street）一書不無狎儈地指稱：「書和妓女都可以帶著上床」，並且，

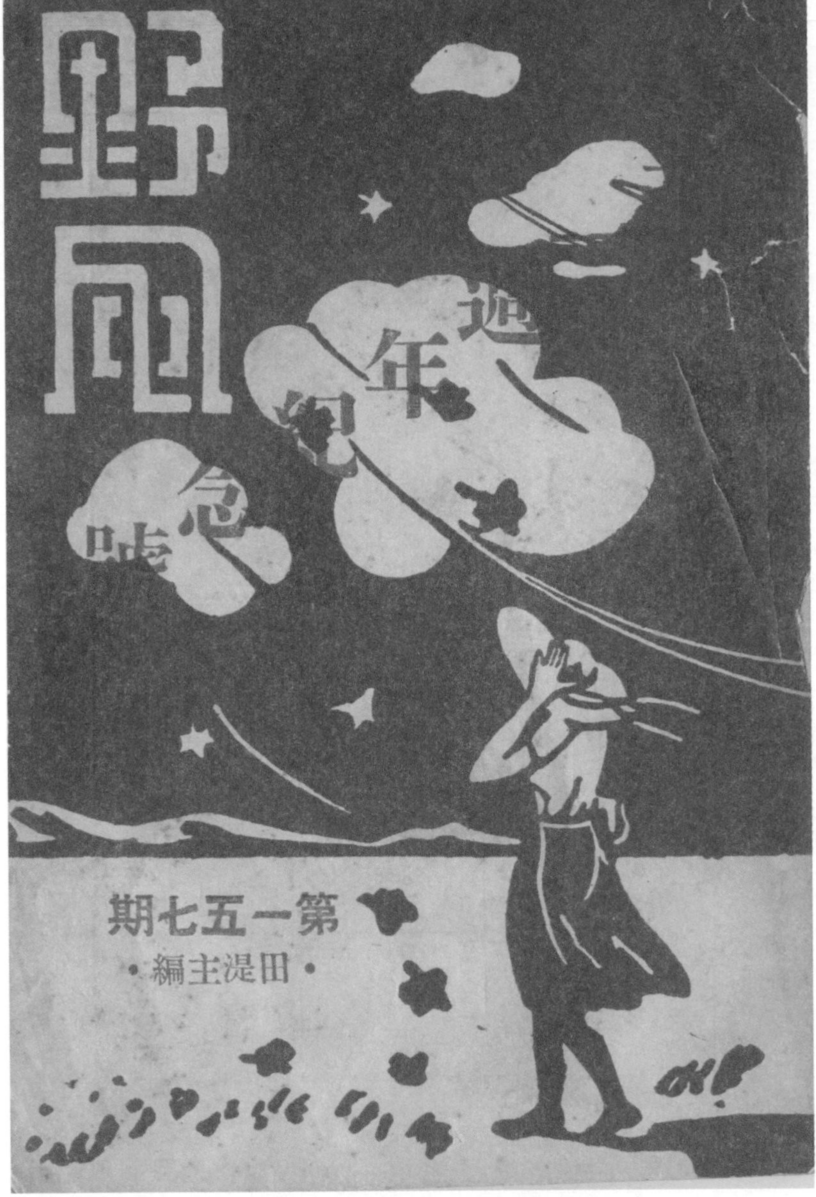

《野風》（第157期）｜1961｜田湜主編｜野風出版社｜封面設計：黃植榮

昔日以「吹動新文藝」為號召、堅持標榜「青年寫作唯一園地」的《野風》期刊，因一群雅好文藝的台糖職員嚮往三〇年代上海《西風》雜誌而問世，他（她）們認為：年輕歲月的美好，就該從文字裡展現出來。三十二開尺幅的《野風》半月刊，大小僅比迷你口袋書稍寬一些。封面套色每期不一，舉凡青藍、朱紅、土黃、靛青各具神采，冊冊鮮麗多變、質感不俗。

畫面中，一名年輕女學生頭戴草帽、隻手輕按帽沿，迎著微風裙襬飛揚，就連一旁浮雲落葉也不自覺地隨風輕舞。據說由雕塑家黃植榮手繪《野風》書衣的這位封面少女，其實就是擬著當時北一女中制服摹畫而成。

「它（她）們都有各自的男人，這些男人以它（她）們為生，同時也騷擾它（她）們。就書籍而言，這樣的男人是批評家」㉙。

愛書人的佔有慾，總在有意無意之間顯露出某種夾帶「性別意識」的消費話語。比如香港作家林行止曾經撰文表示男人購書像是女人買衣料，把好書比喻為情人：「你對她的感情濃得化不開，你和她擁抱、一起上床，帶她去旅行；即使把她們放在書架上，亦不時取下摩挲翻閱……可是，如果她人見人愛，價錢高得叫人無法抗拒，情人便可能『價高者得』。」㉚

僅差一步
就是
界
外
脫去衣裳可以走了㉛

長久以來，西方世界自柏拉圖以降的基督教神學即有秉持「貶低肉體」、「尊崇靈魂」的教條傳統，認為人必須擺脫肉體與慾望糾纏，才能使靈魂獲

㉙—Walter Benjamin著，王才勇譯，2006，《單行道》（*One-Way Street*），江蘇人民出版社，頁56-57。

㉚—林行止，1990，〈英國的書店〉，《英倫采風》，台北：遠景。

㉛—碧果，1976，〈自白篇五首〉，《青髮或者花臉——現代詩畫選輯》，台北：香草山，頁172-173。

得救贖。而在古代中國封建時期，亦不乏道貌岸然的理學家們主張「存天理、去人欲」，將肉身慾望壓抑在禮教制度的道德訴求底下。

把慾望壓抑作為誘發幻覺的手段，法國作家福婁拜（Gustave Flaubert, 1821-1880）以長篇小說《聖安東尼之誘惑》描寫一名苦行者如何抵制世俗誘惑的宗教寓言，而在台灣「啟明書局」直把Flaubert譯作「福羅倍爾」的老版本當中，封面畫題卻是伊甸園大蛇以禁果引誘夏娃的創世紀篇章。畫面上極盡豔彩的華麗蛇身象徵永不褪去的幻覺慾望，似是誘惑著蜷伏在旁的裸身夏娃。

所謂的文明史，說穿了便是一部人類社會的「不自由

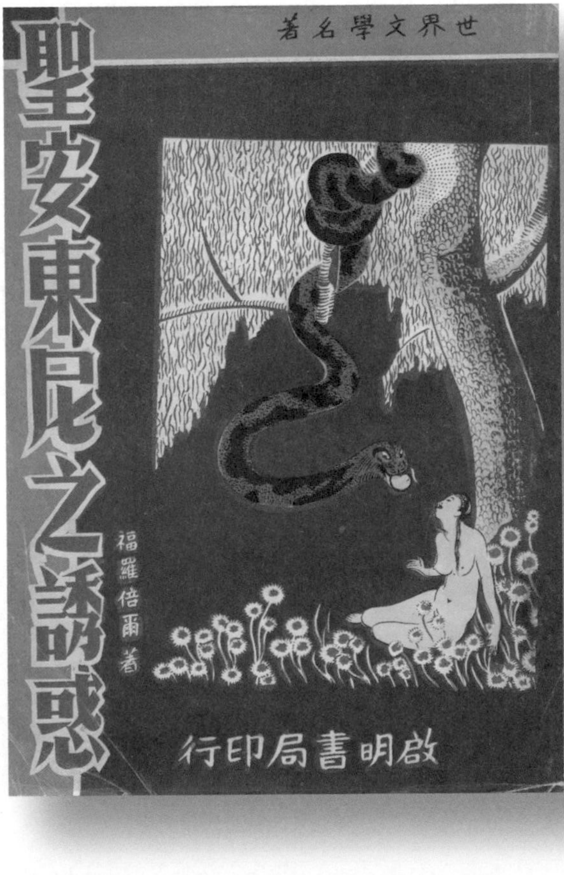

《聖安東尼之誘惑》（小說）｜福羅倍爾著｜1959｜啟明書局｜封面設計：佚名｜書影提供：舊香居

史」。在政治壓抑的戒嚴時代，苦悶的心靈除了仰賴文字媒介外，其感覺往往囿於直接的肉體對象。彼時突破了受禁錮的肉體，通常扮演著解放靈魂思想以追逐自由的試金石。

創作者欲以身體作為新的感性形式，針對原有政治和文化模式進行挑戰和反抗，任意發揮著不同的想像空間和主張，從而實現了對原有政治和文化思想的顛覆。

當年台灣現代繪畫運動如火如荼之際，李石樵批評從事水墨抽象畫的那些畫家們不過是「打手槍」㉜，除了在他認為凡是藝術創作一定要有東西做基礎，故以草根俚俗之語出言調侃外，同時也彰顯出日治時期以降絕大多數男性知識分子強烈的身體意識與陽剛特質，呈現為一種絮語狀態的「肉身敘事」。

由「肉身」意識開啟的敘事情境，見諸《台灣文藝》雜誌五十四期（復刊第一期）封面，一條深色赭紅、頂戴著草葉桂冠的男性陽具，設計者將象徵文學精神的「桂冠」與染指身體慾望的「陽具」兩者作連結，使之成為替代性的陽剛權威，在讀者大眾面前指向一種暴露狂式的裸露宣告。

㉜——謝里法，1999，《我所看到的上一代》，台北：望春風文化，頁320-321。

處在高壓極權制度底下，個人的政治自由早已被限定，你我私下能做的，也許就像捷克小說家米蘭昆德拉所說：「就只有性與愛——這樣一種作為生命體最基本的生理需求。」過去刊印於書籍封面的肉身圖像，除了引誘閱讀者在視覺上的窺探慾念外，甚至具有某種「魚目混珠」般的保護色效應。比方早期李敖自印出版的「千秋」、「萬歲」系列政論思想文集封面外觀皆以西洋裸女為題，與舊書攤上成堆印刷粗糙的黃色小說參雜其中，彼此同相共處、互為掩護。

作為讀者身分的女性，過去總是被傳統藏書文化視為陪襯角色。相對來說身為書籍生產者的女作家，卻又經常不由自主地陷入一種被放大窺探的社會情境當中。一如法國思想界

《台灣文藝》（革新第一號，總號第54期）｜1977｜台灣文藝雜誌社｜封面設計：佚名｜書影提供：林彥廷

德勒茲（Gilles Louis René Deleuze, 1925-1995）曾謂：「在文字與名字之前，將話語賦予肉身。」男人對女性的肉身慾望，甚至連她們的身體面貌也成了好事者進行活體解剖的研究課題，諸如瑪琳・黛德麗（Marlene Dietrich）的大腿，或是瑪麗・蓮夢露（Marilyn Monroe）的胸部。關乎著戀物癖的肉體拜物教，展現在小說家章君穀《殘花曲》封面上那雙修長女腿，彷彿源自三〇年代上海「頹廢派文學」歌詠女性肢體的流風遺絮。

《殘花曲》（小說）｜章君穀著｜1962｜東方圖書公司｜封面設計：佚名

一張淺灰色的古篆字拓印圖幅為背景，詩人白萩以男女間各種配對交媾姿勢化為純粹的線條符號呈現在《笠》詩刊第55期至60期系列封面，如同印度神廟前出現男女交合場面的春宮浮雕，映照出人類原始肉身慾望以及古老精神文明兩者之間的相生與矛盾。

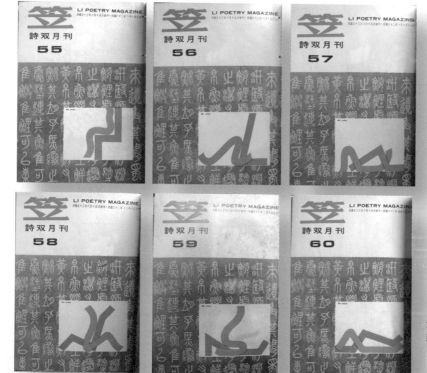

《笠》（第55期至60期）｜黃騰輝發行｜1973｜笠詩刊社｜封面設計：白萩

先鋒羅蘭・巴特（Roland Barthes）夾帶著戲謔口吻表示：「文學界的女性是一種特別的動物學上的品種：她生產、混合小說與孩子。」[33]談到走紅的女作家，魯迅更是不無刻薄地說：「人們想看女作家的書，就是想看看女人的小腦袋裡都有什麼，把她們的著作擱在枕邊，就有了親狎之感。」

從女人的面貌到身體形象，英國藝評家約翰・伯格（John Berger）宣稱：「赤裸只是沒穿衣服，裸體卻是一種藝術形式。」[34]在現代書刊大量出現女性封面人物以前，女人被描繪成「觀看物」最顯著之例為裸體畫，作為一個特殊的西方藝術形式，從歐洲油畫傳統中被建構出來。而自從二十世紀攝影術發明與普及之後，相機的機械性能和照片的高複製性，更使得現代影像設計超越了傳統裸體畫的各種可能性。

茲以郭承豐於一九六七至一九六九年間發行共十期的《設計家》雜誌為例，該刊標榜為戰後台灣第一本現代化的專業設計期刊，其中除了郭承豐設計的創刊號，與第四期由侯平治採用美國國旗設計的「美國專號」之外，餘下絕大部分封面影像主題皆為豆蔻年華的年輕女性。

㉝—Barthes, R.1997、c1957，*Mythology*，（神話學，許薔薔、許綺玲譯），台北：桂冠，頁41。

㉞—Berger, J，c1972、2005，《*Ways of Seeing*》（觀看的方式，吳莉君譯），台北：麥田，頁53。

《生活詩集》（詩集）｜吳瀛濤著｜1953｜台灣英文出版社｜封面設計：佚名

《黑色的愛》（小說）｜郭良蕙著｜1975｜新亞出版社｜封面設計：李建中

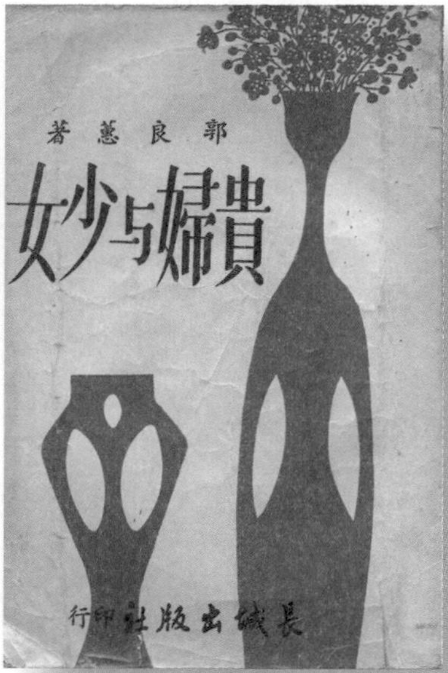

《貴婦與少女》（小說）｜郭良蕙著｜1962｜長城出版社｜封面設計：高山嵐

《翠島熱夢》（小說）｜張漱菡著｜1953｜新竹書局｜封面設計：蘇驤

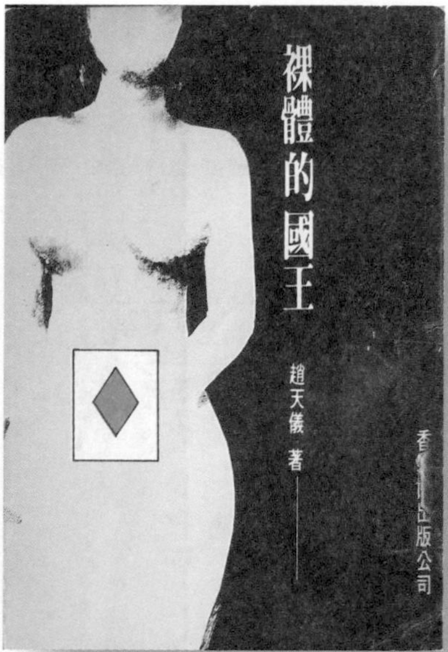

《裸體的國王》（評論）｜趙天儀著｜1976｜香草山出版社｜封面設計：佚名

在《設計家》雜誌第七期當中，發行人郭承豐特地開闢一則「封面解說」專欄，以便陳述該期封面原本預計採用席德進一幅畫作，但隨轉念質疑「畫的表現為何非得要在布上？」因而決定改邀席德進在一名裸體女孩身上作畫。

「女孩子的身體在席德進眼中只是一張白壁無瑕的畫布，」郭承豐說：「我們要對平淡的生活引出一些新酵素，給大家一點奇異的力量，熱一熱大家的心，亮一亮大家的眼睛。」㉟於是乎，透過畫家好友龍思良的合作掌鏡，在席德進安排一幅繪畫近作的背景襯托下，該期封面設計便以帶有歐美普普藝術風格的彩繪女體作品呈現在讀者面前。

同屬知識分子對於女性身體的戀慕與渴望，其實遠在一千多年前的明清時代，中國傳統民間習俗即相傳以春宮畫㊱作為避火之用。清人甘熙《白下瑣言》第六卷云：「四明范氏天一閣，藏書架間多庋秘戲春冊以避火也。」故此，春宮畫又稱「避火圖」。

就當時尚未具備現代消防觀念的中國古代社會而言，最怕火災的商家們通常都會購買「避火圖」置於帳房櫃後和倉庫梁翼之上，有些書商也會在店裡

㉟—郭承豐，1968，〈封面解說〉，《設計家》第七期，台北：設計家雜誌社，頁6。

㊱—明、清兩代的春宮圖，常被製成畫冊形式。典型的春宮畫冊通常取二十四或三十六幅之數，每幅各表現一種性交姿勢或場景，一般每幅都配有一首香豔的詩、詞或小令作為題辭。晚明著名的春宮畫冊有《花營錦陣》、《鴛鴦秘譜》、《江南銷夏》、《繁華麗錦》等多種。

無論是「為藝術而藝術」的靈魂交流，抑或觀看封面女郎的肉身意淫，女體影像之於閱讀者的辯證關係，彷彿徐坤泉長篇小說《靈肉之道》封面所影射：其不僅糾纏於世俗觀念結成的網中，亦如一隻母蜘蛛的肉身主體隨時隨地對外吐納著慾望的蛛絲。

《靈肉之道》（小說）｜徐坤泉著｜1943｜嘉義玉珍書店｜封面設計：佚名

《設計家》（第6期）｜1968｜設計家雜誌社｜封面攝影：謝震基｜封面設計：凌明聲

《設計家》（第7期）｜1968｜設計家雜誌社｜封面攝影：龍思良｜封面設計：席德進

存放幾張春宮畫以求禳災避禍。清末葉德輝向以藏書著稱，相傳他喜在珍藏圖書中夾入一兩張春宮畫片，此謂火神係閨閣淑女，因為犯天規被玉帝降為灶下婢，專門掌管人間火事，見春宮圖則羞而卻步，故可防火。

此外，相較於近代西方世界，自十九世紀末以降隨著版畫藝術的風行，各種爭奇鬥豔的情色藏書票（Ex-eroticis）亦為藝術家進行創作設計的重要題材。根據英國現代木刻運動奠基人馬克・塞維林（Mark Severin，1906-1995）於一九七二年出版《雕刻藏書票——歐洲一九五〇至一九七〇》著作統計，在所有西方藏書票創作中，涉及裸女和情色相關主題者即占三成以上，甚且有逐年漸增的態勢。

因之，從過去到現在，隱匿於看不見的潛意識底下，不知有多少熱愛藏書與閱讀的男人們暗自戀慕著安徒生童話故事裡那隻繼承了海妖血統的美麗小美人魚！

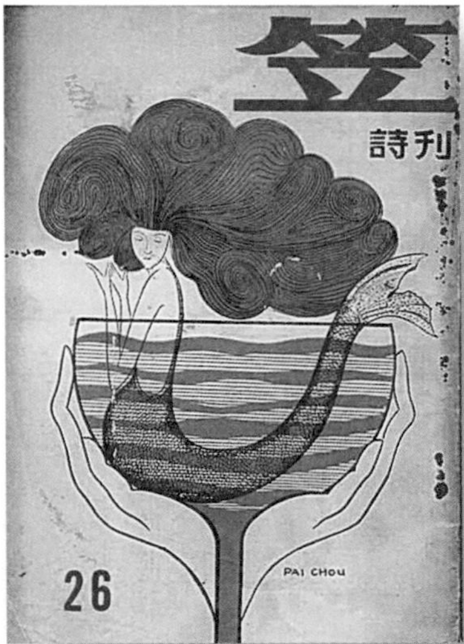

《笠》（第26期）｜黃騰輝發行｜1968｜笠詩刊社｜封面設計：白萩

《春閨夢裡人》（小說）｜雷馬克著、汪翕曹譯｜1954｜拾穗月刊社｜封面設計：李涵瑛｜書影提供：舊香居

Chapter 5

六色神話

隱喻與政治色彩學之章

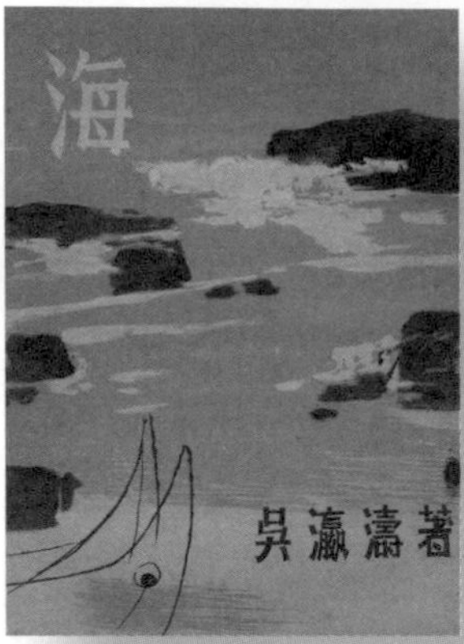
海
吳瀛濤著

世界文學名著
紅與黑
斯湯達爾著 黎烈文譯
① 文壇社出版

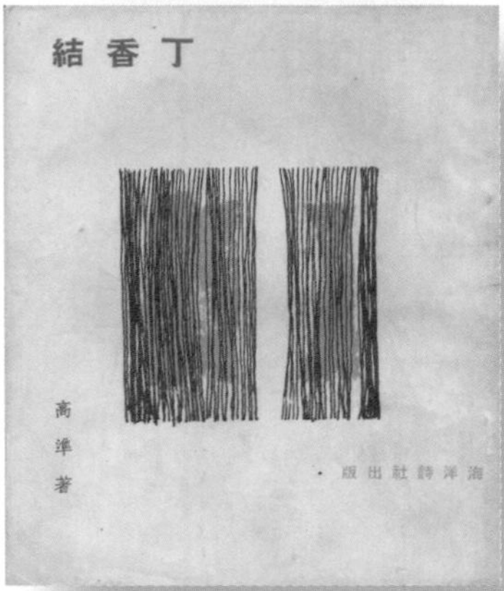
丁香結
高準著
海洋詩社出版

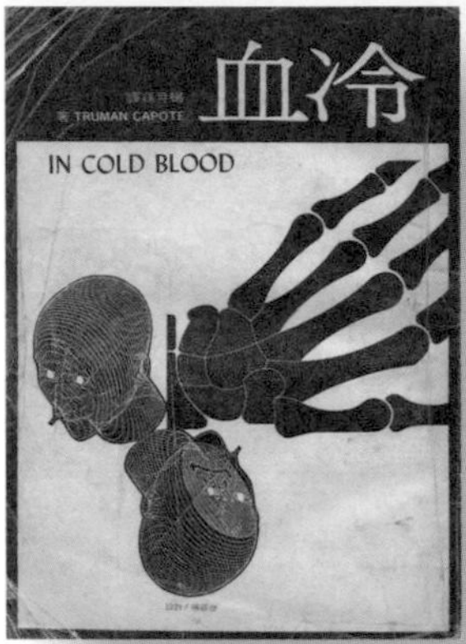
冷血
楊月蓀譯
TRUMAN CAPOTE 著
IN COLD BLOOD

林海音
曉雲

燃燒的火焰

菸田
鍾鐵民著

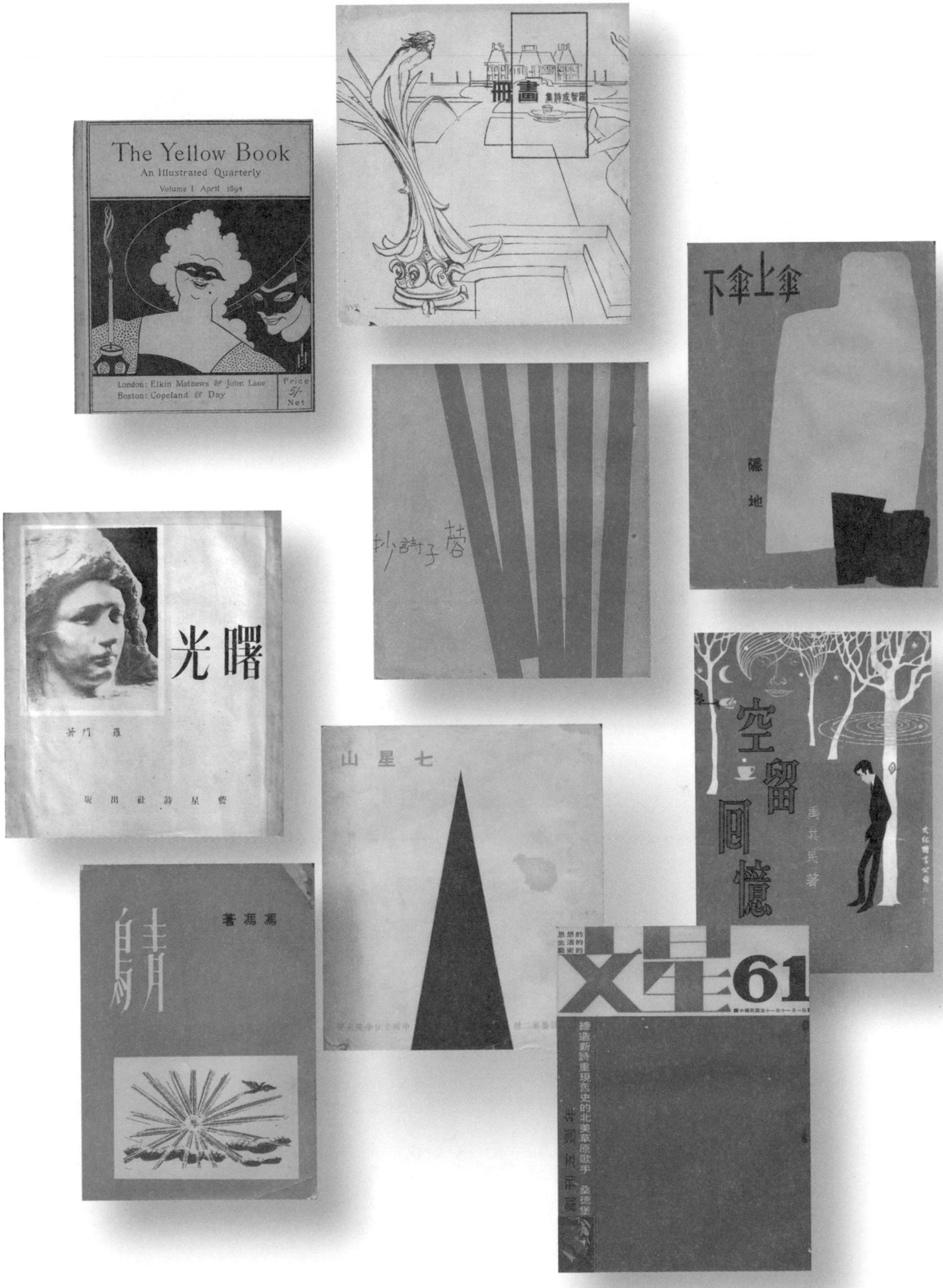
The Yellow Book
An Illustrated Quarterly
Volume I April 1894
London: Elkin Mathews & John Lane
Boston: Copeland & Day
Price 5/- Net
畫冊
羅智成詩集
傘上傘下
隱地
蓉子詩抄
曙光
羅門著
藍星詩社出版
七星山
青鳥
馮馮著
空留回憶
禹其民著
文星 61
思想的 生活的 藝術的
締造新詩重現舊史的北美草原歌手
桑德堡

從感官生理上說，色彩是視覺第一元素，能直覺地喚起人的情緒波動。以色彩為主題導入封面設計，往往極富情感渲染力，它並不依賴明確的輪廓勾畫，而是烘托一種寬泛溢出的情緒氛圍。

顏色，關乎視覺形象的節奏與韻律。二十世紀初期最以用色鮮明大膽著稱的藝術巨匠馬諦斯（Henri Matisse,1869-1954）一生都在做著實驗性探索，在色彩上追求一種單純原始的稚氣，他不僅從法國南部小鎮天候明朗的陽光底下尋獲了靈感泉源，也很早就開始以剪紙形式來試驗色彩和形體的遊戲與平衡關係，並將這種形式運用在晚年（1947）於巴黎出版手工限量插圖繪本《爵士》（*Jazz*）一書的色紙拼貼版畫與封面裝幀。

藝術家調配顏色，就像作曲家組合音符、調香師研究各類味道，其過程往往極其隱晦而不可言傳，彷彿脫胎自中古世紀的鍊金術傳統。作為一種直抵人類精神泉源的「幽晦藝術」（Arcane Art），色彩透過隱喻象徵閃爍著片段的意象，本質上猶如使用這個不可知來指涉另一個不可知，卻無法形同語言文字進行精確的指涉及表述。

一本書封面究竟耐不耐看，色彩部分往往佔有極關鍵要素。即使只用純粹單一顏色，亦能展現出各種不同層次的細膩效果。然而，處在當前這個繽紛炫目、視覺資訊氾濫的影像年代，目不暇給的大量新式中間色調以及琳琅滿目的配色法則主導了人們對於純粹原色的想像空間，以往用色簡潔而鮮明飽滿的設計風格，如今委實已屬難能得見。

《地平線》（詩集）｜吳望堯著｜1958｜藍星詩社｜封面設計：佚名｜書影提供：陳文發

焰烈與衰敗的慾望之紅

色彩語彙的明亮光鮮，無疑是對生命讚頌最忠於表現的極致素材。然而，書籍裝幀配色一旦用得太過，便易流於感官上的視覺刺激，致使形塑鮮豔華美不成，反倒落入「濫」和「俗」的境地了。

在當代漢語裡，紅色，無疑是政治意識最濃的一個顏色詞。引燃激情和慾望的紅色如同一把雙面刃，既可象徵惡魔也可代表神祇。

歷史上，紅色在歐洲文藝復興時期向來是強權與威信的色彩，自十九世紀以來即被視為革命的顏色，象徵推翻現有秩序。歐洲國家所有左翼政黨幾乎都採用紅色作為代表色，而在英國以及其他地方的保守黨則選擇藍色。約莫二十世紀三〇年代，革命史和社會主義的神話敘事便開始廣泛地與視覺象徵結合，從而構成一個意義指涉深遠的龐大「紅色符號」體系。

且由政治文化史層面切入，就在一九二七這一年，台灣與中國兩地的知識

《台灣解放運動の回顧》（論述）｜
蕭友山著｜1946｜三民書局｜
封面設計：佚名｜書影提供：舊香居

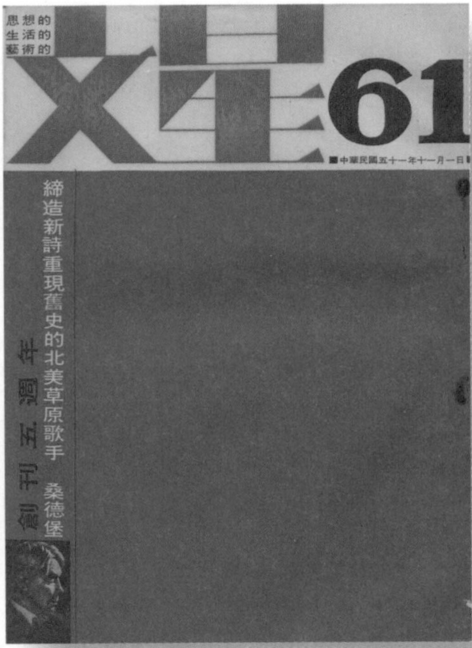

《文星》（第61期）｜李敖主編｜1962｜文星雜誌社｜
封面設計：龍思良

《這一代的旋律》（報導）｜楊蔚著｜1965｜台灣學生書局｜封面設計：李再鈐

菁英同時面臨了左右路線分歧的重大抉擇。「台灣文化協會」在台中召開臨時大會由左派連溫卿、王敏川等人取得領導權，促使黨內右派林獻堂、蔣渭水、蔡培火等人出走另組「台灣民眾黨」。此時，遠在海峽彼端的國共兩黨也因公開決裂而方掀起了內戰序幕。

社會運動者蕭友山曾在編撰《台灣解放運動の回顧》（1946）一書所示，彼時台灣知識青年們處在「民族自決運動」及「階級解放鬥爭」兩股世界思潮之間，甫遭逢一連串社會革新的啟蒙巨浪，歷經波濤曲折的紛擾與演變，最後戲劇性地交織在一起，微妙地牽動著台灣歷史的命運走向。

國民黨自一九四九年全面退守台灣後，有鑑於大陸潰敗經驗而衍生草木皆兵的「恐紅」意識形態所致，乃亟欲撲殺禁絕在台左翼知識分子與社會主義思潮，遂釀就戰後軍事威權統治的「白色恐怖」時代。

《赤地》（小說）｜陳紀瀅著｜1960｜
重光文藝出版社｜封面設計：梁雲坡｜
書影提供：舊香居

昔日在反共文藝論述主導下，陳紀瀅以長篇小說《赤地》（1955）極力鋪陳國民黨歷經國共內戰挫敗乃至大陸失據的微言大義。小說篇章分別以「紅」與「藍」作為敵我分明正邪對立的隱喻色彩，字字句句控訴著神州故土因遭共黨赤禍而導致一片「春燕回來無棲處，赤地千里少人煙」的淒慘景象。

血紅烽火躁浪成災，坐視遍地的硝煙與呼喊。灰藍陰鬱氾濫襲來，倖存者承擔著時代的苦難與蒼白。

在色彩心理學上，紅色意味著深埋在潛意識裡被壓抑的激情與憤怒，是吉祥平和的顏色，也是災難戰亂的印記，它幾近反差地混雜了青春與死亡、崇高與淫亂、熱情與瘋狂、神聖與褻瀆。

直到解嚴以前，紅色在台灣始終是讓統治者感到有些忌諱的色彩，尤其搭配星型或方塊圖案更隱含了在政治上某種不可踰越的視覺禁忌。

面臨社會環境驟變轉圜的不安氛圍，在「新」與「舊」觀念差異的背後，個別隱藏著隨時劍拔弩張、稍不小心便落得頭破血流的態勢。高呼革新的藝術家們意欲焚毀古典傳統的蒼白陰影，他們躊躇於古典廟堂之中，同時又不斷猛力擊破規範侷限的牆壁，只求吸得一口外界新鮮空氣。這一連串夾雜著暴烈、狂喜與呻吟的人生音符，共同譜成了楊蔚撰寫《這一代的旋律》裡的時代曲調，鮮紅單色令人驚豔，套印在幾何色塊上構成了一幅簡潔凌厲的前

---

①一九六四年，李再鈐與余史、沈在勤、許常惠、陳登瑞、王建柱等六人自組「六藝美術設計公司」。

②一九八五年，藝術家李再鈐在北美館前的鋼板雕塑「低限的無限」因接獲市民投書，指稱該件作品遠看線條交錯有如中共的紅星，館方礙於政治壓力，遂擅自將它漆為銀色，引發藝文界一陣軒然大波。

衛意象，該書封面設計者李再鈐，早自六〇年代自組「六藝美術設計公司」①而成為台灣早期專業設計師的他，因個人素來喜好在作品當中大量使用紅色作背景，繼而在八〇年代中期遭遇了台灣美術史上著名的「紅星事件」②。

由於習俗禮儀與民族情感的偏好使然，深受傳統漢文化感染的華人民族尤其偏愛那流光溢彩的紅色。在東西方文化中，紅色也都與慶祝活動或喜慶日子（red letter day）密切相關。這猶如血一般的顏色，不僅迂迴地表達了人們內心深處隱秘的慾望，它那豔到極處的荼蘼，更是淒麗得直叫人驚心。越往熱烈，越接近衰敗。

亮麗的鮮紅色調，除了予人視覺上的刺激感之外，甚至會連味覺也脫離不了影響，連帶具有誘發食慾的心理效果。看著顏色鮮豔美麗的食物（或書本），往往能讓人產生一種近乎吞噬咀嚼的口腹佔有慾。推而衍之，愛書人對於知識與書籍的飢渴，亦有如餓狼撲食，眼見日思夜想的稀有絕版書，

《嫁》（小說）｜郭良蕙著｜1969｜立志出版社｜封面設計：高山嵐

《沸點》（小說）｜金杏枝著｜1966｜文化圖書公司｜封面設計：廖未林

《反舌集》（散文）｜丹扉著｜1966｜皇冠出版社｜封面設計：夏祖明

若再加上華美豔麗的封面裝幀，便頓時眼冒紅光、垂涎三尺。

一個懂得運用明豔色彩的設計家，理當深知人們探求內在食慾的強烈本能，透過顏色的刺激調適，對消費者散發出無可名狀的口腹誘惑。在閱讀與食慾之間，啖食者即以色彩為媒介，建立起一種絕對性的慾望從屬關係。

在歐洲傳統基督教文化中，紅色代表了耶穌及其追隨者流淌的殉道之血，象徵著基督教的精神淨化和永恆懲罰，例如美國小說家霍桑（Nathaniel Hawthorne, 1804-1864）代表作《紅字》（*The Scarlet Letter*）即以紅色A字（Adultery：通姦女犯）視為與罪惡有著密切關聯的恥辱標記。

自從十九世紀法國作家斯湯達爾（Stendhal, 1783-1842）撰寫長篇小說《紅與黑》以降，西方文壇不啻揭彌了以紅色參照為一組社會道德觀念與情感辯證的色彩象徵。其間不乏有論者以為「紅」與「黑」分別意指法國大革命的英雄時代

《桑青與桃紅》（小說）｜聶華苓著｜1988｜漢藝色研｜封面設計：李蕭錕

《紅與黑》（小說）｜斯湯達爾著、黎烈文譯｜1966｜文壇出版社｜封面設計：佚名｜書影提供：舊香居

以及教會勢力猖獗的復辟時期，亦有主張紅、黑二色各自代表小說主人翁生命中澆灌潛意識裡的狂熱激情以及人性自尊虛榮的陰暗面。回顧台灣近代文學創作，諸如此類關乎紅色對比隱喻的各種延伸說法所在多有，這當然也還包括了七〇年代聶華苓在《聯合報》連載小說遭國民黨查禁腰斬、直到去國十多年後方纔出版面世的《桑青與桃紅》。

相較於小說虛構書中人物自我放逐的流離身世，倖存在威權統治底下遭到當局查禁的書冊本身，往往更難以擺脫流亡宿命。

血紅。沾染。身軀的裂解。燦爛。剛烈。亡佚散落。

自古以來，世人皆知日本民族獨特鍾情於櫻花，凝望如雪片般放肆翩舞的櫻花碎瓣在空氣中有著一種刻骨銘心的美感。無論是近百年前幾度血染山河、櫻花飄飛的原住民抗日史實，抑或新世紀二〇一〇年初鈕承澤執導電影《艋舺》（Monga）最後一幕男主角被砍噴濺出來的鮮血在半空中灑落成櫻花一朵朵綻放，由於深受半世紀日本殖民文化影響，迄今台灣人在美學精神上始終難以擺脫如此目迷耽美的櫻紅情結。

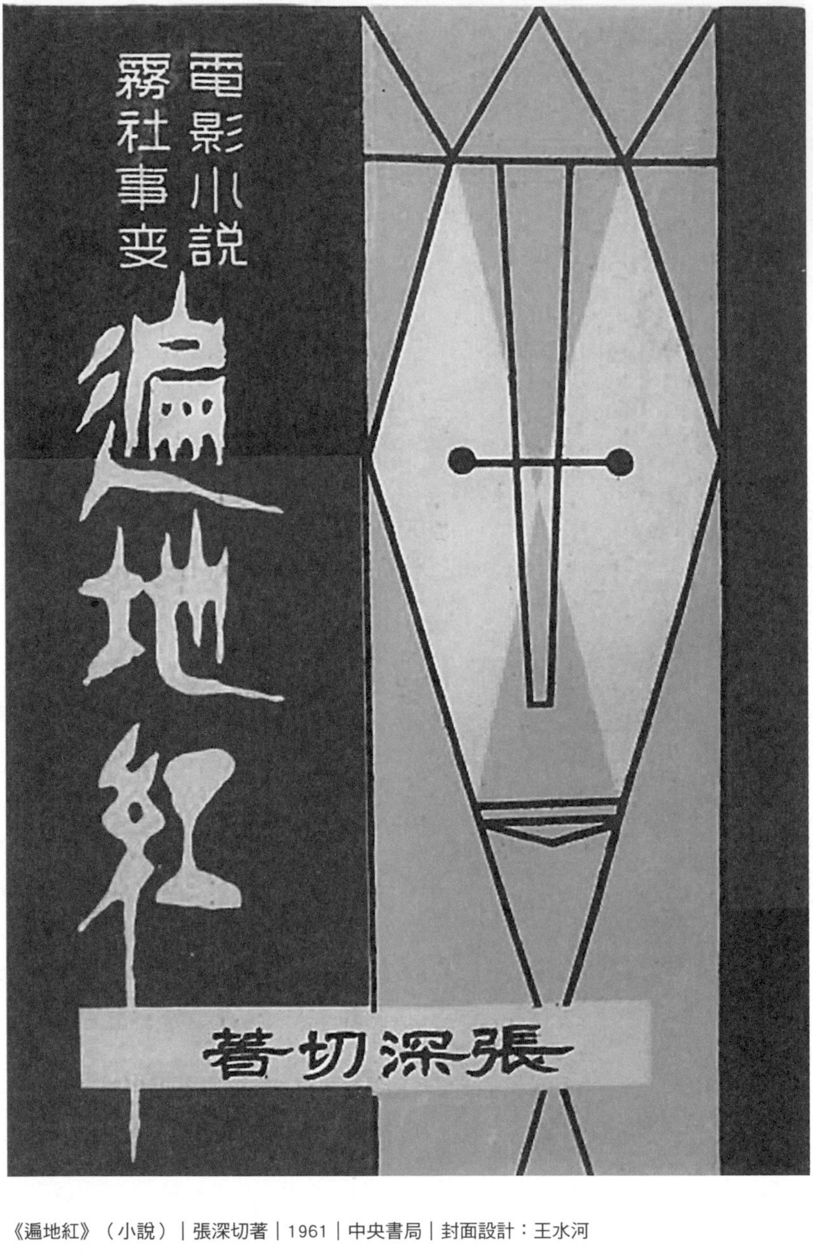

《遍地紅》（小說）｜張深切著｜1961｜中央書局｜封面設計：王水河

霧社的櫻花似血。

一九四九年國府遷台前夕，畢生致力於推動台灣革命與文化啟蒙事業的劇作家張深切（1904-1965）以一九三〇年十月發生的「霧社事件」為題材，替「西北影片公司」撰成電影劇本《霧社櫻花遍地紅》，該劇本自一九五一年開始在《旁觀雜誌》半月刊連載，後經修訂迄一九六一年八月才由台中「中央書局」正式出版，並易名《遍地紅》。這也是台灣史上第一部描述全本「霧社事件」始末的文學作品。

張深切在《遍地紅》〈自序〉中說：「霧社的山胞……他們明知抵不過文明利器，必須玉碎，然而為爭取人性的尊嚴，不計成敗利鈍，不自由毋寧死。這種精神，文明人雖言之鑿鑿，行之維艱。霧社的山胞卻以實際行動表現了。」[③]藉由《遍地紅》一書對霧社事件場景人物的劇情描摹，張深切一方面固然旨在揭露日本殖民統治時期的理蕃惡政，另一方面則同時也在暗喻一九五〇年代國民政府對台灣人民的某些不當統治手段。

被侮辱與被迫害的歷史面貌，豈只是染上一抹嗜血的紅色、駭人的鮮紅！

③——張深切，1961，〈自序〉，《遍地紅》，台中：中央書局，頁1。

一九五七年張深切與劉啟光、何永、郭頂順等人合組藝林電影公司，並找來當時以手繪電影海報廣告招牌起家、二十二歲遷居台中市開設「水河畫房」的王水河（1925- ）擔任美術指導，拍攝自編自導台語電影《邱罔舍》而獲頒第一屆金馬獎。爾後迨張深切出版電影小說《遍地紅》一書，封面題字即出自王氏生平獨創一套美術字體——名曰「水河體」，當年（約莫六、七〇年代）在台中市區戲院、酒家、夜總會、咖啡廳等大街小巷招牌看板幾乎隨處可見其蹤跡。

迥異於同時期出身學院派的美術創作者所崇尚簡潔無裝飾的現代主義美學，王水河從大量的外國電影題材得到啟發，筆下鮮活線條延展如單細胞生物的「水河體」在極具造型裝飾藝術風格的畫面中流淌，昔日由這特殊字體印象所構成的一段年少記憶，於今竟隨著市區內許多老房舍拆遷改建而乍覺悵然若失了。

巨大的歷史斷裂，併同無根和放逐的存在感，於焉造就了熾烈對立的時代色彩。迷失在孤獨、漂泊、疏離、無根的命運中，面對生存自由岌岌可危的死亡焦慮，任何妄圖樹立起線條鮮明的思想文字都是可疑的，彰顯個人意志

《台灣連翹》（小說）｜吳濁流著、鍾肇政譯｜1987｜台灣文藝出版社｜封面設計：念舫

1964年4月，吳濁流創辦《台灣文藝》雜誌之際，由於沒使用《中華文藝》或《亞洲文藝》一類的刊名，曾幾度遭「警備總部」約談，質問他不用「中國」而用「台灣」名稱是何居心，並再三禁止使用「台灣」二字。爾後國府當局鑑於吳濁流威望高，且以「漢節凜然」著稱，一時又抓不到他宣揚台獨的把柄，無可奈何之餘只得讓其出版，但仍緊盯不放，不時用各種藉口向其提出警告。
作為吳濁流生前的最後一部作品、也是過去前所未見——悼祭「二二八事件」的歷史自傳，《台灣連翹》最初於1975年以日文寫成，原稿存放於老友鍾肇政居處。其中一至八章曾譯為漢文發表於《台灣文藝》雜誌，其餘章節便交由鍾肇政完整譯出。連載時儘管風平浪靜，人也無恙，卻在集結為單行本之後不久仍難逃查禁命運。

的具體形象也只能夠在支離破碎的片段裡依存。

在自然界當中，鮮豔亮麗到極致的色彩對象往往夾帶著某種剛烈的毒性特質，正如生態圈裡擁有鮮豔外表（如紅色）的植草生物大多含有一身防衛性的致命劇毒。所謂「醫事之毒、藏書良材」，擁有毒性成分、有礙於人體安危的鉛丹物質，相對來說卻是讓書籍字畫紙張不受白蟻蠹蟲侵擾的藏書秘方，此即古代藏書家旦夕不可或缺的，明清時代廣東南海一帶盛產一種防蠹紙張，摻入鉛丹刷塗的防蛀藥呈橘紅色，用來作書刊封皮內頁，人稱「萬年紅紙」。

豔麗之紅的毒性隱喻，從自然界物理常態延伸成為政治文化象徵。

日語「獵紅」意指追捕思想犯。戰後五〇年代初期，國民黨政府為配合反共國策在台創立「中國文藝

《紅土印象》（小說）｜劉大任著｜1970｜志文出版社｜封面設計：傅運籌

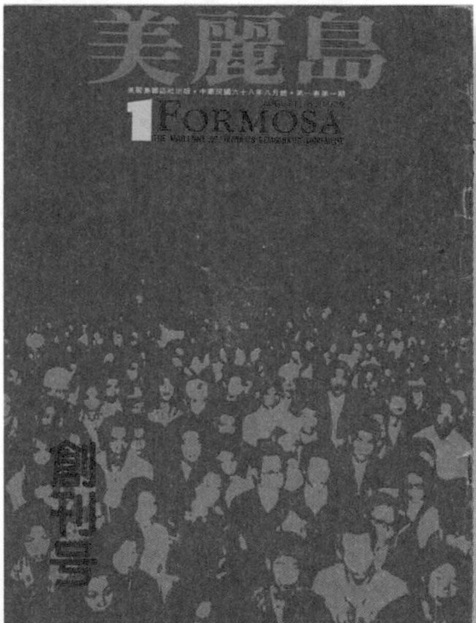

《美麗島》（創刊號）｜張俊宏主編｜1979｜美麗島雜誌社｜封面設計：佚名

協會」倡議「文化清潔運動」主張「務須剷除赤色的毒與黃色的害」，其根本內容即以掃除共產黨與左翼思想為目標，意欲將不同文藝理念鼓吹者視同敵方，以消弭中共渡海血洗台灣的壓力和恐懼。

因之，在兩蔣威權時代大剌剌以紅色印製的書籍刊物，乃成了官方意識形態裡亟欲抹除的思想毒素。此時同受冷遇壓抑的，還有以「台灣」命名的各類出版品。

戒嚴時期白色陰霾下的政治禁忌，使得諸多牽連著「紅色」意涵的人、事、物經常陷入某種不知所以然的汙名罪嫌。當年（1977）鄉愁詩人余光中發表〈狼來了〉一文，意圖「抹紅」台灣鄉土文學之舉，至今仍是一道讓眾多文人學者們感到尷尬難解的歷史話題。

「在這樣的歲月裡，還有什麼比出版一本書更無聊呢？」劉大任於一九七〇年出版第一本小說集《紅土印象》序言結尾處，寫下了這麼一句帶有「存在主義」虛無意味的自嘲語。

從慘綠少年百無聊賴的孤寂嘶喊、青年學人躊躇於知識權力的幡然省悟，抑或基層駐防軍士不敵悲劇宿命的一脈紅土，集子裡通篇揚顯的苦悶情致，來自作者內心源源不絕以文學介入社會的狂躁熱情，卻抵不住對於現實世界束手無策的殘酷對照。

面對威權體制的不安與浮動，《紅土印象》所述背景在當時青年人眼中似乎被記憶成一個充滿著美麗、哀愁、純真與熱情的理想主義時代。而在經歷「保釣運動」以後，由民族主義激情導致國家認同的混淆，也致使劉大任此部小說作品被劃入警總禁書名單之列。

生命的積極意義，在於重新尋回內在的熱情泉源。往昔由紅色隱喻的政治象徵背後所衍生各種誤解與壓迫，在不可預見的未來當中，或許只得再度燃起革命烈焰，以熾熱情懷來熔化歷史共業累積的黑暗與禁忌。

黑暗中追尋光之所在

上帝把七色溶入光內，用光照亮世界。而牛頓則用三稜鏡把光柱分解，離析後的繽紛色譜意味著各種不同生命走向，從熱烈到深沉。

十九世紀法國印象派畫家雷諾瓦（Pierre Auguste Renoir, 1841-1919）指出：「黑乃眾色之后」（the queen of all colors was black）。從光譜角度論之，無光即為黑色，屬於無彩色系。一旦有微光出現，便產生相對應的空間陰影。

台灣在過去一切皆以「反共抗俄」意識形態至上的戒嚴年代，歌頌光明與暴露黑暗的正邪二分法乃為時勢所趨、截然黑白分明的時代象徵。相對於刻意彰顯「光明」屬性的反共文學，五、六〇年代強調解放個人想像以跨越社會制約的西方現代主義與超現實主義藝術，則為一種近乎「黑色」屬性的異端美學。

黑色，直讓人聯想到夜幕籠罩，帶有一縷神秘莫測的幽怨和孤寂。它象徵

《黃昏來臨時》（小說）｜郭良蕙著｜1966｜新亞出版社｜封面設計：龍思良｜書影提供：舊香居

著嚴肅、莊重、沉著、堅毅，同時也意味著沉默、恐懼、不祥、悲哀等多重意義。黑色是一種能與任何顏色配搭都美觀的特別顏色，也是時裝界常流行的經典顏色。

回顧二十世紀以降，黑色可謂最符合詮釋「現代設計美學」的代表色，其根源主要來自二〇年代德國包浩斯（Bauhaus, 1919-1933）學院首倡理性機能主義（柯比意Le Cobusier指稱：建築是居住的機器）與極簡主義（密斯凡德羅Mies van der Rohe表示：少即是多，Less is more）的藝術觀。他們反對任何不必要的多餘裝飾，主張追求純粹而簡練的細部表現，並且偏愛使用冷酷、乾淨的幾何線條以及黑、白、灰等中性色彩。

素來喜愛穿黑色衣服的德國現代女建築師Cordula Rau曾被人問到這麼一個有趣的問題：「Why Do Architects Wear Black？」（建築師為什麼穿黑色呢？）她在獨自苦思卻仍不得其解的情況下，於是便向世界各國建築師發出詢問信函，並於多年後搜集了這些答覆信件作為素材編撰成書。其中，我獨自以為詩人艾青之子——中國建築師艾未未（1957-）給出的回答最是浪漫。他說：「穿戴黑色，是為了讓人在空氣中消失。」換言之，正是為了讓自身消失

「不在場」，設計師因此選擇使用黑色。

喜愛黑色的人總有藉口，但不喜歡黑色的人同樣也有百般理由。相較於台灣民間傳統偏愛鮮紅、翠綠等「俗擱有力」的鮮豔色彩，黑色特有的低調沉默，或許對於某些人而言其實就和那看似灰撲撲的悲劇顏色相去不遠。若以視覺認知來區分差異，喜好大紅大綠毋寧是一種傾向感官生理刺激的慾望本能，而喜好黑色則是近乎一種接受現代藝術理性價值的美感洗禮。

假如歷史是記憶留下來的顏色，那麼當所有記憶疊加起來理應化為黑色。

「以前，當我不知道擺上什麼顏色好時，我就擺上黑色，」法國現代畫家馬諦斯（Henri Matisse, 1869-1954）嘗言道：「黑色是一種力量，我借助它簡化結構。」對於已有太多色彩被濫用的當代世界而

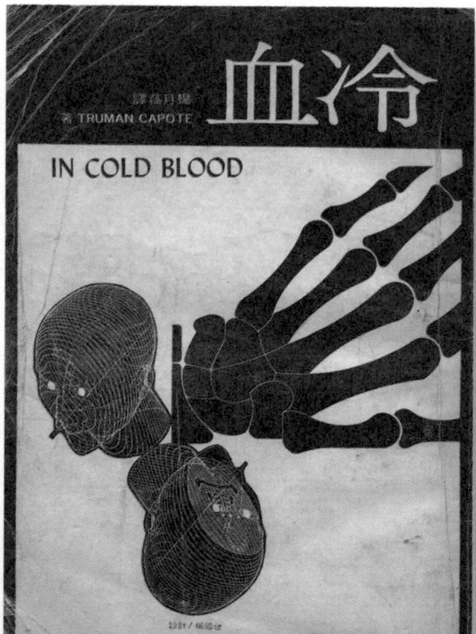

《冷血》（小說）｜ Truman Capote著、楊月蓀譯｜1974｜書評書目出版社｜封面設計：楊國台

《籃球情人夢》（小說）｜禹其民著｜1962｜文化圖書公司｜封面設計：廖未林

言，透過黑白灰的光影交錯，人們方得以淨化視覺。隨著年齡與智慧增長，少了五顏六色的斑斕炫目，僅存黑白世界的純粹張力反倒更能讓人不可思議地感悟出某種超脫凡俗的世道。

偏愛黑色，是否為另一種偽裝？法國精神分析學家拉康（Jacques Lacan, 1901-1981）在晚年時候選擇以沉默代替言說。他認為現實世界與人的慾望皆為虛假，任何概念語言的出現都是對存在本質的剝奪。他曾在一次訪談中透露他只喜歡黑和白兩種顏色，因為唯有這兩種顏色才是真實的顏色。

人們鍾愛黑色——這種美麗、深沉、包蘊一切的顏色，彷彿在幻滅寂靜之後，面臨著另一個世界的重生。這種感受予人解脫現實的愉悅，同時也讓人遭受難以想像的痛苦。一如近代俄國導演Andrei Tarkovsky指稱：「巴哈的音樂可以讓人看見黑暗中的光。」在

《黑色．黑色．最美麗的顏色》（隨筆）｜聶華苓著｜1986｜林白出版社｜封面繪圖：碧果

小說家聶華苓當年歷經政治災厄過後撰述《黑色．黑色．最美麗的顏色》一書，無疑便是作者本人從虛無、絕望乃至再生的掙扎當中活過來的文字見證。光復以後，滿懷理想的她隨家人從連年戰火之中奔赴台灣，卻因島內「雷震事件」白色恐怖陰霾而被迫遠走愛荷華。封面一幅碧果的抽象畫，呼應著文章裡頭深埋的孤寂悲憤，在黑色隱匿中道盡滄海桑田、世事人非。

黑暗中，生命是一道閃爍的光。光屬於黑暗，清晰屬於隱晦。想要得到光，就必須徹底走入黑暗，直達它的盡頭。

光與黑暗的交錯，構成了無限多種可能性。針對黑色指控疏離冷漠寓意的世俗誤解，總讓人難以看清：當內心的悲鳴愈強烈，往往愈能夠領悟自身的存在意義。據此，詩人羅智成在《光之書》詠嘆：「光只是一種只存在於黑暗的光。星星只是星星，也不是光」④，彷彿便是如此不斷地辯證。

一九七五年，甫就讀台大哲學系一年級的羅智成自費出版生平首部個人詩集《畫冊》，從封面畫頁至排版插圖皆一手包辦，待出版後並情商同學朋友幫忙寄賣⑤。《畫冊》詩作裡瀰漫著眩惑緊湊的低吟語調，意欲建造一座闇邃深沉的文字宮殿，揭示一切有關「黑色」意象孤絕濃烈的玄祕風格。

早自高中時代開始，羅智成早慧手發的美學興趣不僅表現在詩文字上，同時也擴展到繪畫、設計和攝影等多種視覺藝術領域。因狂熱迷戀於古代宮殿廟宇空間，無論在早期詩集《畫冊》插畫或為他人著述裝幀作嫁的封面設計裡，羅智成經常以走廊與殿柱、拱門、屋宇等建築結構元素的明暗線條穿插

④—羅智成，1979，《光之書》，台北：龍田出版社。

⑤—魏可風訪談紀錄，2000，〈詩宇宙裡的一則傳奇〉，《自由時報》，2000.08.19。

《畫冊》（詩集）｜羅智成著｜1975｜羅智成自印｜
封面設計：羅智成｜書影提供：陳文發

《獨樂園》（詩集）｜高大鵬著｜1980｜
時報文化出版公司｜封面設計：羅智成

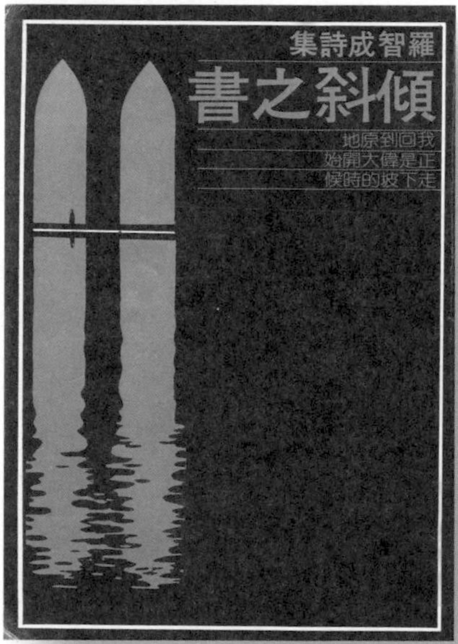

《傾斜之書》（詩集）｜羅智成著｜1982｜
時報出版社｜封面設計：羅智成

《黑色鑲金》（詩集）｜羅智成著｜1998｜
聯合文學出版社｜封面設計：羅智成

《光之書》（詩集）｜羅智成著｜1979｜龍田出版社｜封面設計：羅智成

其間，將之視為縱橫在宇宙、自然與心靈之間的巨大雕塑。

詩，到底只是一種情緒，它掠取生活的一點光，告訴你一個明亮的所在。透過圖象以及文字語言的共同造境，詩人著意於鋪繪一幅宛若超現實的想像舞台，宛若歐洲中古世紀重重遮掩的修道院，由內而外散發出神秘之光。

我秘密供奉黑色鑲金的美學
誘拐憂鬱、深奧的文字
獻祭給不曾存在的智慧⑥

在一切光芒都瘖啞的黑暗處，黑色與銀亮金屬色澤交融形成一組柔韌的美學對照。向來被稱為是月亮光芒的銀色本身是一種陰性顏色，代表著夢和星象的神秘力量，同時也意味著信念與純潔。

對於某種特定顏色氛圍情有獨鍾的藝術家來說，調配色彩之事宛如中古世紀歐洲流傳了數千年的神話煉金術。他們相信，這種煉金術是神賜給有智慧的人領悟真理的工具，包含著某種哲學思辨的關聯，而真正的煉金術士必須

⑥——羅智成，1999，《黑色鑲金》，台北：聯合文學，頁100。

要有純淨的靈魂。

蘊含了色光三原色（紅、綠、藍RGB）的晝日之光，自古以來即在歐洲宗教藝術當中具有特殊意義，修道院裡的無盡長廊分別於不同時間內出現形同戲劇般的光影效果。觀望高峻幽深的彼端深處，一道隱秘的光輝穿透而來，哲學家及詩人們在陽光與厚牆之間探尋已知與未知的真理。在那光線充足的寫字間裡，最明亮的地方坐著古物研究者、傑出的圖書裝幀家和抄寫員。陽光與精神的原則輝映相諧，當塵埃落定，安寧四溢，每個人的內心都得到了撫慰。

時間，古往今來一直是與我們關係最密切，但又是最難以捕捉的東西。唯物論者認為時間勢必存在於世界之間，沒有時間則萬物皆無法存在。時間本身無形無色，卻在萬事萬物中留下走過的痕，並透過光影形象轉化為一種可供具體感受的視覺語彙。

端看詩人羅智成筆下意欲捕捉時間樣態的《無言寺夕之對

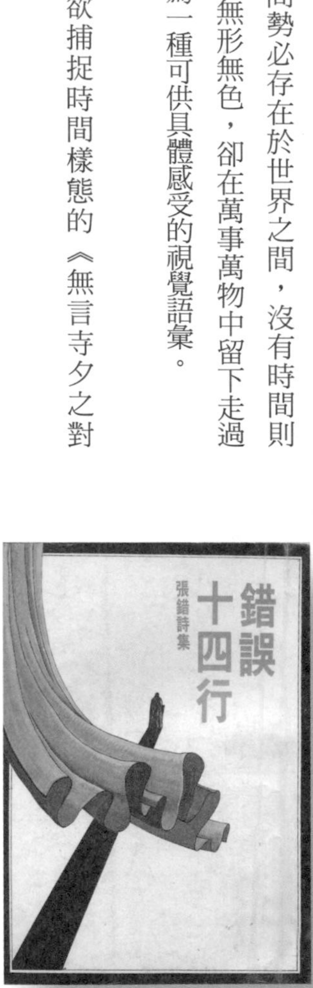

《錯誤十四行》（詩集）｜張錯著｜1981｜時報文化出版公司｜封面設計：羅智成

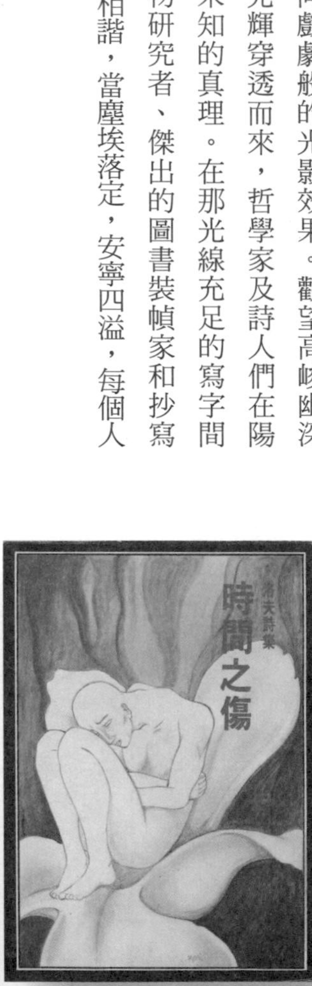

《時間之傷》（詩集）｜洛夫著｜1981｜時報文化出版公司｜封面設計：羅智成

《現代藝術家論藝術》（評論）｜赫伯特著、雨芸譯｜1979｜龍田出版社｜封面設計：羅智成

話》抑或《紀德評傳》封面構圖當中，光線筆直照射到遠方，智者的存在姿態猶如一座以大理石劈削而成的靜穆塑像，無法趨前辨識他臉龐的表情。之後，人的姿態便溶成了更深沉的影子，將時間凝聚成形，在謎樣的瞬間拂過周遭場景。

於是乎，他把色彩從光中分離出來當作一種觀念來重新處理，直將「光」與「色」的表現隱身到哲學之中了。

《錯誤十四行》（詩集）｜張錯著｜1981｜時報文化出版公司｜
封面設計：羅智成

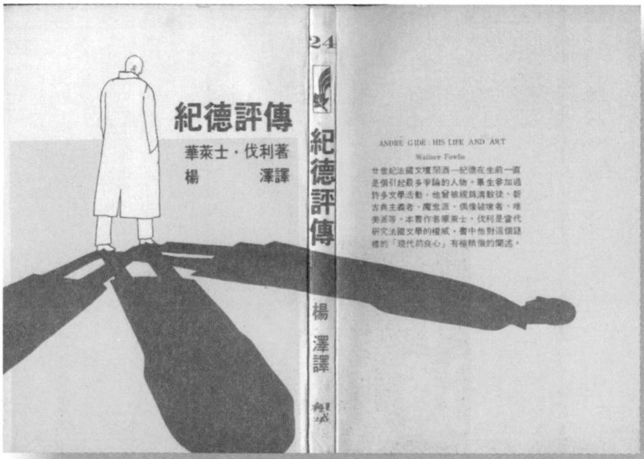

《紀德評傳》（傳記）｜Wallace Fowlie著、楊澤譯｜1978｜楓城出版社｜
封面設計：羅智成

蘊含了色光三原色（紅綠藍RGB）的晝日之光，自古以來即在歐洲宗教藝術當中具有特殊意義，修道院裡的無盡長廊分別於不同時間內出現形同戲劇般的光影效果。觀望高峻幽深的彼端深處，一道隱秘的光輝穿透而來，哲學家及詩人們在陽光與厚牆之間探尋已知與未知的真理。在那光線充足的寫字間裡，最明亮的地方坐著古物研究者、傑出的圖書裝幀家和抄寫員。陽光與精神的原則輝映相諧，當塵埃落定，安寧四溢，每個人的內心都得到了撫慰。

當天空是藍的，海也是藍的

顏色本身即為一種明顯的表白。

二十世紀藍騎士畫派（The Blue Rider）抽象繪畫巨匠康丁斯基（Wassily Kandinsky）相信藍色代表著神聖，他說：「色彩對靈魂直接發生影響力。」

在英語詞彙裡，「blue」一詞喻指藍色與憂鬱之意，而漢語裡的「藍色」則使人聯想到無邊無際的晴空和海洋，指涉著空曠的未來與遠離塵世的寧靜，常被用做嚮往自由的象徵。

湛藍似水。古希臘哲學家泰勒斯認為水是萬物的本質，同海一般沉默至極，卻足以讓一切頃刻掩沒。色彩學上，藍色系被定位為溫度感覺面向的冷色。蔚藍顏色

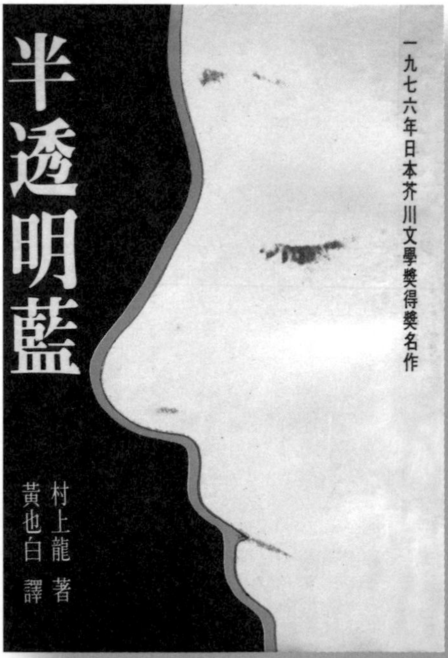

《半透明藍》（小說）｜村上龍著、黃也白譯｜1977年鑑出版社｜封面設計：村上龍

的純淨深沉，庶幾美得令人震動。

一個沉默的孤寂者，總是特別留戀藍色和天空。

人們嘗以一生際遇比附流光星辰，由美麗到殞落何其短暫，詩人謬思則被喻為地上的繁星，在廣袤無垠的夜空中閃爍著詩情與哲理光芒。

不平凡的動盪時代，即便寂寥星稀的點滴微光亦能匯聚成一片交相輝映的文學星空。一九五四年三月，覃子豪、余光中、鍾鼎文、夏菁、鄧禹平、辛魚等諸位詩友小聚，席間決定成立「藍星詩社」。承繼了傳統文人墨客對於天上繁星的禮讚與想像，「藍星」之名乃覃氏所提議，據聞其靈感得自法國「七星詩社」⑦。

過去國民黨戒嚴時期，舉凡藝術作品畫面裡單獨存在的紅色咸以禁忌視之。但在藍色象徵自由民主的青空對照下，紅色則以襯托革命烈士的鮮血而獲致正當性，並透過教育體制的國家機器宣傳，建構出島嶼人民對於國旗配色青天白日滿地紅的色彩意識。

⑦—法國十六世紀文藝復興時期，以詩人比埃爾·德·龍沙（Pierre de Ronsard, 1524-1585）為首的七位作家共同籌組了「七星詩社」，並於一五五〇年發表《保衛與發揚法蘭西語言》作為創社宣言，其宗旨在於研究和借鑑古希臘羅馬文學，把作為文學表達工具的法語提高到古典語言的水平。「七星詩社」最早提出統一民族語言的主張，促進了法國民族語言和民族文學的發展。

話說早年創辦《現代詩》季刊的詩人紀弦曾以詩歌集《在飛揚的時代》詠贊曰：「我的歌是奔騰於台灣海峽的狂飈。」與中國大陸相隔著一片蔚藍海域的美麗島，四面盡是汪洋大海，無邊無際。畫面中的藍，在這裡不僅僅是國府政權宣揚反共抗俄期間與彼岸中共背水一戰的天然屏障，同時更是有別於神州故土遭共軍「赤化」——標誌著自由中國政權在台灣的象徵顏色。

「藍呀藍！藍是光明的色彩！它代表了自由仁愛，當陽光普照到大地，你看見的是藍藍的青天碧海」，追憶昔日五〇年代由長篇小說《藍與黑》改編的同名電影主題曲如是高歌：「黑呀黑！黑是陰暗的妖氣！它代表了墮落沉淪，當夜色籠罩了宇宙，你小心那黑黑的深淵陷阱……」。其中，代表光明、自由、善良的藍，與代表墮落、沉淪、罪惡的黑，分別象徵正邪對立的兩種角色。在畫家廖未林設計的書名封面上，為使「藍」、「黑」二字構成視覺平衡，乃將中間的「與」字特別予以簡化縮小。

《在飛揚的時代》（詩集）｜紀弦著｜1951｜
寶島文藝社｜封面設計：佚名｜
書影提供：舊香居

《藍星》（創刊號）｜覃子豪主編｜1961｜
藍星詩社｜封面設計：佚名

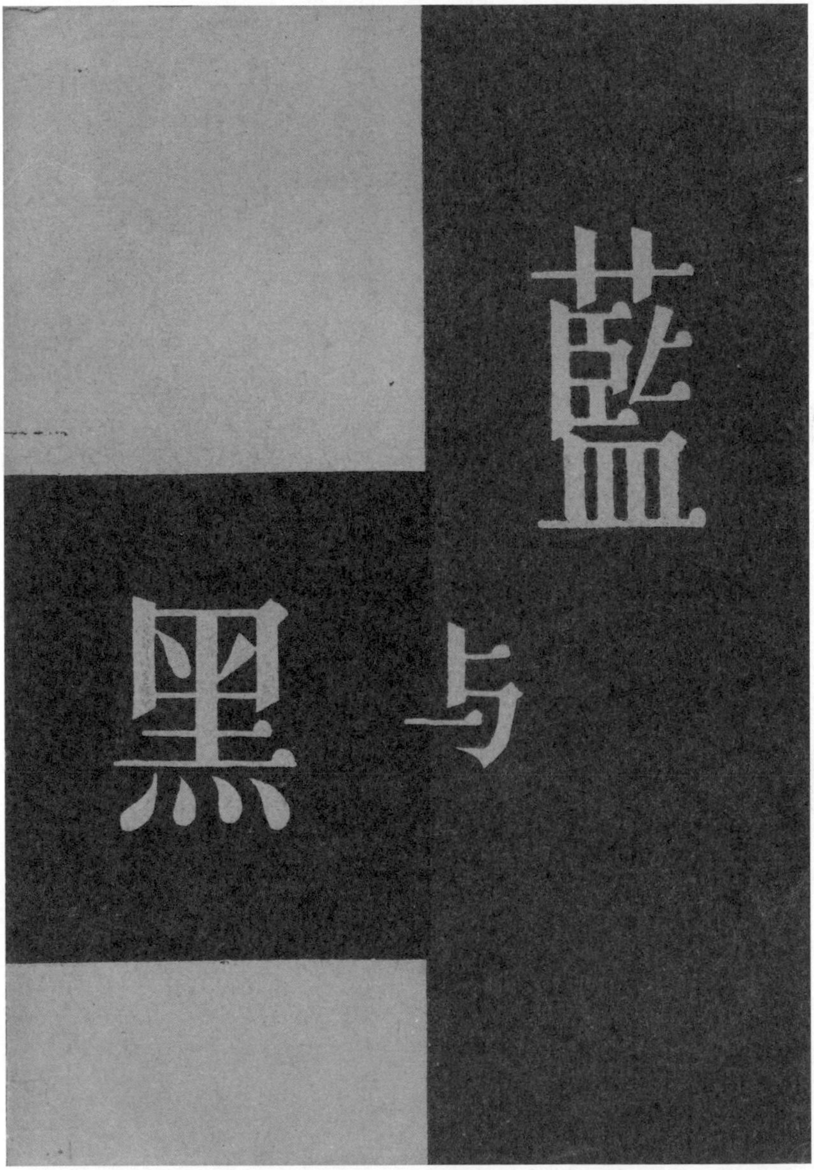

《藍與黑》（小說）｜王藍著｜1958｜紅藍出版社｜封面設計：廖未林｜書影提供：舊香居

作為當年宣揚反共愛國青年樣板的長夜暢銷小說，《藍與黑》敘事背景主要從對日抗戰一路演繹至國府遷台，以亂世兒女的烽火戀情訴說著大時代動盪的無奈與哀愁。彼時小說作者在經濟拮据的困頓環境下寄寓於永和竹林路的簡陋窩居，據說當時王藍沒有書桌，卻是每夜伏在太太的縫紉機上苦心撰成《藍與黑》這部長篇史詩。

綜覽《藍與黑》一書不惟通篇滿懷振奮人心的愛國情操，就連背後振筆疾書的寫作過程也都充滿了傳奇式的理想色彩。即便未曾親臨抗戰年代切身體驗，但是透過小說文本的浸淫轉化，卻也能讓讀者心境暫且逸出現實侷限、投入一個縱深的歷史情境當中。

藉由想像力的發揮，不僅文字可以召喚色彩感覺，色彩本身亦為一種超越符號意義的直觀語言。

針對色彩近乎本質般的美學性格，四〇年代女作家張愛玲特有一番獨到見解。喜歡「蒼涼」更甚於「悲壯」情致的她，總把悲壯比喻為大紅大綠的配色，作為一種強烈的對照，其刺激性大於啟發性；而蒼涼之所以有更深長的

---

⑧—張愛玲，1944，〈自己的文章〉，《苦竹月刊》，收錄於1991，《流言》，台北：皇冠出版社。

⑨—張愛玲，1944，〈再版自序〉，《傳奇》，上海雜誌社，收錄於1977，《張愛玲短篇小說集》，台北：皇冠出版社。

回味，就因為它像蔥綠配桃紅，是一種「參差的對照」[8]。

一九四四年八月，張愛玲出版生平第一部小說集《傳奇》，作品一經問世即不脛而走，隔月即發行再版。她在序言中寫道：「以前我一直這樣想著：等我的書出版了，我要走到每一個報攤上去看看，我要我最喜歡的藍綠封面給報攤子上開一扇夜藍的小窗戶，人們可以在窗口看月亮，看熱鬧。」[9]

由作者親自設計的封面裝幀捨棄所有圖案花樣，只印上書名「傳奇」黑色隸書二字，滿眼不留半點餘白的清一色孔雀藍，濃稠得直叫人窒息，她說她母親生平最鍾愛的衣物以及掛在故居牆上的油畫也都是這般色調。

藍色往往具有能夠撫慰人心的氣息，不禁叫人沉醉其中。

因喜愛藍色給人一種安詳的感覺，鍾情於人與自然和諧共處的散文作家蕭白寫道：「山莊嚴於它的老態，霧的衣角在

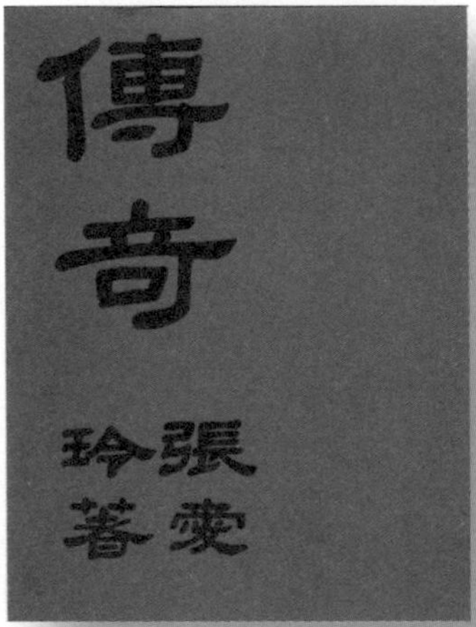

《傳奇》（小說）｜張愛玲著｜1944｜上海雜誌社｜封面設計：張愛玲

《曉雲》（小說）｜林海音著｜1959｜純文學月刊社｜封面設計：夏祖明｜書影提供：舊香居

《凌霄曲》（小說）｜高陽著｜1961｜大業書店｜封面設計：廖未林｜書影提供：舊香居

《窗外》（小說）｜瓊瑤著｜1963｜皇冠出版社｜封面設計：凌明聲｜書影提供：舊香居

畢生對於藍色情有獨鍾的俄國現代畫家康丁斯基指出：「藍色是典型的天堂色彩，它所喚起的最根本的感覺是寧靜。」與大地山野常見的草木綠意相比，由於藍色意味著超越現實世界，因此它也是一種不易達成現實願望的理想顏色。

1962年瓊瑤發表第一部描寫師生戀的自傳小說《窗外》，首版封面即以帶有恬靜氣息與嚮往浪漫自由的藍色天空為背景，畫面中的女主角猶似被濃郁的色彩情境所纏繞，彷彿遠離了人間大地，讓人激起一種純淨和超越的慾望。

微拂，在沉沉的藍影裡，一聲偶然的嘆息，似乎也有幾分藍意。」⑩此時沾染了一身秋霧濕漉的山徑旅人，便驟然覺得身前身後沒有別的顏色，直把「秋季」喚作「藍季」。

對照於抒情文字裡的意象色彩，各種感性層次的象徵意義取決於它的明度。當藍色越淺，它也就漸趨淡漠，予人清新和淡雅的印象。相形之下，當藍色越深，越使人趨向莊重與崇高，嚮往著孤獨與悲傷。

在歐洲浪漫派文學傳統中，藍色幾乎是詩歌藝術的靈魂色彩，暗示著永不可及的遙遠記憶。十八世紀德國詩人Novalis⑪在他未完成的長篇小說《Heinrich von Ofterdingen》⑫裡描寫主人翁為尋求在夢中出現、象徵著心靈所能渴望一切無限事物的神秘「藍花」而浪跡天涯，並由追尋過程中感悟到身為一個詩人的天賦使命。從此，「藍花」（Die blaue Blume）便成了德國浪漫主義最具影響力的圖騰象徵。

《藍季》（散文）｜蕭白著｜1967｜光啟出版社｜封面設計：陳其茂

⑩—蕭白，1967，《藍季》，台中：光啟出版社，頁5-8。

⑪—諾瓦利斯（Novalis,1772-1801），曾與歌德（Johann Wolfgang von Goethe,1749-1832）齊名的德國早期浪漫主義詩人，身兼法學家、礦學家，本名哈登貝格（Frieddlich von harddenberg），Novalis是他的筆名，意為「開拓者」。Novalis只活了短短二十九年即因肺結核告別人世，留下不多的作品閃爍著天才的靈光，在德國文學史和思想史上被譽為「藍花詩人」。

深沉的藍，瀰漫著悲觀主義與世紀末憂鬱的消沉氣氛，堪稱是在暗夜孤獨裡渴盼覓得希望的一種顏色。對此，俄國畫家Wassily Kandinsky在論著《藝術的精神性》（*Concerning the spiritual in art*）中表示：「藍色是典型的天空顏色，當它變得極為濃厚時，就會露出死亡的徵兆，而當深沉到近乎黑色時，就呈現出人類無法承受的悲哀訊息。」

沉重悲哀地讓人無法承受的深藍調子，形同作家卡夫卡生命裡的巨大陰影。追想童年時候的一天夜裡，因寂寞不安而抽噎不止的卡夫卡被父親施以懲誡地關闔在陽台上，這件事使他多年後想起來仍心有餘悸。

孤僻與絕望是卡夫卡生命裡的一種張力狀態，使他畢生沉淪其中。這位一輩子憂鬱偏執的孱弱作家，極想掙脫父親的枷鎖卻又始終脫離不了牽絆，加上身處歧視猶太人的悲劇年代，其靈魂益發落得無比苦悶。

黃昏和夜晚時的大氣瀰漫著一片深藍色氤氳。藍色深沉如黑的夜晚，正是卡夫卡的寫作時間，他深刻明白單憑文學寫作無法謀生的現實性，白天時段不得不恪守於保險公司辦公室裡的固定職務，唯有在夜深人靜之時，才能以

---

⑫—《海因利希・封・奧夫特丁根》以童話方式講述一個詩人Ofterdingen的故事，他胸懷對世界的預感，尋求至善至美。在夢中，Ofterdingen極目所見只有一朵藍花，他懷著不可言說的溫柔之情長久地注視著它，最後他想接近它，花忽然活動起來，開始變化，葉子閃閃發光，慢慢垂向花莖，花朵向他靠攏過來，花瓣形成了藍色的翻領，裡面閃動著一張姣好的面。夢境消逝了，但Ofterdingen從此念念不忘，他的眼中沒有自己，心中永遠懷抱著全世界，為了解脫人們的苦難，遂決意離家漫遊去尋找神奇的藍花。

《藍夢曲》（小說）｜辛白著｜
1963｜野風出版社｜
封面設計：陳志成｜
書影提供：舊香居

《青藍集》（小說）｜穆中南編｜1960｜
文壇出版社｜封面設計：朱嘯秋

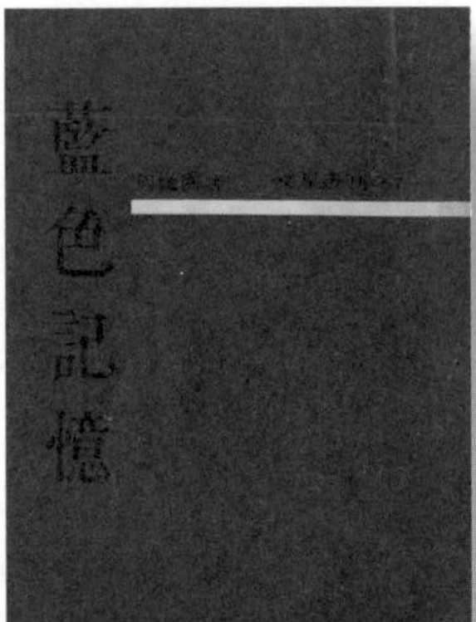

《藍色記憶》（散文）｜
何毓衡著｜1964｜文星書店｜
封面設計：龍思良

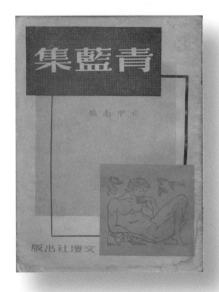

犧牲睡眠為代價潛入生活深處。在布拉格城堡區黃金巷門牌二十二號的水藍色窄屋裡，卡夫卡彷彿尋得了一處寂靜的洞穴。「寫作」對他而言，是比死亡還要深沉的睡眠。

就好像一個人不會把一具死屍從墓中拉出來一樣，卡夫卡在晚上也不能被拖離他的書桌。

當年除了寫作以外，卡夫卡也養成了隨手塗鴉畫畫的習慣。「我企圖以自己的方式定義所看到的東西，」卡夫卡說：「我所畫的不是圖，只是些私人的表意文字罷了。」⑬

一手包辦《卡夫卡的寓言與格言》封面設計及內文編排的譯者張伯權，與另本同系列譯作《噢，父親》皆以原作者生前私人畫冊裡纖細嶙瘦的速寫人形作封面圖樣。這些形體彷彿失了根似地沒有自己的地平線，僅以簡單線條捕捉著人們奔跑、匍匐、倚坐等姿態。畫面中，卡夫卡透過畫筆向讀者展示自己。他孑然跳往憂鬱的深藍水域，泅泳於母體子宮的宿命困惑，而憂鬱的煎熬卻並不隨著藍色褪去。

⑬—Gustav Janouch著、張伯權譯，1983，《卡夫卡的故事》，台北：時報出版社，頁40。

深藍，作為海的顏色，可說是視覺記憶主動架構想像與創造的結果。古往今來，多少騷人墨客以海隱喻，遙想投入海的懷抱就如同回溯從母親身體初生時的靜默。向海走去，其實正是向自身私密情感深處裡的純真走去。然而儘管海洋再大，卻怎樣也裝不完人們堅信深海有情的過度想像。

《噢，父親》（書信）｜卡夫卡著、張伯權譯｜1975｜楓城出版社｜封面設計：竺福來

《船》（詩集）｜張自英著｜1952｜當代青年出版社｜封面設計：梁雲坡｜書影提供：舊香居

《海》（散文）｜吳瀛濤著｜1963｜台灣英文出版社｜封面設計：佚名｜書影提供：舊香居

蒼翠如碧的詩魂青春

封面色彩適切地採用單純而鮮明的象徵手法，恆常有益於啟迪讀者的視覺想像。尤其是在台灣早期詩集出版文類當中，綠色幾乎是最常用作封面主調的青春顏色。

人眼對於各種色彩的分辨力當中，以綠色最為敏銳、且在心理上最易被人接受的顏色。從光譜來看，綠色乃是原色素「藍」和「黃」交疊的一種混合色，由兩種色調等量調配而生，因此綠色也被視為一種和諧的顏色。它象徵著大自然蓬勃不息的生命力，予人恬靜緩和的愉悅感覺。

萌芽之季在於春，新春的嫩綠，體現出萬物生機。當人們心懷希望時，便會說：「我的心綠起來了」

《綠天》（散文）｜蘇雪林著｜1956｜光啟出版社｜封面設計：佚名

《青鳥》（小說）｜馮馮著｜1965｜皇冠出版社｜封面設計：佚名

（Green my heart）。青春與活力，乃為綠色的基本感情象徵，英語世界的Green一詞常引申為幼稚、無生活經驗之意。在萬物成長變化過程中，不成熟的初始階段總是綠色：如櫻桃從綠變黃到變紅，李子從綠變紅直到藍和黑。一株綠色蓓蕾可以從綠色長成任何一種顏色的花朵。

放眼純粹亮麗的綠，在當今五光十色的書市裡實屬難能得見。整面書冊充滿新生命期待的綠色景致，往往能予讀者一種近乎癡狂迷戀的透骨沁涼。

《爾雅》中說：「春為青陽，謂萬物生也。」在中國傳統文學及古典神話裡，青綠色彩通常具有豐富的隱喻意涵。誠如《左傳・昭公十七年》記載：「青鳥氏，司啟者也」，又說：「青鳥，鶬安也。以立春鳴，立夏止。」顯示青色之鳥是少昊氏負責立春至立夏節氣的曆法官。據此，後代文學作品總將青鳥和春天草木萌發、萬物生長聯繫在一起。

對照西方現代文學語境，比利時劇作家Maurice Maeteriinck於一九〇九年出版一齣夢幻劇，名曰《青鳥》（*L'Oiseau Bleu*）。故事描述在聖誕節前夕，生長在窮苦家庭的一對小兄妹要找尋青鳥。於是就在夜宮中，在森林裡，歷盡辛苦地四處尋找，誰知一朝醒悟過來，遍尋不著的青鳥卻就在自己身邊，以之引喻為看似近在眼前，卻無論如何也捕捉不到的幸福。

二十世紀三〇年代女作家蘇雪林，署名「綠漪」的她早年曾在文藝評論《青鳥集》（一九三八年，長沙商務印書館）以〈梅脫靈克青鳥的眼睛〉一文詮釋「青鳥」作為宗教信仰的色彩象徵，述說著意欲尋覓真理的獵者於艱苦備嘗之後忽然大徹大悟，乍見真理原在自己心性中的一種驚喜境界。

在她另一部開筆於新婚翌年的散文遊記《綠天》（一九二八年，北新書局出版）當中，蘇雪林用一種洋溢青春的風華綺思敘寫了夫婦之間的魚水情深，道出了舊時代女性徘徊於母命媒妁與自由情愛之間的奔放熱情。整部作品圍繞丈夫這個中心展開想像，編織了一個有如伊甸園般的蒼翠夢境。其中〈書櫥〉一文特別提及女作家雅好藏書的煩惱經，讓人讀後不禁莞爾。

該篇章內容主要敘述一位女主人翁平日沒有別的嗜好、只愛買書，結果弄得一屋子無處不是書。先生回來「疲倦了倒在躺椅上要睡，被褥子下墊著的兩三本硬書抗得腰背生疼；拖過椅子來要坐，卻豁刺一聲響，書像空山融雪

---

⑭—蘇雪林，1956，〈書櫥〉，《綠天》，台中：光啟出版社，頁28。

⑮—中國傳統五行學說當中，青色為木，指涉著春季降臨的生命隱喻。在日語裡，「青色」則是漢語「藍色」的意思。但「青色」究竟是指「藍色」或是「綠色」，在文字描述上常無法確切表達肉眼所見效果。

般瀉了一地。」[14]因此惹得他每每發惱，說總有一天要學秦始皇，焚盡她的書。不久後，房內已書滿為患，她想買下由學校散出的一口舊書櫥，但先生並不應允。某日忽見家中有一口新書櫥，便以為是人家送錯了，豈料這口書櫥正是先生替她訂做的。

偉哉！女人們若想長久滿足藏書雅癖，除了須具備英國小說家吳爾芙（Virginia Woolf）所說：「擁有自己的房間」外，婚後最好能像蘇雪林這般幸運：嫁了一個會在暗地裡幫忙添購書櫥的體貼丈夫。

荀子《勸學》篇有云：「青，取之於藍，而青於藍。」中國古代禮制則有「蒼璧禮天」之說，意即用青色圓形璧玉與天空的色澤相對應。此處的青色[15]又稱作水綠色（cyan），誠如府城詩人楊熾昌（1908-1994）繪製詩集《第八根琴弦》封面設計以幾何色塊交疊所呈現：是為可見光譜中介於綠色和藍色之間的顏色。

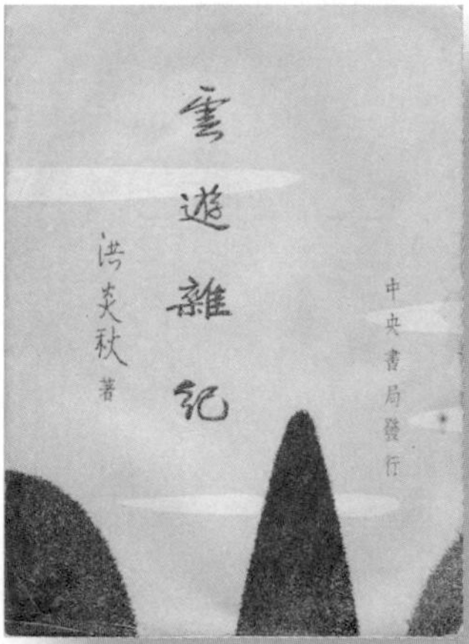

《雲遊雜記》（遊記）｜洪炎秋著｜1959｜中央書局｜封面設計：佚名

《第八根琴弦》（詩集）｜文曉村著｜1964｜葡萄園季刊社｜封面設計：楊熾昌

《翡翠貓》（小說）｜聶華苓著｜1959｜明華書局｜封面設計：廖未林

《在春風裡》（散文）｜陳之藩著｜1962｜文星書店｜封面設計：龍思良

所謂文字情意淡如水、如在春風不染塵，撫讀文星初版陳之藩《在春風裡》封面，地平線上舉目無際的綠色原野青翠逼人，背景中形同孤島般站著一棵樹，發著閃閃白亮的希望嫩芽。這棵樹雖看似孤獨，卻保有了那一襲昂然彷彿來自天上的碧綠。

如此讓人感到格外清新的美麗景致，往往需要保持一種觀看的距離。

漢語傳統裡的青色，可說是山與海交界之色：海是藍色，山是綠色，台灣土地在山海之間匯雜形成了青色。

因著天然地形的侷限，四面環海、陸地多山的島嶼平原並沒有真正如彼岸大陸那般寬廣深邃一望無際的幽遠曠野。然而數百年來，台灣社會本以農耕為主要產業，青蔥的稻田平原一如汪洋，翠綠的菸田則如翻浪，農人埋身田間，白鷺鷥低飛掠過，襯著遠處起伏的山巒，倒也構成一幅南國島嶼特有的田園地景。

滿眼田埂裡的青色蒼翠，是一種渴望如鍾肇政農村小說筆下歸屬大地的寧靜，亦為帶有草腥味的青春年華，很濃郁，卻又難以形容。

平原上的清澈綠水，像一張綿密的網，安頓了人的生活，從農事、家事到遊戲，皆與自然環境相依共存。早期人們咸信，農村其實就是一所學校，只要辛勤務農愛護土地，便能從中習得與世界相處之道。

台灣過去由於發達的水利加上合宜的氣候，日治期間在總督府專賣政策主導下，遂於一九三〇年代末期始將香菸原料——黃色種菸草作物引進美濃平原，一座座菸樓建物自此聳立在茁壯青綠的菸田上。每當收成之際，經過約莫一星期的烘烤程序，菸葉由青綠色變為金黃般燦爛，形成早期美濃最具特色的村落地景。

隨著經濟發展步伐急遽邁進，以「掠奪式」發展主義為核心的資本主義體系從半個世紀之前即已開始橫掃台灣西南平原，逼迫著農村土地步步後退，堆砌而成所謂「台灣奇蹟」。

迨國府當局於五〇年代初期施行「耕地三七五減租」條例，造就了台灣有史以來最大的自耕農隊伍。此後十幾年間，台灣農村浮現過曇花般的榮景。但隨農村子弟身處的城鄉環境面臨著工商產業大肆擴張的轉型時期，在「重工輕農」政策天平下，青壯勞動力快速大量地往城市流動，遂使傳統農業到了六〇年代末期已呈現沒落頹圮之

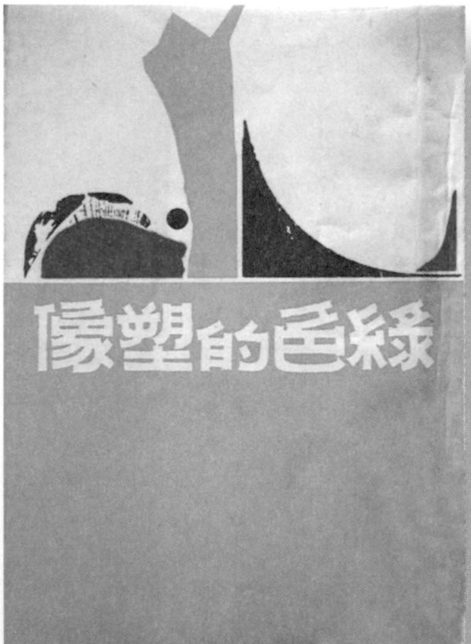

古羅馬人認為，綠色乃是美神維納斯（Venus）的代表色，同時司掌愛情、花園和蔬菜，彷如茵草樹苗發芽生長的翠綠，意味著愛情正處於萌芽階段。
1963年，詩人綠蒂出版第二部個人詩集《綠色的塑像》，封面摺頁題詞曰：「僅以本詩集獻給吹綠我詩園的風」。畫家江義雄繪製一幅蒼翠欲滴的鮮綠色封面，恍如春風信手拈起的青蔥年少，訴說著綠蒂今生歌吟不止的青春與愛情，而在經歷了近半世紀過後的今天，則似乎又再見證了詩人如青山常綠、如碧水常流的不老詩情。

《綠色的塑像》（詩集）｜綠蒂著｜1963｜野風出版社｜封面設計：江義雄

⑯—礫耕栽培是早期開發的水耕栽培方式之一，靈活的運用大小不同的天然石礫做為栽培介質，可以使得植物根系之通氣良好，又因其性質與土壤相似，因此吸水性也較良好。不過仍有一些缺點，例如前作殘根不易清除，介質長期使用時容易著生青苔等，往往不利根系的生長。

姿，前景黯淡。

舉凡鍾肇政《綠色大地》筆下躊躇於貧富階級情愛之餘仍不時以「磔耕⑯實驗計畫」倡談農業改革的鄉村教師，或是鍾鐵民小說《菸田》裡不願一輩子做長工而毅然踏出農村到北部經營自助餐的青年農人。父子兩代從農業社會到工業社會的轉圜折衝，那些掙扎困惑於離鄉與留鄉之間的生存議題，屢屢成為爾後七〇年代台灣農民文學常見的宿命情結。

在所有明麗的顏色當中，介乎「黃」、「藍」中間色調的綠色猶如音樂世界裡的半音（half tone）。倘若沒有綠色的過渡，天空和大地或許都將成為兩個無望的孤獨的存在。

此處僅以青黃色相差異來比喻人生不同階段的

《菸田》（小說）｜鍾鐵民著｜1968｜大江出版社｜封面設計：董盛秉

《綠色大地》（小說）｜鍾肇政著｜1974｜皇冠出版社｜封面設計：凌明聲｜書影提供：舊香居

心境轉變，有許多作家到了中晚年總是不免萌生「悔其少作」之念，認為那些不過只是學徒時期的青澀宣言、端不上檯面，因而不願再回顧當年初出茅廬未成熟的所謂早期作品（My Early Work）。只是，看在讀者眼中，愈是最前期的作品有時反倒愈有原創精神，相對地，在成名之後欲更上一層攀峰卻也很有可能摔得更重。觀諸當代文壇變迭起起落落、朝暮似幻。原先少年得志，爾後江郎才盡、晚節不保的，每每大有人在。

青春，未必只長得出稚嫩的青芽；晚景，也可能是有機物熟爛腐朽的窮途末路。

從色彩明度來看，若將指涉為青春與純愛的碧綠色調予以黑暗起來，即成了蒼沉的墨綠（green black）。一抹深色的墨綠，猶如秋天鬱茂森林裡的暗草，帶有質拙且羞澀的堅韌性格。它隨和，卻不平庸，它沉靜，卻不瘖啞。

面對青春風華已逝的情感寄託，南宋詞人張玉田作有「暗草埋沙，明波洗月」之詞句，四〇年代華裔美籍詩人艾山⑰則以《暗草集》遙相應和，比喻為在詩領域當中暗自摸索以盼得披沙瀝金的自我期許。

⑰——艾山（1912-1996），原名林振述，另一筆名林蒲，祖籍福建永春。早年考入北京大學，抗戰期間隨校內遷，一九三八年在昆明西南聯大外語系畢業。一九四八年秋赴美求學，一九五五年獲哥倫比亞大學博士學位後即在各大學擔任文學、哲學教授。從一九六五年到一九八九年，艾山在路易斯安那州立大學執教直至退休，為該校終身榮譽哲學教授。除教學外，艾山的活動橫跨哲學研究和文學創作兩大領域。他的英譯《老子道德經暨王弼注》海內外各大學多採用為課本及主要參考書，文學作品包括有《二憨子》（短篇小說）、《苦旱》（中篇小說）、《暗草集》、《埋沙集》（新詩集）、《美國大煙山紀行》（旅遊隨筆）。

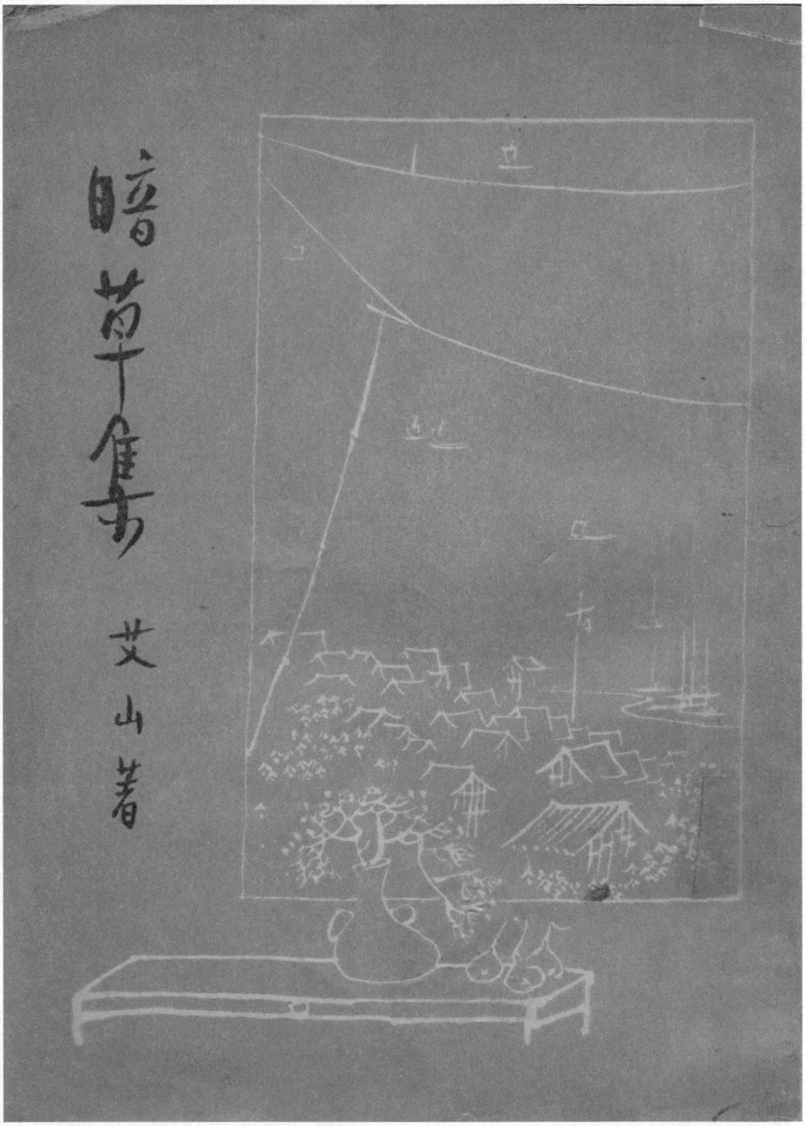

《暗草集》（詩集）｜艾山著｜1956｜香港人生出版社｜封面設計：陳其寬

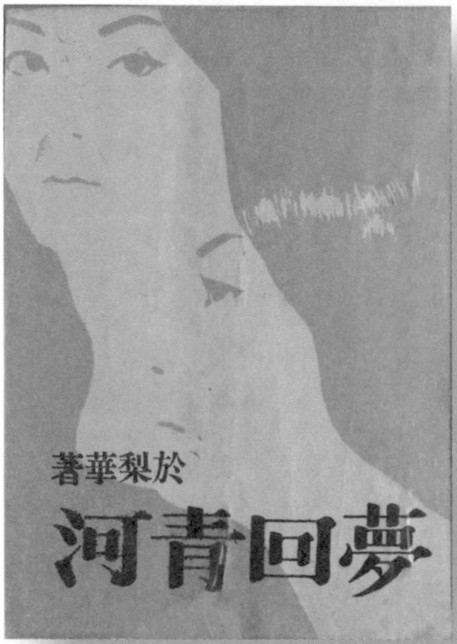

《夢回青河》（小說）｜於梨華著｜
1963｜皇冠出版社｜封面設計：夏祖明

《雪地上的星星》（小說）｜1966｜皇冠出版社｜
封面設計：夏祖明

《夢的船》（散文）｜胡品清著｜1966｜
皇冠出版社｜封面設計：夏祖明

《屬於十七歲的》（小說）｜季季著｜1966｜
皇冠出版社｜封面設計：夏祖明

《暗草集》詩作大多寫於抗日戰爭時期，字裡行間既有奮勇抗敵的激越凱歌，亦有人們遭逢戰禍的苦痛呻吟，以及作者自身流落異地、乃至孤寂懷鄉的情緒感染，共同勾勒出一幅苦難而多彩的意象畫面。艾山的詩藝有如幾片碩大綠葉，為當年現代詩壇帶來了初萌生機。他在上世紀五〇年代赴美求學期間與友人籌組的文藝社團「白馬社」⑱，更被胡適譽為「中國新文學運動海外第三中心」。

論及封面設計，《暗草集》一書採用陳其寬的繪畫作品〈風帆入室〉為題。陳氏含蓄地揮灑著承襲自吳昌碩的水墨蒼潤勁道，暗綠色背景中以毛筆速寫的白描線條筆致流利、疏朗雅秀。從這畫面看，中國傳統書畫的淡雅墨色似乎更勝西方現代繪畫的濃彩造境。

在大自然環境裡，亮麗的青綠色往往意味著夏天來到，花褪紅顏、瀉碧流翠。每當寒冬吹盡之際，由春季的寧靜希望轉向了萬物爭榮。滿園蜂飛蝶舞的翠陽底下，翻看一頁頁絢麗激蕩的青春歲月，在記憶裡燃燒成一簇花瓣似的綠色火焰。

⑱—約莫一九五四年間，一批在美國紐約市的中國留學生，包括艾山、顧獻梁、唐德剛、浦心笛等人發起組創「白馬文藝社」，「白馬」二字由顧獻樑建議，取玄奘白馬取經之意，是為二次世界大戰後，中國留美學生籌組的第一個文藝社團。創設期間，文史家周策縱、音樂教育家周文中、《未央歌》作者吳納孫、詩人黃伯飛等著名學者起而響應，陣容強大，成就蜚聲歐美文壇，被胡適譽為「中國新文學運動海外第三中心」。

《韓國詩選》（詩集）｜許世旭譯｜1964｜文星書店｜封面設計：袁德星（楚戈）

二次大戰期間，比鄰中國領土的台灣與韓國兩地皆曾遭逢日本殖民統治。處在動盪的時局中，台灣人與高麗人同樣都曾飽嘗近代殖民戰事的苦痛危難，作為歷史見證的文學媒介者，直到六〇年代負笈來台的韓籍青年詩人許世旭（1934-2010）譯作《韓國詩選》問世後，方纔搭起了台、韓兩地文壇橋樑。

承繼了朝鮮民族文學脈動的文星版《韓國詩選》，從日據時期、韓戰前後乃至美國軍政統治下，收錄有37位詩人共73首詩，反映著朝鮮民族兼具悲壯激越以及細膩哀愁對立的浪漫性格。由楚戈設計的封面裝幀以翠綠色彩為主調，搭配一絲鮮紅書名題字的辛嗆對比，在微微青冷中帶點紅辣，彷彿經由視覺聯感而喚醒了品嘗韓式料理的口感味覺。

爰此，近代日本詩人雕刻家高村光太郎（1883-1956）嘗以「綠色的太陽」揭示追求藝術表現的絕對自主性，認為藝術家並不只是忠於自己眼睛所見的一切，而是要勇於表達自己內心深處的主觀感受。

傳說中有一種綠光（Green Ray），挑白破夜，吐綠化旱，悄來悄去稍縱即逝，僅見於落日隱沒海平面之瞬，只把餘暉灑向無界。特別是在法國小說家Jules Verne與導演Eric Rohmer的電影作品裡，等待綠光降臨，幾乎成了期盼幸運之神眷顧的同義詞。

或許在我們之中有許多人都曾經與那象徵希望的綠光擦身而過，要不，便唯有從陳倉爛穀當中找出新綠。

寫詩是青春在發光。蒼翠的綠，到底還是詩人哀悼年少歲月最鍾情的一種記憶顏色。

《詩人的小木屋》（散文）｜張秀亞著｜1978｜光啟出版社｜封面設計：佚名

《綠堡之秘》（小說）｜張漱菡著｜1953｜新竹書局｜封面設計：蘇驥｜書影提供：顧惠文

《燃燒的火焰》（畢業年刊）｜朱龍勳主編｜1968｜中國文化學院新聞系｜封面設計：陳順儀

被壓抑的黃色曖昧與頹廢

每每懷念小時候特別喜愛帶有明亮光輝的鮮黃色調，而在西方世界裡，黃色則為象徵燦爛輝煌的生命源頭——太陽，是謂人間代表精神之光的第一色。

據此，十八世紀德國文豪歌德（Johann Wolfgang von Goethe）在專著《色彩論》嘗言道：「黃色是最接近於光的色彩，是一種愉快的、軟綿綿和迷人的顏色。」有着金色光芒的黃色，如同照亮黑暗世界的智慧之光，既是文明開化的象徵，同時也是孕育萬物泥土的大地顏色。

古代中國素有「黃生陰陽」的說法，把黃色奉為眾色之主，是居中位的正統顏色。因此，歷代封建王朝從很早以前就把黃色當作祥瑞色。中國經南北

《文壇季刊》（第9期）｜朱嘯秋主編｜1959｜文壇社｜封面設計：朱嘯秋

朝之亂，隋朝以後，黃色被欽定為帝王龍袍之色，「黃袍加身」即稱帝之意，從此平民百姓禁穿黃色衣服。到了唐代，黃色更成為皇家御用的標誌顏色。

在東西方多種宗教中，金黃色往往被視為神性的象徵，但卻易為白色所吞沒，且無法承受黑色或白色的侵蝕，因此只要這兩種色調稍微滲入，黃色便即刻失去光輝。

如若對於戰後六〇年代執掌「文壇社」編務的美術設計家朱嘯秋來說，黃色不僅意味太陽之光，同時更是融集了自然光彩——光和熱的象徵，而在他生平創作經歷當中每每偏愛描繪灼目的太陽作為書刊封面主題，顯然可謂熱中於「追光拜日」藉以表露內心湧動的性情中人。

單就紙張物質層面而言，黃色最容易隨光陰消逝

《朝陽》（小說）｜田原著｜1964｜文壇社｜封面設計：朱嘯秋

《新文藝》（期刊）｜朱西甯主編｜1962｜新中國出版社｜封面設計：朱嘯秋

《春橋》（小說）｜季梵著｜1967｜文化圖書公司｜封面設計：廖未林

相對於「光陰」作為一種流動的時間意念，十九世紀末象徵主義詩人安德烈・別雷（Andrei Byely, 1880-1934）在生平第一部詩集《蔚藍中的金黃》裡嘗以金黃色太陽比喻為永恆的時間意象。摻有深橘的明亮鮮黃恆常被視為愛的色彩，在西方繪畫中亦常可見愛與美之神維納斯（Venus）著橘黃色長裙的形象。偶然雨後初晴的暖陽下，投影在心湖底的浮光掠影，有時卻似季梵長篇小說《春橋》裡邂逅的愛情滋味，濃郁而甘甜。

而褪化成泛黃乃至純白，是一種在時間向度上具有懷舊意義的象徵顏色，比如英文詞彙tanning、tanned一般概指曬成古銅色，若界定為書籍專業用語則表示書頁隨著時間流轉而逐漸變成黃色或棕褐色。

據說有些老經驗的書店店員喜用黃色標籤標示書價，並且光憑目視褪色程度就大概知道這本書到底擺放了多久時間。相對地，我也特別喜愛那乾淨清爽的潔白紙張經過歲月洗練之後產生化學作用所形成的微微泛黃，如此只屬於光陰彌留的特有顏色真是無論怎樣撫觸翻閱都讓人愈覺歷久彌新，一如四十多年前菲律賓華裔畫家洪救國（Ang Kiukok, 1931-2005）替早期現代女詩人藍菱設計的《露路》這部詩集，那封面紙料由於年深歲遠而累積生成的泛黃色調竟是美得庶幾渾然天成！

但凡世間具有生命形體之物皆會隨著年歲老化而逐漸改變外在形貌，有時竟與當初年輕外表判若兩樣，就連紙墨書頁

《露路》（詩集）｜藍菱著｜1964｜藍星詩社｜封面設計：洪救國

《書房一角》（散文）｜張秀亞著｜1970｜光啟出版社｜封面設計：龍思良

拍拂心底厚厚的灰塵，在記憶裡浮現泛黃的陳舊景象，深深籠罩著朦朧光澤，彷彿墜入龍思良手繪設計《書房一角》封面畫境當中，乍見自窗外射入一抹暈黃的色彩，既像迷霧、又似彩霞，總讓人不禁懷念起過去的點滴，使得一切呼吸與回憶都變得暖暖的。

也是。一個好的設計師其實不該只顧慮到眼前當下，更應須考量其作品即便歷經多年以後是否仍舊耐看、甚至愈看愈是深感餘韻生輝、回味無窮。

生命會呼吸，紙張與書同樣也會呼吸，並且老化。所留下的，只有光陰與歲月的顏色。

凝望紙上泛黃色彩的斑駁記憶是鄉愁，是城市裡隨處布滿細紋的容顏，是燃燒青春過後熏濃了的歲月，它在無形中產生一種驀然回首的距離感，將人的形象變得神祕，連幽深的角落都充溢了陽光，無不讓人心神蕩漾、欲罷不能。

遭逢歲月染上了泛黃光暈的城市璀璨繁華、細緻優雅，兀自在滾滾紅塵中佇立一方。藏在記憶底下的泛黃色調，不僅僅是只供人遠觀的迷離色彩，它同時也是一種坦然真切的生活態度，近在咫尺。

《空留回憶》（小說）｜禹其民著｜1969｜文化圖書公司｜封面設計：廖未林｜書影提供：舊香居

《電影的故事》（論述）｜TheodreTaylor著、聶光炎譯｜1974｜皇冠出版社｜封面設計：聶光炎

然而，濃度過度鮮豔的黃色往往並不是個讓人省心的色調。在持久注視之下，它容易讓人感到心煩意亂。誠如俄國現代抽象表現主義畫家康丁斯基（Wassily Kandinsky,1866-1944）指出：「明亮的黃色是瘋狂而猛烈的，是尖銳而刺眼的。」它刺激、騷擾人們，顯露出急躁粗魯的本性。隨著黃色的濃度增大，它的色調也愈趨尖銳，彷彿刺耳的喇叭聲。

生前「嗜黃成癖」的十九世紀法國印象派畫家梵谷（Vincent van Gogh, 1853-1890）經常在調色板上調著過多的黃色顏料，他信件中充滿著對黃色的讚美，甚至連住房兼畫室也全部粉刷成黃色，命名為「黃屋」（La Maison Jaune；毀於二次大戰，然而遺蹟尚存）。梵谷諸多畫作筆下都是些急促而凶猛的黃色，皆為一種病態的過火表達。

對於濃郁黃色的嫌惡感，同時令人聯想到歷史上背叛耶穌的猶大（Judas）所穿衣服的顏色，意味著不忠、怨恨、背叛、欺騙與妒忌，我想從今往後無論如何也忘不了二〇〇八年英國導演葛林納威（Peter Greenaway）執導電影《夜巡林布蘭》劇中這位畫家主角與妻子談論顏色的那段精采對白，他說：「紅色像血液，會流動也會凝結，是厚重又可觸摸得到的色彩；黃色則是揮

---

⑲—比亞茲萊（Aubrey Beardsley, 1872-1898），十九世紀末最偉大的英國插畫藝術家，在當時頹廢唯美主義盛行的年代，他以二十六歲的短暫生命展現了創新精神與前衛力量，在陰翳的畫風下，具有那「鋒利的刺戟力」，帶給藝術界極為巨大的影響。一八九八年三月十六日，Beardsley在法國南部一家小旅館去世，年僅二十六歲。臨死前皈依了天主教。聽到他的死訊，英國劇作家王爾德在給友人的一封信中寫道：「他給人生增添了一種恐怖，卻在花一樣的年齡死去，這真令人感到可怕與可悲。」

發性的色彩，像尿液一樣，放久了會沉積，而且會腐敗酸臭。」

約莫一八九〇至一九〇〇年間，黃色可說是歐洲最流行的顏色，當時甚至被稱作「黃色的九十年代」。其中，鼎鼎大名的《*The Yellow Book*》（譯作「黃面志」或「黃皮書」）則是專指十九世紀末英國維多利亞時期一份具有濃厚頹廢唯美傾向的文藝期刊。

一八九四年四月，英國出版商萊恩（John Lane）在倫敦創辦了一份雜誌，名曰：《*The Yellow Book*》，由美國小說家哈蘭德（Henry Harland）擔任文編，並請來當時掀起唯美主義濫觴的先鋒畫家比亞茲萊⑲專責美術編輯。

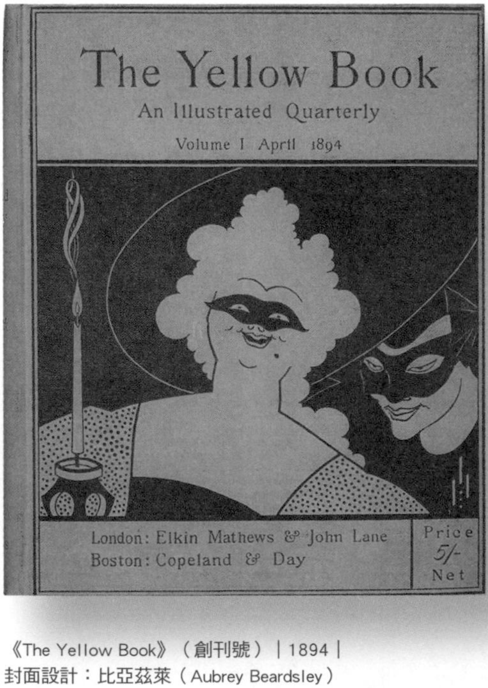

《The Yellow Book》（創刊號）｜1894｜
封面設計：比亞茲萊（Aubrey Beardsley）

《The Yellow Book》（第三期）｜1894｜
封面設計：比亞茲萊（Aubrey Beardsley）

當年比亞茲萊大部分的詩歌、隨筆、繪畫作品都在這本雜誌上發表，尤其是他替封面裝幀及內容所作幾近輕挑而充滿詩樣情愫、帶有世紀末風貌的插圖繪畫，更是牢牢地吸引住一干小說家、詩人、散文家、畫家等文藝界的焦點目光，使得《*The Yellow Book*》成套十三冊未經多時即已聲名大噪。

因受歐洲中世紀手抄本形式之影響，比亞茲萊對於《*The Yellow Book*》封面裝訂和版面設計皆十分考究，喜以飾邊設計或飾字提高書籍本身之藝術性。其筆下有如頭髮般纖細的黑色線條與大面積色塊，重複糾纏構成了一個純粹黑與黃的異色世界，鮮明地在紙頁上跳著造型魔法之舞，強烈勾起了消費者的閱讀欲望。

《*The Yellow Book*》季刊裡那些古怪誇張而又極富頹廢意涵的裝飾畫風，可謂深深感染了二十世紀二、三〇年代中國文化界，一干文壇名士諸如魯迅、梁實秋、邵洵

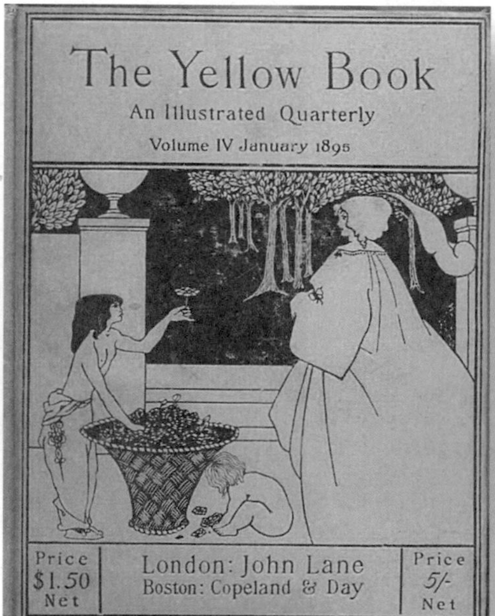

《The Yellow Book》（第四期）｜1894｜
封面設計：比亞茲萊（Aubrey Beardsley）

美、葉靈鳳、聞一多、郁達夫等人，莫不為比亞茲萊的插畫作品所傾倒。那時文人作家普遍崇尚「為藝術而藝術」的裝幀美，後來徐志摩創辦《新月雜誌》（1927）以及邵洵美發行《金屋月刊》（1929），也都愛用Beardsley的線條花草做裝飾，外觀採金黃色封面，內頁則用黃色毛邊厚紙。

作為紅、黃、藍三原色之一的明亮黃色，原本寓有高貴之意，然而落在近代華人社會當中，則是被賦予了某種程度的淫穢、色情貶義。追溯起來，大抵源於一八八〇年美國《紐約世界報》為迎合讀者而以渲染手法報導有關桃色內幕、暴力和犯罪的「黃色新聞」（yellow journalism）欄目為濫殤。據此，台灣早期前輩畫家藍蔭鼎還曾特地撰文替「黃色」所沾染的無端罪名抱屈。

社會媒體的刻板印象使得潔人雅士談「黃」色變之外，在台灣，以色彩作為思想鬥爭的意識型態淵源更可謂其來有自。

《向日葵》（詩集）｜覃子豪著｜1955｜
藍星詩社｜封面設計：覃子豪｜
書影提供：陳學祈

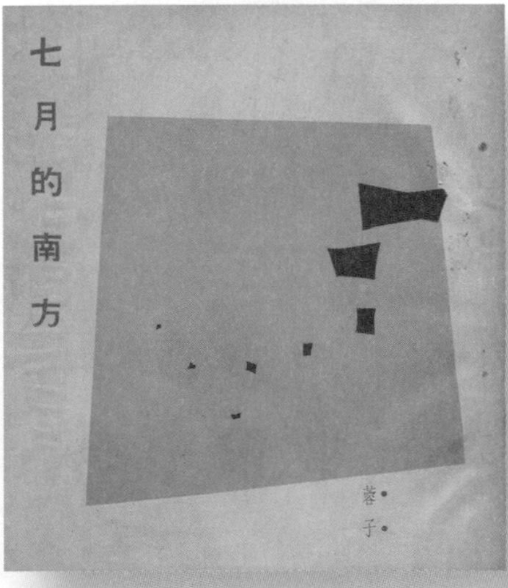

《七月的南方》｜1961年12月初版｜藍星詩社｜
封面設計：韓湘寧

一九五四年八月九日，在「中國文藝協會」策動下，台灣各報媒體共同發表〈自由中國各界為推行文化清潔運動除三害〉宣言，表示務須剷除赤、黃、黑三色毒害。其中，「赤色的毒」指共產思想，「黃色的害」為誨淫誨盜的文藝書籍，「黑色的罪」則是散布殘害國民身心健康的內幕雜誌。

處在蔣家政權底下風行草偃的「文化清潔運動」過程中，統治者利用所謂「清潔衛生」的醫療概念，轉換成精神層面的意識型態語彙，透過「去污」、「除穢」等動作以獲取環境清潔的邏輯觀點，利用顏色區隔來肅清異己。

自五〇年代文清運動以降，將「黃、黑、赤」賦予妖魔化的色彩論述可謂影響深遠，甚至到二十多年後的鄉土文學運動時，「顏色」本身仍是攻訐「非我族類」者的重要憑藉。

《莎士比亞十四行詩集》（詩集）｜莎士比亞著、王碧瓊譯｜1966｜五洲出版社｜封面設計：佚名

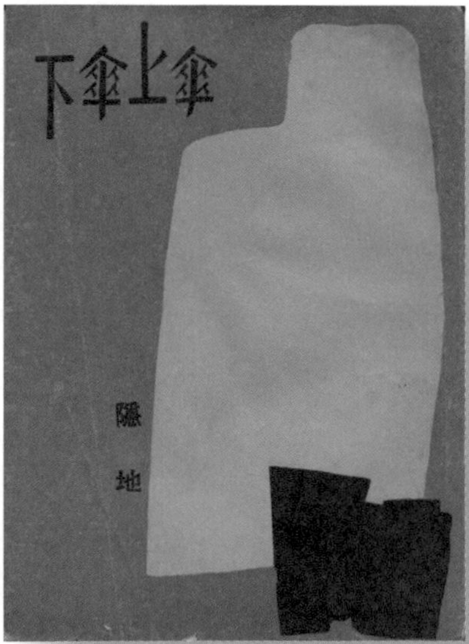

《傘上傘下》（散文）｜隱地著｜1963｜皇冠出版社｜封面設計：佚名｜書影提供：舊香居

約莫同一時期，與顏色光譜中的「黃色」同遭污名者，還有俗稱「太陽花」的向日葵。六〇年代中共文革期間，向日葵之花成了擁護領袖毛澤東的政治象徵。彼岸一句「朵朵葵花朝太陽、顆顆紅心向著黨」的宣傳口號，惹得台灣情治單位大感忌諱，從此便開始掃蕩查禁有關向日葵[20]的各種圖案。

有著太陽般燥熱耀眼光輝、同時又有如月亮寒光照人的謎樣黃色，很少有顏色能予人這種界限模糊的雙重感覺：一面是榮耀與夢想，另一面則是沉淪與傷痛。因夾帶著強烈的暗示性與矛盾，黃色始終兼具兩極相反並置的存在特質，既溫煦且濃烈，引人無比嚮往。

《向日葵》（詩集）｜覃子豪著｜1955｜藍星詩社｜封面設計：覃子豪｜書影提供：陳學祈

⑳——一九六六年，甫遷居台中的畫家顏水龍在剛完工的自由路二段二十三號太陽堂餅店留下一幅向日葵馬賽克壁畫。由於被國民黨特務認為有「為匪宣傳」之嫌，為避免麻煩，餅店老闆隨即將該壁畫以夾板密封（外面塗上水泥、再掛上一幅世界名畫複製品），一封就是二十五年，直到解嚴後才拆除封印、重見天日。

冷冽的白色靜謐

白色，是一種奇妙的顏色。它取象於日光和冰雪，既可以幻化成七彩，亦可集七彩成白。依照陰陽五行說，西方屬金，色白，有秋日的寧靜。白色以其一無所有容納天下萬匯，以其純白無瑕消化五顏六色。

包含著所有顏色光譜的白，儘管經常被印象主義畫家們認為是「無色」之色，但它卻像是一個孕育生命誕生之前帶來巨大沉寂的靜謐國度。在這個世界中，一切作為物質屬性的顏色都消失了。猶如一片毫無聲息的冰河階段，所有老舊的生命形象皆被抹去，當曙光乍現，只留下潔白的初始空間創造新生。

《曙光》（詩集）｜羅門著｜1958｜藍星詩社｜封面設計：廖未林

不同民族文化中，白色的象徵意義差異甚大。白色可以表現哀傷，可以象徵政治壓迫，但更常見的，是以白色為高潔、純淨、飄逸的理性色彩。

一個地方的季候地理環境，往往也會相對影響當地人們從事藝術設計的表現面貌。比方對於終年長居北極地區與冰天雪地為伍的古老民族愛斯基摩人而言，僅僅他們描述各種不同「雪的狀態」的詞語竟超過五十個之多。在這世界上，相信再也沒有其他族裔能夠比愛斯基摩人更加深刻體會一片蒼茫白色大地所帶來的生命啟示與知覺想像。

體悟色彩特質的設計觀，有時確實如此淵源於地方環境差異，好比說北歐或其他北方國家對於白雪顏色氣味的知覺敏感度通常遠比生活

《白色的花束》（詩集）｜鍾鼎文著｜1957｜藍星詩社｜封面設計：廖未林｜書影提供：舊香居

《荒林風雪》（小說）｜王臨泰著｜1958｜藍天出版社｜封面設計：艾平子

《大風雪》（小說）｜孫陵著｜1965｜孫陵自印｜封面設計：佚名

戰後五〇年代，正值國民黨政府積極推展「文化清潔運動」，知名反共文學作家孫陵嘗以譜寫一曲〈保衛大台灣〉揭開反共戰鬥文藝大旗，其筆下長篇小說《大風雪》卻描述「九一八事件」哈爾濱生活背景而被冠上「使用共匪詞彙」以及「崇尚俄化」罪名遭當局查禁。於是他到處上書撰文抗議體制不公，但實際上這整套文藝體制最初根本就是由他倡議起來的，所謂歷史的諷刺自當莫過於此，更顯見那個「白色恐怖」年代無限擴張的思想箝制。
雖然《大風雪》小說在一年後旋即解禁，作者孫陵本人最終也獲得平反，但他卻在歷經人生此一劫難之後開始酗酒度日，晚年抑鬱而終。

在亞熱帶台灣的我們來得高。因為「雪」在他們的生活中實在是太重要了。

畢生偏愛潔白顏色的純淨，理當不可不提以美國紐約五人組㉑（New York Five）為首、風靡了整個七〇年代建築設計界的「白派」（又稱作「銀派」）風格，為求創造室內外空間彼此重疊穿透的整體流動感，「白派」設計師多喜採用簡單幾何形體和白色外牆，以及強調輕快明亮的大面積開窗，甚至由內而外完完全全構成了一處絕對純粹的白色世界。

無獨有偶，早年台灣美術設計界亦曾出現過這麼一位僅此罕見的「白派」藝術家。

他，便是韓湘寧（1939-）。

基於學生時代耽溺建築空間設計的美學習癖，對於向來頗惡世俗諂媚的喧囂奢華如我來說，在台灣早期畫家當中尤其偏愛這位「五月畫會」前輩每每以白色作為設計主調的書籍封面，在那特有正方形版式當中極致的簡潔、尋不著一絲繁瑣的冷冽之美。

㉑—主要成員包括邁克・葛瑞夫（Michael Graves）、艾森曼（Peter Eisenman）、格瓦斯梅（Charles Gwathmey）、麥爾（Richard Meier）、海杜克（John Hejduk）等紐約五位建築師，其中尤以Richard Meier最具代表性。

話說最能恆久撼動人心者，往往來自最簡單直接的造型意識，就像高準詩集《七星山》（1964）封面那乍然拔地而起的一座深藍冰峰，卓然凜冽於天地間，直欲高聳入雲、頂天立地。如此乾淨俐落的三角造型襯托出一片純白色背景的精緻質感著實耐人尋味，上下兩端各自佔據一處的文字書名排設也十足恰到好處，以至於即便經歷了五十多年後的今天看來仍不愧堪稱為箇中經典。

當春天來臨時，七星山頂消融了最後一撮殘雪。而這樣的殘雪並不是經常能在我們日常生活的視野中展現。映襯在一片雪白無垠的白色浮雲底下，這一抹深邃的藍反倒更顯冷冽，像是融化中的北極冰山，殘酷地帶著一種淒美冷冽的訣別。

綜觀人類藝術風格史上，白色是極簡主義的流行色，在潮流中永遠佔有一席之地。特別對於這個早已喪失單純色彩審美感的時代來說，白色有一種近觀的清澈，能夠讓所有人遠離喧囂，是一種「歸零」與「淨化」的顏色。

對於繪畫創作或美術設計者來說，白色其實是頗難表現的一種顏色。根據

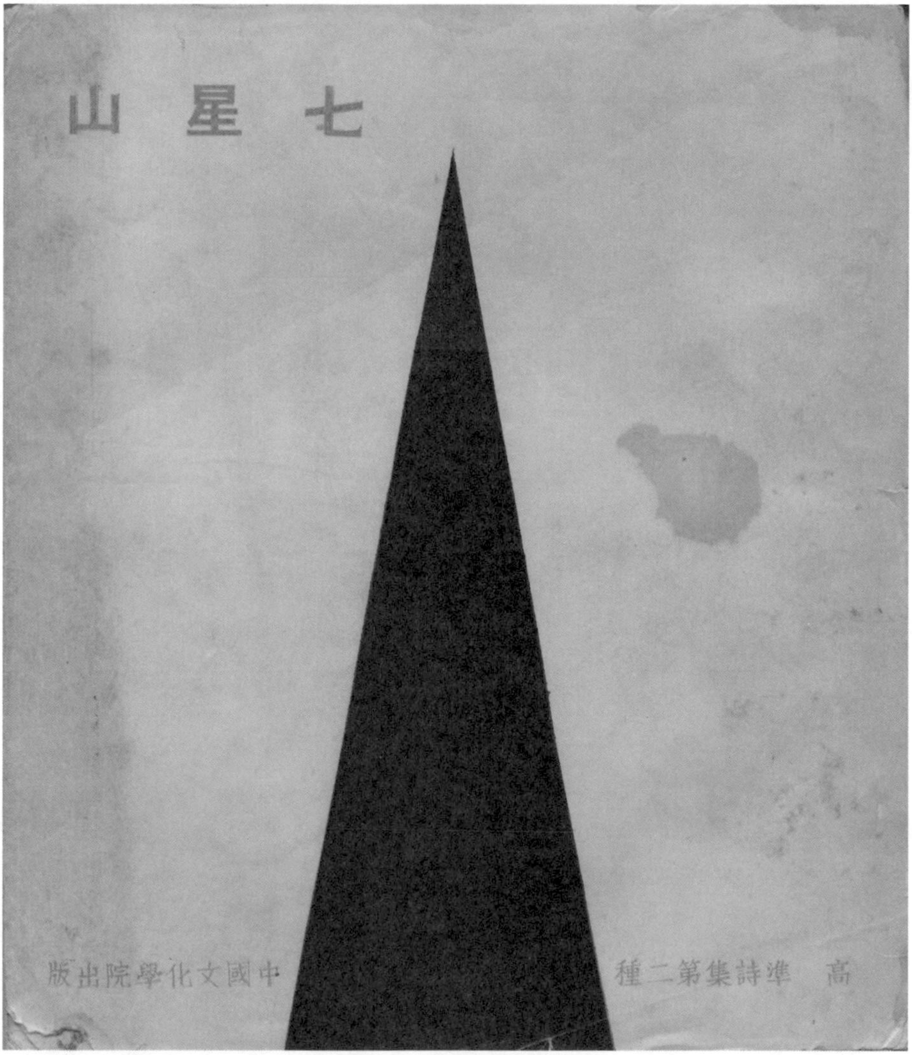

《七星山》（詩集）｜高準著｜1964｜中國文化學院｜封面設計：韓湘寧

不同質材、顏料、紙張與印刷條件下，所呈現各種層次的白色意義也都迥然不同。正由於白色太過純潔無瑕，使它和別的顏色一起出現時大多難以拿捏好分寸。

白紙的白與調配揉合過後的白是不同的，那質感和意義全由自己賦與。

比方同樣都是白色，古代版刻印刷紙張的白與現今工業時代造紙的白便迥然有別：前者往往質地細薄而有光澤、能隱約見到纖維肌理如初雪表面，長年歷久如新；後者則因用機器打紙漿抄紙，還用上了漂白粉，以致有些紙張內芯雖白但外廓卻是黃的，其實就是化學添加劑的產物，待時間稍長即容易變質褪色。

過去由台灣現代畫家們所作封面裝幀，作品本身固無商業習氣，而尤重於個人情感與性格的揚顯，即便

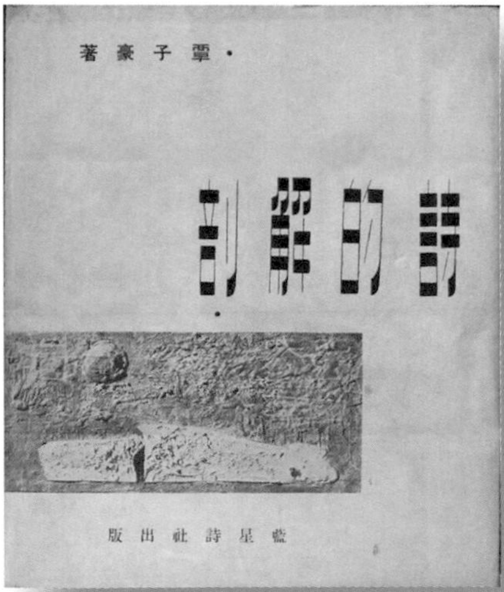

《詩的解剖》（評論）｜覃子豪著｜1957｜
藍星詩社｜封面設計：韓湘寧｜
書影提供：舊香居

《論現代詩》（評論）｜覃子豪著｜1960｜
藍星詩社｜封面設計：韓湘寧｜
書影提供：舊香居

如韓湘寧信手寥寥數筆的素描線條，也總是流露出一種鮮明獨特、朦朧顫動的開創氣息。不似當下眾多的書籍設計，美則美矣，卻稍嫌太過匠氣、太過招奢炫目了。

不論是「人如其畫」或「畫如其人」，畫家本人與其筆下封面作品之間，似乎有著千絲萬縷、難以擺脫的塵世因緣。

早年韓湘寧替「藍星詩社」覃子豪繪製一系列詩集詩刊裝幀設計——包括像是《詩的解剖》、《論現代詩》、《畫廊》，以及《蓉子詩抄》和高準詩集《丁香結》等作品，其封面構圖總愛偏用白色為主角，且搭配幾縷單純的素寫墨線，抑或加上淺藍、淡青等中間色調。

白色同時也是一種可以穿透心靈的顏色。若由顏色

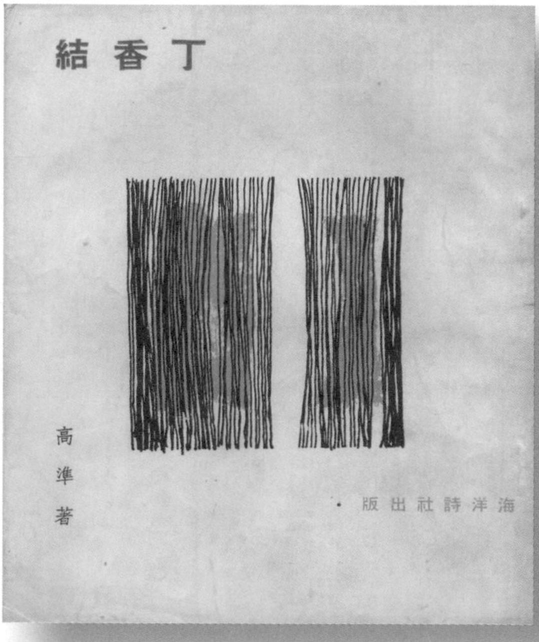

《丁香結》（詩集）｜高準著｜1961｜海洋詩社｜封面設計：韓湘寧

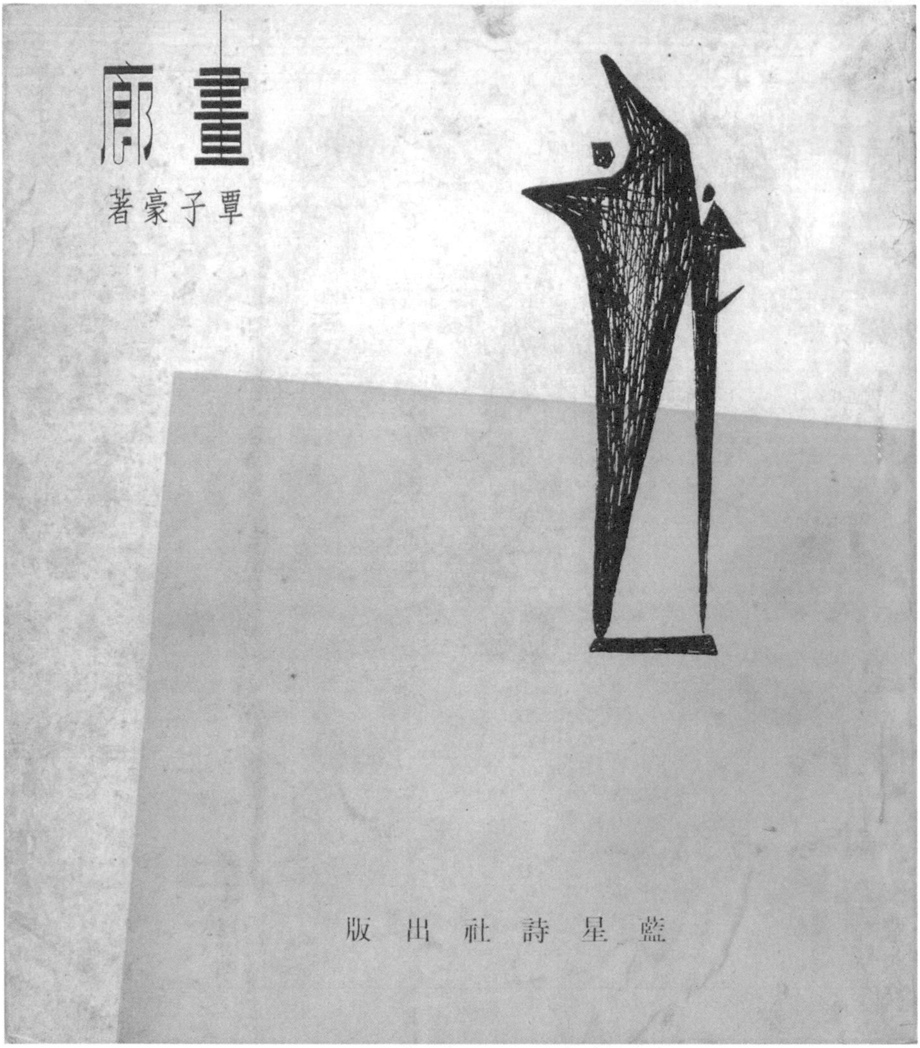

《畫廊》（詩集）｜覃子豪著｜1962｜藍星詩社｜封面設計：韓湘寧｜書影提供：何立民

聯想其為人性情，當年十八歲曾拜韓湘寧門下學畫的女作家三毛形容這位老師像是一件白色的衣裳，「夏日炎熱的烈陽下，雪白的一身打扮，怎麼也不能再將他潑上任何顏色……他是不用長圍巾的小王子、是微風五月的早晨，透著明快的涼意」，早昔三毛回憶：「本質上韓老師是一個純淨又明朗的人。少見的聰明和才華。想起他的本人，無論如何跟他目前筆下那些扭曲的人臉連結不上關係。」㉒

喜愛白色之人似乎總有份脫不開幽暗的潔癖，在一種純粹的生活態度下，他們帶著好奇觀察周圍的人，注意日常周遭的細節和明亮，惟獨對於喧囂和疏離的事物恐懼不已。

白色，可以是純淨，可以是透明，可以是繁華，也可以是包容。真正的白色應該是一種哲學，只有詩人能夠分辨它。在視覺感官上，詩人每每善於利用自然現象的顏色變化，將有形聲色的實體物質賦予抽象觀念，鏤刻著無限深層的意境。徘徊於顏色與形象間的思索辯證，我默默追讀著覃子豪生前出版最後一部詩集《畫廊》裡的同名橋段：

㉒——三毛，1985，〈我的三位老師〉，《藝術家》七月號，頁11。

火柴的黃焰，染黃了黑暗
燒盡了生命，亦不見你的回光
你的未完成的半身像
毀於幽暗中錯誤的筆觸
摩娜麗莎的微笑，我沒有留著
留著了滿廊的神秘
維娜斯的胴體仍然放射光華
貝多芬的死面，有死不去的苦惱㉓

四十多年前，正當覃子豪創作生命達到高峰之際，卻突然被病魔擊倒，他畢生最後、也是最好的一本詩集《畫廊》發行之初即以函購方式銷售，除了零星部分贈予幾位門生故舊之外，絕大部分存書從覃子豪臥病起便一直堆放在他生前寓所中，根本還未來得及上市，便因詩人驟然離世而逐漸為時間所掩藏。

《蓉子詩抄》（詩集）｜蓉子著｜1965｜藍星詩社｜
封面設計：韓湘寧

《在冷戰的年代》（詩集）｜余光中著｜1984｜
純文學出版社｜
封面設計：韓湘寧

誠如覃子豪在序中所言：「詩，是游離於情感和字句以外的東西。它是一個未知，是一個假使，正待我們去求證。」畫廊裡的白色沉默並非死寂，而是連通著無盡的可能性。透過觸覺和感覺，白色得以辯證出其他顏色物體的存在。無有顏色的白，代表了超越與完整，代表對光線的期待。無有顏色的白，正是為了襯托其他顏色而存在，並且隨著不同時間而變化，給予觀看者無盡的空間想像。

《畫廊》封面以純白與粉青色塊構成主要背景，配搭墨色線條描畫出一尊雕像與一位欣賞者彼此虛（影）實（體）相映的矗立姿態，彷彿開啟了詩句裡所隱喻通往抽象世界的大門。

如是，偏嗜白色意象的畫家韓湘寧，似乎已由詩人的文字音韻裡找到色相彩度的對話節奏，在潔白畫面中重新發掘了繽紛多彩的生命光譜，乃至遁入了夢幻與冷冽的靜謐。

㉓—覃子豪，1962，《畫廊》，台北：藍星詩社。

後記——致謝

李志銘

同樣身為一位長期投入文字創作的重度愛書者，近代德國思想家班雅明（Walter Benjamin）曾表示：其最大的樂趣並不在於擁有好書，而是寫出好書。

他在〈打開我的藏書〉（1931）一文如此說道：「在所有獲得書籍的途徑當中，自己寫書被視為是最享譽的方法」（Of all the ways of acquiring books, writing them oneself is regarded as the most praiseworthy method）、「作家其實並不是因為窮才寫書賣文，而是因為他不滿意那些他買得起但又不喜歡的書」（Writers are really people who write books not because they are poor, but because they are dissatisfied with the books which they could buy but do not like）。乍看之下，班雅明文中此段話語總讓我覺得他這人似乎有些過於狂妄和自負。可萬萬沒想到的是，繼之往後數年間，隨著個人持續投入寫作、出版事業等生涯際遇的轉變，如今再回頭來重讀這篇文章，方纔恍然驚覺自己無形之中竟也成了當年班雅明筆下所指稱：從原本單純的「熱中蒐書」逐漸淪為「甘願寫書」的愛書狂徒！

事實上，當你只要寫出了自己的第一本書，便會發現可以由此延續下去，從而不斷衍生一系列相關話題，並且始終感嘆這世上到底仍舊少了那麼一部理想好書。而那本書，想當然爾無疑就是自己下一部即將撰寫的未完稿之書。

在這裡，一本書往往能夠接連召喚出其他更多書籍，以及更多存在於人與人之間的情緣牽絆，你甚至可以因此等候著那些書為你召喚而來的相關人士，倘若有了這種感悟方式，屆時你所想像那個不可思議的人就真的會作為師長與朋友出現在你面前、並且替你分憂解決問題。

起初，由先前陸續發表《半世紀舊書回味》、《裝幀時代》，因而有緣與舊書攤古書店的這些書與人邂逅相遇，包括「群學出版社」劉鈐佑總編、台北龍泉街「舊香居」女主人吳雅慧、「花神文坊」出版總監暨時尚專欄作家辜振豐、台灣美術設計界前輩王行恭、資深愛書人暨藏書票收藏家吳興文、人間副刊主編楊澤、近代中國文學史傳記作家蔡登山，諸位可說都是我迄今寫作生涯當中不可或缺的良師益友。

於此，我要特別感謝「舊香居」書店工作團隊每每提供敝人在蒐羅書影寫作資料方面的專業協助，還有包括前代店主吳輝康老爹和吳梓傑，以及頭號店員管家Pk2吳浩宇，你們總是能夠趕在短時間內像魔術師般很快幫我「變」（找）出一本本過去許多日子裡始終久尋不得的珍本書來，實在是感激不盡啊！

感謝資深設計家李男先生提供訪談意見和封面設計作品，以及攝影家莊靈先生慨然出借《劇場雜誌》與黃華成其他相關設計資料。

除此之外，書友「北投文史達人」楊燁、「小草藝術學院」秦政德、「政大古人」陳冠華、攝影師陳文發、「活水來冊房」部落格主Sizumaru黃震南、「五〇年代台灣文學美少女藏書家」Ayano顧惠文、「花蓮藏書一哥」何立民、「童書收藏大王」Tom Tien小田、「書話研究新秀」Kula陳學祈、「蒐書神探」Whisley 林彥廷、《文訊雜誌》編輯邱怡瑄等，無論是彼此閒話寒暄或者暢談書人書事，大伙亦皆不吝給予敝人諸多熱忱關切與助力。

最後，我還得感謝願意給予本書出版機會的「聯經出版社」林載爵總編、胡金倫副總，以及在整個「造書」過程中全然付出了極大耐心與時間往來溝通協調編輯事務的邱靖絨編輯，列位對於培養台灣本土華文創作的支持信念，足以讓作者本人之於「寫作」這條孤獨路上獲得了更多不斷鼓勵前行的精神動力，另外負責本書內頁排版的黃子欽，以及擔綱封面設計的莊謹銘也頗為勞費心神給了《裝幀台灣》一幅典雅而優美的裝幀面貌，敝人在此一併言謝。

附錄

2007

1月，設計師林宏澤獲頒「台灣視覺設計展」書籍設計類金獎。

01.31「2007金蝶獎——亞洲新人封面設計大獎」在台北國際書展會場揭曉頒獎，林銀玲設計《創意市集II玩心大發》獲頒封面設計獎，楊雅棠設計《天地有大美》、李燕玉設計《虎姑婆》分別獲頒文字書類與繪本書類整體美術與裝幀設計獎，象徵最高榮譽的亞洲新人封面設計金獎得主從缺。

06.25日本設計家杉浦康平來台為新書《疾風迅雷：杉浦康平雜誌設計的半個世紀》舉行發表會。

12月，李長松、邱玉華設計《XFUNS放肆創意設計雜誌》獲頒年度最佳美術設計金鼎獎。

03.20-04.20台北「舊香居」書店舉辦「三十年代新文學風華」展出五百餘本民國二、三〇年代絕版文藝書刊。

10.23中國美術家協會插圖裝幀藝術委員會舉辦「邱陵教授裝幀藝術研討會」在北京人民郵電出版社舉行。

11.23-25首屆海峽兩岸圖畫書研討會在上海師範大學舉行。

11.30-12.02首屆「2007香港國際古書展」在香港太古廣場會議廳展出。

2008

02.14「2008金蝶獎——台灣出版設計大獎」在台北國際書展舉辦頒獎典禮，王志弘設計《1982》、《不如去流浪》分別獲頒封面設計金獎、整體美術與裝幀設計金獎。

6月，《文訊》雜誌出刊發行「早期文學書封面設計」專題。

12月，廖純慶、張上祐設計《dpi設計流行創意雜誌》獲頒年度最佳美術設計金鼎獎。

10.15-19德國「法蘭克福國際書展」設在台灣展區中心的「獨家華文作品區」展出四十二部中國大陸禁書。

11.05-07首屆「中國出版業裝幀藝術創新設計班」暨「中國出版物裝幀設計創新論壇」在北京舉辦。

11.10「中國最美的書」在上海揭曉。

2009

02.05「2009金蝶獎——台灣出版設計大獎」在台北國際書展展場世貿一館舉辦頒獎典禮，盧正設計《奧美創意解密》獲頒封面設計金獎，王志弘設計《銀色的月球》獲頒整體美術與裝幀設計金獎。

01.17-19第二屆「香港國際古書展」在香港展覽中心展覽館舉辦，台灣「舊香居」與「家西書社」參展。

02.03配合台北國際書展舉辦的「亞洲出版論壇」在台北世貿展覽中心進行。

12.04-06第三屆「香港國際古書展」在香港展覽中心展覽館舉辦，台灣「舊香居」書店受邀參加。

2010

01.29第七屆「2010金蝶獎——台灣出版設計大獎」在台北國際書展現場舉行頒獎典禮，方信元設計《愛。對話——校園公共藝術》獲頒「封面設計獎」和「整體美術與裝幀設計獎」首獎。

2月，中國「高等教育出版社」美術編輯劉曉翔設計《詩經》一書獲頒德國萊比錫「世界最美的書」首獎。

11.13-26「五〇年代絕版書籍設計展」在台北「舊香居」書店舉辦。

2011

02.11「2011金蝶獎——台灣出版設計大獎」在台北國際書展現場舉行頒獎典禮，「整體美術與裝幀設計獎——文字書類」由品墨設計團隊的《邂逅之森》奪魁，而「整體美術與裝幀設計獎——圖文書類」則由林小乙設計《RIVER KUO》獲得金獎。另為鼓勵校園設計科系學生及平面設計師新秀，自今年起金蝶獎項目首創「新世代書封設計比賽」，規定參賽作品並不必有ISBN，但須以延伸閱讀經驗與創見提出嶄新的封面設計概念。

02.10日本知名設計師松田行正應邀來台參與台北國際書展「打開書：設計與演變」書籍設計論壇演講，現場並展示他所收集的特別書封，包括長21公尺的插畫書、5公分大小的袖珍書、摺頁書封、立體書等。

09.03-11.27日治時期台灣「限定私版本の鬼——西川滿大展」在國立中央圖書館台灣分館舉行。

2003	02.12「德國最美麗書獎」（Die schönsten deutschen Bücher）年度注目五十冊書在台北國際書展首度亮相。 03.21-04.27「國際藏書票展」在台中縣立文化中心舉辦，共展出492張藏書票與63本書。 7月，許正宗設計《台灣的古地圖——明清時期》獲頒年度圖書美術編輯金鼎獎。	7月，上海市新聞出版局決定將於每年舉辦「中國最美的書」評選，獲獎作品同時角逐德國萊比錫「世界最美的書」獎項。
2004	01.28第一屆「金蝶獎——平面出版設計大獎」（Golden Butterfly Award）在台北國際書展會場揭曉頒獎，黃子欽設計《無間》、張治倫設計《繁花》、王文貞設計《人本教育札記》、何珮甄設計《EGG Magazine》、陳致元設計《Guji Guji》，分別獲頒書籍封面設計、書籍美術設計、雜誌封面設計、雜誌美術設計、最佳插畫類金獎。 12月，南伸坊《書——裝幀》中文版在台發行。	2月，中國河北教育出版社《梅蘭芳戲曲史料圖畫集》獲頒德國萊比錫「世界最美的書」金獎。 08.16「翻開：當代中國書籍設計展」在香港文化博物館開幕，首度聯合展出中國、香港、澳門和台灣當代書籍設計作品共五百多本。 12.03-07第六屆「全國書籍裝幀藝術展覽」在北京中國美術館舉辦。
2005	02.08「書籍設計新美學——亞洲閱讀新趨勢系列研討會」在台北世貿中心舉辦，邀請香港設計師靳埭強等多位專業人士進行書籍設計研討與教學。 02.15第二屆「2005金蝶獎——台灣出版設計大獎」在台北君悅大飯店揭曉頒獎，王志弘設計《屋頂上的石斛蘭：關於建築與文化的對話》、《恍惚》分別獲頒「整體美術與裝幀設計獎」文字書類與圖文書類金獎，林銀玲設計《卡羅·史卡帕：空間中流動的詩性》、《夯dA 04公共運籌者》、《夯03物件》分別拿下「封面設計獎」圖書類、「封面設計獎」雜誌類、「整體美術與裝幀設計獎」雜誌類三項金獎。 6月，邱文姬設計《建築Dialogue》獲頒年度最佳美術設計金鼎獎。	01.18海峽兩岸出版交流中心、台灣地區出版事業協會和北京版權保護協會聯合舉辦「海峽兩岸出版交流與合作座談會」在北京舉行。 2月，中國湖南美術出版社《土地》、中國友誼出版公司《朱葉青雜說系列》獲頒2005年度德國萊比錫「世界最美的書」稱號。 02.24聯經出版社與上海民營書店季風書園合作成立「上海書店」在台北開幕。
2006	02.08第三屆「2006金蝶獎——台灣出版設計大獎」在台北國際書展會場揭曉頒獎。聶永真設計《巴黎晃遊者》獲頒封面設計獎，李錦炘設計《漆黑》、陳志賢設計《腳踏車輪子》文字書類與繪本書類整體美術與裝幀設計獎，首屆「亞洲區新人封面設計大獎」金獎由日本創作者Tomohisa Okamoto以作品《TAKA》獲得。 6月，林敏煌設計《設計本事——日治時期台灣美術設計案內》獲頒年度最佳美術編輯金鼎獎。	2月，中國北京工藝美術出版社《曹雪芹風箏藝術》獲頒2006年度德國萊比錫「世界最美的書」稱號。 5月，台灣印刷工業技術研究中心及中華印刷科技學會舉辦「第一屆印刷高峰會暨台灣金印獎」頒獎典禮。

1994	1月，《文訊》雜誌發行「封面設計面面觀」專題。 李純慧設計《古玉博覽》獲頒年度圖書美術編輯金鼎獎。	3月，首屆「1994大陸圖書展覽」在台北舉辦。 06.12無版權外文譯書合法銷售的「612大限」截止日。 8月，「純文學出版社」宣布結束。
1995	5月，翁翁（翁國鈞）獲頒「中華民國視覺設計展」書籍設計金獎（台北「中正藝廊」）。 9月，《菊地信義封面設計》中文版在台發行。 曹秀蓉、施恆德、陳雨申設計《西洋藝術鑑賞系列》（共五冊）獲頒年度圖書美術編輯金鼎獎。	全球第一家亞馬遜網路書店成立。 05.15中國出版工作者協會、台灣圖書出版事業協會、香港出版總會聯合舉辦「首屆華文出版聯誼會」在香港舉行。 11.07-12第四屆「全國書籍裝幀藝術展覽」在北京中國美術館舉辦。
1996	霍榮齡設計《福爾摩沙·野之頌》年度圖書美術編輯金鼎獎。	8月，台灣「博客來」網路書店成立。 10月，台灣第一家合組出版集團「城邦出版集團」正式成立。
1997	5月，「台灣傑出書籍設計展」在台北外貿協會展覽館展出。 11月，翁翁（翁國鈞）獲頒「台北國際視覺設計展」書籍封面設計金獎。 李怡芳、柯美麗、張端瑜、蔣豐雯設計《公共藝術圖書》（共十二冊）獲頒年度圖書美術編輯金鼎獎。	07.23首屆亞洲出版研討會在香港舉行。
1998	1月，杉浦康平《亞洲的圖像世界》中文版在台發行。 李純慧設計《台灣原住民衣飾文化——傳統·意義·圖說》獲頒年度圖書美術編輯金鼎獎。	法「FNAC書店」進駐台北。 5月，中國設計師呂敬人在北京亞運村成立「敬人工作室」。 07.23亞洲出版研討會在香港舉行。
1999	「華人名家書籍設計邀請展」在台北展出。	1月，立法院通過《出版法》廢止案。 10.11-17第五屆「全國書籍裝幀藝術展覽」在北京中國美術館舉辦。
2000	10月，杉浦康平《造型的誕生》中文版在台發行。	
2001	「洪範書店」決定捨棄鉛印排版而改用電腦排版。 許和捷設計《Dance——我的看舞隨身書》獲頒年度圖書美術編輯金鼎獎。	12月，中國大陸出版《邱陵的裝幀藝術》（三聯書店）。
2002	張士勇設計《文學台灣人》獲頒年度圖書美術編輯金鼎獎。	沈榮裕在台北松江路創設全台第一家「69元書店」。 02.12舉辦台北國際書展，新聞局禁止中國大陸圖書上架。

1986	11月，「中華彩色印刷公司」首度引進第一部單雷射管黑白電子掃描機，大幅提升國內黑白製版印刷水準。 王庭玫設計《藝術家雜誌》獲頒年度雜誌美術設計金鼎獎。	04.20-05.04中國國家出版局在北京舉辦第一屆全國圖書展覽。 03.28-04.06第三屆「全國書籍裝幀藝術展覽」在北京中國美術館舉辦。 09.01《文星》雜誌復刊。
1987	呂秀蘭創辦「民間美術事業有限公司」開始提倡復古精神的手工書匠美學。 霍榮齡、王行恭設計《大自然雜誌》獲頒年度雜誌美術設計金鼎獎。	02.01葉石濤《台灣文學史綱》出版。 07.14台、澎地區正式宣布解嚴。 12.15新聞局於國立中央圖書館舉辦「第一屆台北國際書展」。
1988	3月，梁雲坡自費出版詩畫作品集《期待》。 王行恭設計《大自然雜誌》獲頒年度雜誌美術設計金鼎獎。	01.01台灣解除報禁。 7月，簡媜、陳義芝、張錯、陳幸蕙、呂秀蘭等人聯合成立「大雁書店」。
1989	4月，首批「大雁當代叢書」、「大雁經典大系」出版問世，書背裝訂全不用訂線穿針而代之以道地棉紙手工裱褙。 鄭品昌設計《歷史月刊》獲頒年度雜誌美術設計金鼎獎。	3月，誠品敦南總店創立。 06.04中共爆發六四天安門事件 08.26無住屋者萬人露宿台北忠孝東路街頭。
1990	馮健華、陳瓊瑜設計《現代美術——台北市立美術館館刊雜誌》獲頒年度雜誌美術設計金鼎獎。	01.13新聞局於台北世貿中心舉辦第二屆「台北國際書展」。 2月，中國大陸出版《章桂征書籍裝幀藝術》（時代文藝出版社）。 05.04-11《文訊》雜誌策劃主辦「作家珍藏書及年表展」在台北「文苑」舉行。 11月，中國大陸出版《安今生裝幀藝術》（遼寧教育出版社）。
1991	陳淑敏設計《大地地理雜誌》獲頒年度雜誌美術設計金鼎獎。	01.28行政院正式成立大陸委員會。
1992	王行恭設計《中國人傳承的歲時》獲頒「平面設計在中國」展覽書籍裝幀金獎（深圳）。 東大圖書公司出版《扇子與中國文化》獲頒年度圖書美術編輯金鼎獎。	政府公布施行「兩岸人民關係條例」。 06.12開始實施新著作權法，國外作品版權成為出版新熱點。
1993	12.03《文訊》雜誌在台北「文苑」舉行「封面設計的發展與突破」座談會，出席者包括王行恭、李男、古宏龍、程湘如、翁國鈞、曾堯生等。 李純慧設計《民間藝術——織錦、塑作、鐫雕》獲頒年度圖書美術編輯金鼎獎。	01.01-15「台灣珍藏絕版詩集展」在台北「誠品書店」敦南店二樓舉行，展出四〇—八〇年代絕版詩集約一百餘種。 11.04-08中國書刊發行協會、台灣圖書展覽委員會聯合主辦「93台灣圖書展覽」在北京舉行。

1979	08.15《美麗島》雜誌創刊，同年11月勒令停刊。	1月，中美斷交。 03.22-04.10中國第二屆「全國書籍裝幀藝術展覽」在北京舉辦。 06.20日人脇村義太郎出版《東西書肆街考》。
1980	11月，《民俗曲藝》發行「改刊第一期」，姚孟嘉以陳達手持月琴的形象繪製封面主題。	09.25溫瑞安、方娥真因「為匪宣傳 」罪名遭警總逮捕。 12月，詹宏志於《書評書目》發表〈兩種文學的心靈〉，引發「台灣文學地位論」爭辯。
1981	王行恭在台北成立「王行恭設計事務所」。 周夢蝶再版詩集《還魂草》發行，封面採用畫家席德進筆下一幅「周夢蝶・肖像」為題。 李大朋設計《台灣古蹟全集》、林濬慧設計《小故事的大啟示》、賈雲生設計《剪成碧玉葉層層》獲頒年度圖書封面設計金鼎獎。	8月，中國大陸出版《魯迅與書籍裝幀》（上海魯迅紀念館）。 08.03席德進去世。
1982	《聯合報》首創電腦檢排照相打字。 黃錦堂設計、蔡建才繪圖《成語啟示錄》獲頒年度封面及美術設計金鼎獎。 簡清淵設計《家庭裝潢雜誌》獲頒年度雜誌美術設計金鼎獎。	01.08商務印書館發行台灣首批圖書禮券。 09.01《書評書目》雜誌發行100期結束。 10.16索忍尼辛應「吳三連文藝基金會」邀請來華訪問。 12月，香港利通圖書公司主辦第一屆「中文圖書展覽」在香港舉行，涵蓋香港、台灣、大陸三地出版物。
1983	白先勇小說《台北人》由爾雅出版社重新發行，一年內接連換了三種封面版本。 王愷、董大山設計《中國詩樂之旅——詩之造境、詩樂飄香》獲頒年度圖書美術設計金鼎獎。 黃天縉設計《婦女雜誌》獲頒年度雜誌美術設計金鼎獎。	01.20.第一家金石堂書店在台北市汀州路開業。
1984	10月，「日茂彩色製版公司」率先引進德國電腦分色組版系統，自此邁入電腦分色組版作業時代。 陳其煇設計《大自然小博士叢書》獲頒年度圖書美術設計金鼎獎。 王行恭設計《故宮文物月刊》獲頒年度雜誌美術設計金鼎獎。	10.06-14國立中央圖書館主辦「現代詩三十年展」在南海路館內大廳舉行，展出全國詩刊、詩集千餘冊。 11.01《聯合文學》雜誌創刊。
1985	11.02《人間雜誌》創刊，李男專責美編與封面設計。 龍應台出版《野火集》，書法家董陽孜題寫書名。 王行恭設計《故宮文物月刊》獲頒年度雜誌美術設計金鼎獎。	1月，中國大陸出版《曹辛之裝幀藝術》（嶺南美術出版社）。 7月，著作權法修正案三讀通過。 10月，「中國出版工作者協會裝幀藝術研究會」成立，曹辛之擔任首屆會長。

	藤文庫」，郭承豐繪製封面設計。 3月，陳芳明、林煥彰主編《龍族詩刊》創刊，陳文藏繪製封面設計。	3月，《雄獅美術》創刊，何政廣擔任主編。 8月，「文史哲出版社」成立。 10.26中華民國宣布退出聯合國。
1972	廖未林在台北凌雲畫廊舉行「裝飾美術設計展」。	01.15王榮武、陳其茂、謝文昌、黃朝湖發起「藝術家俱樂部」在台中成立。 09.01《書評書目》雜誌創刊。 10月，「大地出版社」成立。
1973	10月，廖未林離台前往美國紐約定居。 現代畫家顧重光繪製張默、瘂弦主編《中國現代詩選》封面設計，結合了西方版畫形體與東方書畫逸趣。	5月，董陽孜為林懷民首創台灣現代職業舞團題寫「雲門舞集」四字，帶給台灣年輕一代莫大震撼。 10月，晨鐘出版社於台北國際學舍接辦「第三屆全國書展」。
1974	3月，「遠景出版社」成立，黃華成開始替遠景、遠行與郵購雜誌設計封面文案。 06.29《雄獅美術》雜誌在台北「哥倫比亞商業推廣中心」舉辦封面設計主題座談會，出席者包括王楓、王鍊登、何耀宗、吳進生、張國雄、龍思良、蘇茂生、何政廣等。	05.04「聯經出版事業公司」成立。
1975	05.04羅青與李男於屏東創辦《草根》詩刊，李男一手負責封面設計、版面編排與發行事務，封面上方「草根」方印為陳庭詩製作。	01.03「龍族詩社」與「大地詩社」在台北幼獅畫廊舉辦「詩畫聯展」。 01.21「時報文化出版公司」成立。 04.05蔣介石逝世。 04.16「桂冠圖書公司」成立。 7月，「爾雅出版社」成立。 10月，「四季出版社」成立。
1976	畫家暨設計家高山嵐赴美國堪薩斯市藝術學院進修，自此在美國定居。 行政院新聞局創設優良圖書出版金鼎獎。	3月，林煥彰、孫密德、德亮、碧果、沈臨彬、管管、藍影等七位詩人組成「詩人畫會」，並在台北幼獅藝廊舉行第一屆詩畫展。 08.25「洪範書店」成立。
1977	1月，龍思良開始替古龍第一部武俠小說《楚留香傳奇》繪製封面設計。 「大漢出版社」首度發行《中國新文藝大系》叢書，楊國台繪製封面設計。	8月，作家彭歌在聯合報副刊為文批評鄉土文學，掀起「鄉土文學論戰」。 07.01《現代文學》復刊。
1978	1月，黃永松、吳美雲、姚孟嘉及奚淞等四人創刊發行中文版《漢聲雜誌》，因應當期專題研究及報導內容，每一期尺寸、大小、用紙、冊數全部不循定則，出刊週期也不固定，全盤打破了雜誌統一封面及版型的傳統作風。	3月，「九歌出版社」成立。 6月，《綠地詩刊》發行「中國當代青年詩人大展專號」，李男、林烱、王廷俊、郭惠平等為作者設計畫像。 11.15首屆吳三連文藝獎頒獎。

1965	1月，《劇場》雜誌創刊，黃華成專責封面設計與美術編輯工作，樹立了以「自由文字」排版的前衛風格。 4月，高山嵐開始擔任《皇冠》雜誌與「皇冠出版社」系列叢書封面畫家。	3月，「成文出版社」成立。 12.01《文星雜誌》被迫停刊。
1966	志文出版社開始推出「新潮文庫」大量譯介西方思潮，封面設計多以歐美文學思想界人物為題。 「聯邦彩色製版公司」首度引進照相機直接過網分色系統，傳統凸版印刷漸被彩色平印所取代。	01.01以《劇場》雜誌主編黃華成為中心的「大台北畫派」成立。 06.09席德進返台，開始引介歐美新興繪畫，並著手搜集台灣古建築及民間美術資料。 大陸文革時期開始。 學生書局創辦《中國書目季刊》。
1967	07.01郭承豐、李南衡、戴一義創辦《設計家》雜誌，首度將「包浩斯」設計概念引進台灣。 7月，《東方雜誌》復刊第一期由台灣商務印書館發行，楊英風繪製封面設計。 11.15《草原》雙月刊雜誌創刊，主編姜渝生以書法美術字設計包辦封面與內頁美術編輯。	01.01《純文學》月刊創刊。 位於文星書店2樓「文星藝廊」開幕。
1968	01.14「設計家大展」在台北「文星藝廊」開始展出二個星期，內容包括海報、唱片封套、月曆、書籍封面、插圖、攝影、櫥窗設計等。 6月，龍思良開始採用漢字結構設計「蘭開文叢」以及「近代文學譯叢」書系封面樣式。 7月，龍思良替余光中散文集《望鄉的牧神》繪製封面，首創人物造像的設計形式。 8月，高山嵐開始替「中國電影文學出版社」設計一系列叢書封面。 10.25黃華成、郭承豐、蘇新田於台北「精工畫廊」聯合舉辦「黃郭蘇展」。	林秉欽、郭震唐等人創立「仙人掌出版社」。 02.21《設計家》雜誌在台北武昌街「文藝沙龍」舉辦座談會。 7月，陳映真、吳耀忠因「民主台灣同盟案」被捕入獄。 12月，林海音創辦「純文學出版社」。
1969	李男、林文彥等五人籌組「草田風工作室」美術設計聯誼會。	10.25內政部在台北市舟山路僑光堂舉辦「第一屆全國圖書雜誌展覽」。
1970	1月，由龍思良擔任發行人的《攝影世紀》（Photo Century）月刊創刊。 廖未林在國立歷史博物館舉辦「美術設計個展」。 龍思良獲頒聯合兒童教育基金會圖書插畫創作獎。	「中國書城」於西門町亞洲百貨公司大樓成立。 03.12版畫家方向、朱嘯秋、周瑛、李錫奇、李國初、韓明哲等人共同發起成立「中國版畫學會」。 8月，白先勇創辦「晨鐘出版社」。
1971	廖未林獲頒年度裝飾美術「金爵獎」。 2月，環宇出版社開始發行「長春藤書系」與「長春	「V-10視覺藝術群」在於台北凌雲畫廊成立。 1月，「漢聲雜誌社」成立。

1959	4月，周夢蝶自費印刷第一部個人詩集《孤獨國》交由藍星詩社出版，楊英風繪製封面設計。 6月，向明第一本詩集《雨天書》由藍星詩社出版，楊英風繪製封面設計。	4月，中華人民共和國文化部、中國美術家協會創立首屆「全國書籍裝幀藝術展覽」在北京舉辦。 07.31德國萊比錫國際書籍藝術展覽會開幕，中國畫家程十髮繪製《儒林外史》插圖獲頒書籍裝幀展覽銀質獎。 09.27顧獻樑、楊英風、劉國松等人於台北「美而廉畫廊」聯合籌組「中國現代藝術中心」。
1960	鉛版與膠版印刷技術開始興起。 1月，《作品》雜誌在台北創刊，封面由胡適題署、廖未林繪製設計。 5月，葉珊（楊牧）第一本詩集《水之湄》由藍星詩社出版，楊英風繪製封面設計。 9月，「文壇函授學校」編纂學員作品《青藍集》，朱嘯秋繪製封面設計。	03.05《現代文學》創刊。 03.30台灣出版業者聯合設定為「出版節」。 09.04國民黨以「知匪不報」為名逮捕雷震，同時查禁《自由中國》雜誌。
1961	台灣第一家廣告企業主「國華廣告公司」成立。 7月，朱嘯秋創辦《詩・散文・木刻》季刊並專責美編與封面設計，為當時軍中流傳最廣、電台選播數量最多的文藝刊物。	3月，柏揚成立「平原出版社」。 05.24林絲緞於台北市新聞大樓舉行《人體畫展》。 06.15《藍星季刊》創刊。 08.14-10.01徐復觀、劉國松在《文星雜誌》針對現代藝術問題進行筆戰。
1962	6月，師大藝術系校友高山嵐、沈鎧、林一峰、張國雄、葉英晉、黃華成、簡錫圭等七人聯合舉辦首屆美術設計「黑白展」。 6月，龍思良開始擔任《文星》雜誌美術編輯，專責封面設計與內容畫頁繪製。 09.09「中華民國美術設計協會」成立。 國立藝術學校（國立藝專前身）美術工藝科與美術印刷科從五年制改為三年制，並參加大專聯招。	01.29國軍擴大推行新文藝運動。 02.24中央研究院院長胡適病逝。 05.05「席德進、廖未林聯合畫展」於台北美國新聞處舉行。 6月，內政部設立出版事業管理處。 06.01《傳記文學》創刊。 11月，台灣開始實施漫畫審查制度。
1963	7月，《皇冠》雜誌刊載瓊瑤第一部自傳式長篇小說《窗外》轟動文壇，廖未林擔綱插畫設計。	9月，《文星叢刊》第一輯10種正式推出，每本售價14元新台幣，自此開啟四十開文庫本出版熱潮。
1964	04.01《台灣文藝》創刊，由吳濁流任發行人兼社長，龍瑛宗編輯，吳瀛濤校對兼負責新詩集稿，畫家鄭世璠設計封面，賴傳鑑設計刊頭。 5月，鍾肇政在「文壇社」出版長篇小說《大壩》，朱嘯秋繪製封面設計。 6月，設計家高山嵐登上《中英周刊》第九期封面專訪人物。	4月，「星光出版社」成立。 06.15《笠詩刊》創刊。 6月，國立藝專美工科創辦《設計人》雜誌。 9月，中央圖書館編輯出版《中華民國出版圖書目錄彙編》。

1951	4月，梁雲坡繪製陳紀瀅長篇小說封面《荻村傳》出版，為梁氏在台第一個設計作品。 6月，鍾鼎文出版第一本個人詩集《行吟者》，封面由于右任題署、梁中銘繪製設計。 07.15《豐年》半月刊雜誌創刊，藍蔭鼎出任首任社長，楊英風專責美術編輯。 10月，何鐵華繪製張自英詩集《聖地》封面插圖。	04.04省政府公布「台灣省日文書刊管制辦法」，規定准予進口日文書無為純科學、醫學，反對馬列主義、暴力等有關書籍進口。 05.04「中國文藝協會」成立。 06.10行政院宣布將從嚴限制申請登記之報社、雜誌社、通訊社等，從此進入長達四十年的報禁時期。
1952	2月，何鐵華編纂《自由中國美術選集》出版，楊英風繪製封面設計。 9月，顏水龍出版《台灣工藝》並繪製封面設計。	03.15《今日世界》雜誌創刊。 6月，《文壇》月刊創刊。 7月，《讀書》半月刊創刊。 蕭孟能與妻子朱婉堅在台北衡陽路十五號創辦文星書店，陸續引進大量名畫複製品及英美畫冊。
1953	1月，《文藝列車》創刊，古之紅、郭良蕙等人擔任主編，陳其茂繪製封面設計。 10月，陳其茂出版抒情木刻集《青春之歌》，由方思、楊念慈、紀弦、李莎等四位詩人配詩。 11月，蓉子出版第一本新詩《青鳥集》，潘壘繪製封面設計。	「明華書局」成立。 02.01《現代詩》季刊創刊。 7月，「三民書局」成立。 09.01馬壽華、李石樵、施翠峰、何鐵華、藍蔭鼎、廖繼春等人籌組「自由中國美術作家協進會」。
1954	1月，畫壇詩人梁雲坡出版個人第一部詩歌作品《碎葉集》。 04.28台灣當局公布「戒嚴期間新聞報紙雜誌圖書管制辦法」。	02.12皇冠出版社成立，《皇冠》雜誌創刊。 3月，林之助等人籌組「中部美術協會」。 08.08文教界開始推行文化清潔運動。 10月，《創世紀》詩刊創刊。
1955	3月，林亨泰出版新詩集《長的咽喉》。 台灣自德國引進第一部凸版自動印刷機。	國民黨發動「全省圖書大檢查」，積極查緝各圖書館與書店庫存禁書。 05.05「台灣省婦女寫作協會」成立。
1956	廖未林開始替「大業書店」設計書籍封面。	01.15，紀弦創導成立新詩「現代派」。 11月，「東方畫會」籌備成立，卻在向官方提出申請時未獲通過，會員們決定以「畫展」形式進行活動。
1957	8月，國立藝術學校（國立藝專前身）設立五年制美術工藝科，同年美術印刷科也改為五年制。 陸軍印製廠首先引進照相機間接分色製版技術。	05.10首屆「五月畫展」於台北市中山堂舉行 8月，《自由中國》雜誌批判「反攻大陸」說。 11.05《文星雜誌》創刊。
1958	02.05王藍反共長篇小說《藍與黑》出版，廖未林繪製封面設計。	5月，馮鍾睿、胡奇中等成立「四海畫會」，並舉行首次展覽。 10.10幼獅書店成立。 11月，楊英風、秦松、江漢東、李錫奇、陳庭詩等成立「中國現代版畫會」。

	3月，呂赫若發表個人小說集《清秋》，傅錫祺題寫書名，畫家林之助負責封面裝幀，為日治時期台灣作家首次出版單行本。 05.01台灣文學奉公會創刊發行《台灣文藝》雜誌，立石鐵臣專責封面設計，古川義光、木下靜涯、顏水龍繪製內頁插圖。 07.01立石鐵臣繪製《台灣文藝》第一卷第3期封面設計。	「決戰生活繪本展」。 04.01楊英風入學東京美術學校建築科。 06.20中國國民政府公布「戰時出版品審查辦法及禁載標準」。
1945	02.26立石鐵臣繪製《台灣の山河》封面設計。 03.27立石鐵臣繪製《台灣の植物》封面設計 10.25藍蔭鼎繪製《前鋒》（光復紀念號）封面設計。	04.20日本常民文化研究所發行《台灣原住民圖誌》。 08.15日本裕仁天皇以「玉音放送」宣布戰敗。 12月，國府接收日人新高堂書店並成立東方出版社，是為戰後第一家出版社。
1946	7月，木刻版畫家荒煙（原名張偉程）來台任教「台北女子師範學校」並兼任《人民導報》美術編輯。 09.15台灣文化協進會發行《台灣文化》創刊號，陳春德繪製封面設計。 12.25吳濁流日文長篇小說《胡志明》，立石鐵臣繪製封面設計。	01.03木刻版畫家朱鳴崗抵台。 02.11台灣省行政長官公署公布《日文圖書雜誌取締規則》，通令「為查禁日人遺毒書籍希全省各書店自行檢封聽候焚燬」。 10.22「第一屆台灣省美術展覽會」於台北市中山堂舉行。 藍蔭鼎出任「台灣畫報社」社長兼總編輯。
1947	01.15陳庭詩繪製《文化交流》刊物第一輯封面版畫。 10月，黃榮燦繪製「東華書局」出版楊逵小說集《送報伕》封面版畫。	02.28緝煙案擴大引發「二二八事件」。 03.25陳澄波因二二八事件遭公開槍決。 4月，署名力軍的黃榮燦創作木刻作品《恐怖的檢查》（副題《台灣二二八事件》）。
1948	05.31金潤作繪製「學友書局」出版吳濁流小說集《ポッタム科長》封面設計。 12月，立石鐵臣離台返日。	9月，豐子愷偕女與開明書店創辦人章錫琛全家至台灣訪問，11月離台至廈門。 席德進來台任教於嘉義中學。
1949	04.02台灣師範學院「台語戲劇社」發行《龍安文藝》創刊，封面為楊英風設計。 04.15林亨泰自費出版日文詩集《靈魂の產聲》，畫家林之助繪製封面設計。 國民政府從上海遷來「中央印製廠」及軍政單位印刷機構，排版工作形成民間既有日本字架和官方上海式字架兩種模式並存。 梁又銘、梁中銘首創八開本漫畫刊物《圖畫時報》。	02.08中央圖書館十餘萬冊善本書裝箱由南京遷至台灣。 05.20陳誠宣布台灣地區戒嚴。 06.21開始實施「懲治叛亂條例」以及「肅清匪諜條例」，以肅清匪諜為名擴散「白色恐怖」。 11.20《自由中國》在台北創刊。
1950	黃榮燦任教「台灣省立師範學院藝術科」講授圖案學。	03.01「中華文藝獎金委員會」成立。 12月，何鐵華出版《新藝術》月刊兼任主編。

1939	02.01台北「日孝山房」創刊發行《台灣風土記》，編輯西川滿，宮田彌太郎繪製封面設計。 12.01「台灣詩人協會」創刊發行《華麗島》，桑田喜好繪製封面設計，立石鐵臣與宮田彌太郎插圖。 01.01西川滿、黃得時等人創辦《文藝台灣》雜誌，立石鐵臣繪製封面設計。	03.03王井泉創辦台式餐廳「山水亭」在大稻埕正式開幕。 06.21-25第三回「跳蚤書市」古書販賣展。 12.06-13第四回「跳蚤書市」古書販賣展。
1940	01.11-13台灣文藝作家協會主辦、台南市圖書館協辦，台灣書籍雜誌商組合台南支部，於台南市公會堂舉辦「詩、書與美裝本的展覽會」，主要分成「詩集」、「美裝本」與「台灣文藝」三種項目展示。 03.14《台灣藝術》雜誌創刊，藍蔭鼎繪製封面設計。 09.22立石鐵臣繪製《華麗島頌歌》封面設計。 12月，鹽月桃甫繪製《台灣》雜誌封面設計。	02.11公告「台人更改日式姓名辦法」。 03.30台灣日日新報主辦「商業美術海報展」。 09.06台灣總督府配合日本「南進政策」成立「南方資料館」以蒐集南方各地圖書資料。 09.11公佈「戰時糧食報國運動大綱」。 12.25-29第五回「跳蚤書市」古書販賣展。
1941	1月，鹽月桃甫繪製《台灣時報》扉頁插圖。 05.27李石樵繪製《台灣文學》創刊號封面設計。 08.05《民俗台灣》從8月號起連續由立石鐵臣專責封面設計長達34期。 12.15立石鐵臣繪製《赤崁記》封面設計。 林玉山為楊逵編譯的《三國志》、《西遊記》以及李獻璋編纂的《禮儀作法》繪製插圖。	01.15台灣總督府圖書館舉辦「南方資料展」。 04.19台灣總督府成立「皇民奉公會」，積極推展「皇民化運動」。 06.21-25第六回「跳蚤書市」古書販賣展。 07.15《民俗台灣》創刊於台北，發行人金關丈夫，編輯池田敏雄。 12.07日軍偷襲珍珠港，太平洋戰爭爆發。
1942	1月，林玉山繪製《台灣文學》封面設計。 02.01桑田喜好繪製《台灣文學》雜誌第二卷第1號封面設計，楊三郎、林玉山繪製內頁插圖。 03.30陳春德繪製《台灣文學》封面設計及扉頁。 08.15立石鐵臣繪製《台灣文學》封面設計。 12.20陳春德繪製《台灣文學》封面設計。 廖未林開始在巴金「文化生活出版社」書店工讀，兼從事櫥窗設計與封面繪製工作。	02.17皇民奉公會發行「新加坡陷落紀念」繪葉書。 3月，西川滿在《文藝台灣》策畫「藏書票」特輯。 04.01第一批台灣志願兵赴南洋作戰。 04.28台北美術家、攝影家、圖畫設計師組成「台灣宣傳美術奉公團」進行戰時宣傳工作。
1943	01.28立石鐵臣、宮田晴光與西川滿等合作出版《台灣繪本》。 05.28西川滿與池田敏雄合著出版《華麗島民話集》，台北「日孝山房」發行，立石鐵臣負責裝幀與插畫。 07.31林之助繪製《台灣文學》封面設計。 11.13立石鐵臣繪製楊雲萍詩集《山河》封面。 陳進繪製詩集《靜山居集》封面設計。	09.03「厚生演劇研究會」在台北永樂座發表《閹雞》舞台劇，林玉山繪製宣傳海報。 11.13「台灣文學奉公會」成立。
1944	01.01《文藝台灣》發行終刊號，立石鐵臣、宮田晴光繪製《文藝台灣曆》版畫插圖。	03.05「台灣文學奉公會」與「美術奉公會」成員立石鐵臣、桑田喜好、宮田彌太郎等人在台北公會堂舉辦

1933	05.06台灣愛書會在日日新報社舉辦「書誌展覽會」。 06.18西川滿創辦《愛書》雜誌，宮田彌太郎繪製封面設計。	02.02立石鐵臣來台寫生。 02.13西川滿與友人共組「台灣愛書會」。 03.20蘇維熊、王白淵、張文環、巫永福等人籌組「台灣藝術研究會」。
1934	05.06「台灣文藝聯盟」在台中市成立，並創刊發行《台灣文藝》，楊三郎繪製封面設計。 07.15「台灣文藝協會」創刊發行《先發部隊》雜誌，主編廖漢臣，楊三郎繪製封面設計。 10月，台北「媽祖書房」創刊發行《媽祖》雜誌，由西川滿編輯、立石鐵臣繪製插圖、宮田彌太郎專責封面設計。	04.12總督府圖書館舉行「第一屆圖書館紀念日」活動。 11.10台陽美術協會成立。 台北第一家西餐廳「波麗露」開幕。
1935	04.08西川滿出版第一部個人詩集《媽祖祭》，宮田彌太郎繪製封面設計。 09.01《愛書》雜誌第四輯發行「裝幀特輯號」，宮田彌太郎繪製封面設計。 11.03總督府警務局發行《台灣蕃界展望》，藍蔭鼎繪製封面設計及插圖。	05.09文藝休閒雜誌《風月報》創刊。 10.10「始政40周年紀念台灣博覽會」在台北舉行。 12.28台灣第一本漫畫集《雞籠生漫畫集》出版。
1936	01.01楊逵創辦《台灣新文學》，島田勝治繪製封面設計。 01.17「台灣愛書會」在《台灣日日新報》報社舉辦「第一回裝幀美展」。 08.15陳清汾繪製《台灣文藝》封面設計。 11.28「名畫家文人手稿及插畫展」在《台灣日日新報》報社舉行。	01.17-19「台灣愛書會」於《台灣日日新報》報社三樓講堂舉辦「第一回裝幀展」，會場展出150種各式各樣充滿手工趣味、藝術色彩濃厚的特裝本與絕版書。 12.22作家郁達夫以福建省政府參議身分接受日本外務省聘請訪日，隨後來台訪問。
1937	4月，林玉山為《新民報》文藝欄連載小說〈靈肉之道〉繪製插圖。 05.15《台灣日日新報》舉辦「插畫原稿展」。 7月，鹽月桃甫繪製《台灣見聞記》封面設計。 09.29《風月報》創刊發行，林玉山為連載小說〈阿Q之弟〉、〈新孟母〉、〈三鳳歸巢〉繪製插圖。 10.15林玉山為徐坤泉小說《可愛的仇人》繪製插圖。	04.01皇民化運動開始，台灣總督府下令全面禁止使用中文，漢書房（私塾）被強制廢止。 07.07中日戰爭爆發。 08.15台灣軍司令部宣布全島進入戰時體制。 12.02台灣圖書館協會舉辦「前線勇士慰問圖書雜誌募集」活動。
1938	3月，鹽月桃甫繪製《台灣警察時報》封面設計。 03.03立石鐵臣繪製《媽祖》終刊號封面「聖牛圖」，並與宮田彌太郎合編繪製《三童子》插圖設計。	10.22-24「台北書物同好會」於《台灣日日新報》報社三樓講堂舉辦首次「跳蚤書市」古書販賣展，會場展出約一萬冊古籍珍本。 12.17-21第二回「跳蚤書市」古書販賣展。 12.18全台實施「燈火管制規則」。

附錄——近代台灣書籍裝幀大事紀

年代	台灣書籍裝幀設計發展大事紀	其他相關重大事件
1921	07.01日人公布〈公學校規則改正〉，將「手工圖畫」科修改為「圖畫」科。	03.26鹽月桃甫來台擔任州立台北第一中學教諭。 10.17「台灣文化協會」成立，林獻堂出任總理。
1923	10月，鹽月桃甫繪製《生蕃傳說集》封面設計及內頁插圖。	04.12裕仁皇太子巡行台灣。 12.16「治警事件」發生。
1925	12.28張我軍在台北自費出版《亂都之戀》，為台灣新文學史上第一部中文新詩集。	06.18台北大橋完工落成。
1926	3月，總督府台北高等學校學友會創刊發行《翔風》，鹽月桃甫繪製封面設計。	06.15蔣渭水在台北大稻埕創辦「文化書局」。
1927	10.28「第一回台灣美術展覽會」於台北博物館舉行，並發行紀念繪葉書。	06.10《台灣日日新報》舉辦「台灣八景」票選活動。
1929	石川欽一郎擔任總督府刊行《台灣時報》封面畫家。	03.22「德國最美麗書獎」（Die schönsten deutschen Bücher）首次舉辦。
1930	06.05總督府專賣局刊物《專賣通信》舉辦封面圖案公開懸賞募集活動。	03.11《台灣畫報》發行。 10.27「霧社事件」爆發。 12.16國民黨政府在南京制定公布全文四十四條《出版法》，嚴格限制新聞言論與出版自由。
1931	2月，鹽月桃甫繪製《翔風》刊物封面設計。 6月，王白淵發表日文詩集《蕀の道》，摯友謝春木作序，作者王白淵繪製封面設計。	01.17國島水馬繪製《台灣漫畫史》出版。 8月，「台灣文藝作家協會」機關雜誌《台灣文學》在台北創刊。
1932	01.01總督府台灣時報發行所舉辦「表紙（封面）圖案懸賞募集」活動揭曉，由市川泰助獲選。 10.25台灣日日新報出版石川欽一郎詩畫作品《山紫水明集》。	04.15《台灣新民報》創刊，為台人經營的唯一漢文報紙。 11.28台灣第一家百貨公司「菊元百貨」在台北開幕。

當代名家・李志銘作品集1

裝幀台灣：台灣現代書籍設計的誕生

2011年12月初版
2011年12月初版第二刷

定價：新臺幣平裝590元
精裝850元

著者	李志銘
發行人	林載爵

出版者	聯經出版事業股份有限公司
地址	台北市基隆路一段180號4樓
編輯部地址	台北市基隆路一段180號4樓
叢書主編電話	(02)87876242轉224
台北聯經書房	台北市新生南路三段94號
電話	(02)23620308
台中分公司	台中市健行路321號
暨門市電話	(04)22371234 ext.5
郵政劃撥	帳戶第0100559-3號
郵撥電話	27683708
印刷者	文聯彩色製版印刷有限公司
總經銷	聯合發行股份有限公司
發行所	台北縣新店市寶橋路235巷6弄6號2F
電話	(02)29178022

叢書主編	邱靖絨
校對	吳美滿
內文美術	黃子欽
封面設計	莊謹銘

行政院新聞局出版事業登記證局版臺業字第0130號

本書如有缺頁，破損，倒裝請寄回聯經忠孝門市更換。
聯經網址 http://www.linkingbooks.com.tw
電子信箱 e-mail:linking@udngroup.com

ISBN 978-957-08-3917-3 (平裝)
ISBN 978-957-08-3916-6 (精裝)

本書製作過程特別感謝舊香居書店以及諸多文友協助書影提供。
此外，本書所用若干圖片原出處已不可考，請作者逕與出版社聯繫，以利補致稿酬。

平裝版封面、內封面版畫元素，取自立石鐵臣為《台灣文學集》、《民俗台灣》繪製的「梅花鹿」、「裁縫道具」、「日本花卉」。感謝張良澤教授、林亞萱小姐協助授權事宜。

國家圖書館出版品預行編目資料

裝幀台灣：台灣現代書籍設計的誕生/
李志銘著．初版．臺北市．聯經．2011年12月
（民100年）．448面．17×23公分
（當代名家．李志銘作品集1）
ISBN 978-957-08-3917-3（平裝）
ISBN 978-957-08-3916-6（精裝）
〔2011年12月初版第二刷〕

1.印刷 2.設計 3.圖書裝訂

477 100021415